中央宣传部　新闻出版总署　农业部
推荐"三农"优秀图书

优质猪肉生产技术

（第 2 版）

李同洲　主编

中国农业大学出版社
·北京·

图书在版编目(CIP)数据

优质猪肉生产技术/李同洲主编. —2 版. —北京:中国农业大学出版社,2011.01

ISBN 978-7-5655-0145-6

Ⅰ.①优… Ⅱ.①李… Ⅲ.①养猪学 Ⅳ.①S828

中国版本图书馆 CIP 数据核字(2010)第 228459 号

书　名　优质猪肉生产技术(第 2 版)
作　者　李同洲　主编

策划编辑　赵　中　　　责任编辑　吴　轩　董　田
封面设计　郑　川　　　责任校对　陈　莹　王晓凤
出版发行　中国农业大学出版社
社　址　北京市海淀区圆明园西路 2 号　　邮政编码　100193
电　话　发行部 010-62731190,2620　　读者服务部 010-62732336
　　　　编辑部 010-62732617,2618　　出 版 部 010-62733440
网　址　http://www.cau.edu.cn/caup　　**e-mail** cbsszs @ cau.edu.cn
经　销　新华书店
印　刷　北京时代华都印刷有限公司
版　次　2011 年 1 月第 2 版　　2011 年 1 月第 1 次印刷
规　格　850×1 168　32 开本　13 印张　324 千字
定　价　22.00 元

编写人员

主　编　李同洲

副主编　臧素敏　张志胜　王红云　王晓睿　侯伟革

编　委　（按姓氏笔画排序）

王晓睿　王红云　王志刚　卢　乔　车向荣
张力圈　张志胜　李同洲　李宁宁　李庆凯
侯伟革　崔亚利　薛凌峰　臧素敏

第2版前言

养猪在我国国民经济中占有重要地位，是我国农村经济和畜牧业的一大支柱产业。近年来，养猪业发展迅速，一方面，养猪方式正由家庭副业式的千家万户散养猪迅速向规模化、专业化养猪转变，规模不断扩大，集约化程度迅速提高，圈舍循开放式—半开放式—封闭式演变，饲养管理方式由粗放型转向精细型，品种遗传性生产性能迅速提高；另一方面，猪对营养、饲料、环境等的要求也变得更加苛刻、严格。同时，人们对猪肉产品的需求也在发生变化，开始是需要量的满足，逐步提出质的要求，首先是要求胴体较瘦，进而要求风味要好，并越来越重视猪肉的安全，要求达到无公害、绿色甚至有机食品标准。因此，有关养猪各方面技术的研究十分活跃，从概念到内容等方面都在不断更新和拓宽。而许多养猪生产者对这些转变认识不足，对不断更新的相关技术的掌握还很欠缺。针对目前养猪业存在的这些突出问题特组织有关专家对《优质猪肉生产技术》进行重新修订。

本书编写的原则是照顾系统性，突出实用性，并适当阐述必要的理论基础，以提高本书解决问题的广度和深度，主要包括优质肉猪品种、猪的营养与饲料、优质肉猪的饲养管理、猪场的环境控制、猪粪处理及污染控制、猪场经营管理、猪的屠宰加工等。本书内容丰富、翔实，取材新颖，理论联系实际，适于广大养猪生产者、猪场技术人员、食品公司相关人员、屠宰厂相关人员、畜牧专业学生、动物营养专业学生以及从事养猪或营养的科研、教学等各专业人员参考。

本书编写过程中参阅了大量国内外专家、教授的著作和论文，在此特致谢意。由于编者水平有限，书中错误和不足之处敬请读者指正。

编　者

2010 年 10 月

第1版前言

养猪在我国国民经济中占有重要地位，是我国农村经济和畜牧业的一大支柱产业。近年来，养猪业发展迅速，养猪方式正由家庭副业式的千家万户散养猪迅速向规模化、专业化养猪转变。规模不断扩大，集约化程度迅速提高，圈舍由开放式向半开放式、封闭式转变，饲养管理方式由粗放型转向精细型，品种遗传性生产性能迅速提高，猪对营养、饲料、环境等的要求也变得更加苛刻、严格。同时，人们对猪肉产品的需求也在发生变化，由需要量的满足，逐步提出质的要求，首先是要求胴体较瘦，进而要求风味要好，并越来越重视猪肉的安全，要求达到无公害、绿色甚至有机食品标准。因此，有关养猪各方面技术的研究十分活跃，从概念到内容等方面都在不断更新和拓宽。而许多养猪生产者对这些转变认识不足，对不断更新的相关技术的掌握还很欠缺。针对目前养猪业存在的这些突出问题我们会同有关专家、教授编写了《优质猪肉生产技术》。

本书编写的原则是照顾系统性，突出实用性，并适当阐述必要的理论基础，以提高本书解决问题的广度和深度。主要包括优质猪肉品种、饲料安全、优质肉猪的饲养管理、猪群的保健、猪场的环境控制、猪粪处理及污染控制、猪场经营管理、猪的屠宰加工等。本书内容丰富、翔实，取材新颖，理论联系实际，适于广大养猪生产者、猪场技术人员、食品公司、屠宰厂、畜牧专业、动物营养专业学生以及从事养猪或营养的科研、教学等各专业人员参考。本书编写过程中参阅了大量国内外专家、教授的著作和论文，在此特致谢意。由于编者水平有限，书中难免有错误和不足之处，敬请读者指正。

编　者
2003年5月

目　录

第一章　优质肉猪品种

肉的品质有多个指标来衡量，如背膘厚度，胴体组成比例，肌肉 pH 值、系水力、颜色、嫩度、滋味、营养价值等。但不同的人群或产业部门从各自的利益出发而有所侧重。养猪生产者把以最小的投入生产最大量的优质高价商品猪作为目标，往往把与胴体等级有关的背膘厚度、胴体瘦肉比例等指标视为最重要的衡量指标。食品加工部门则把肌肉的坚实性、颜色、系水力等直接关系到产品率的性状作为最重要的衡量指标。销售部门则把与在运输、展销过程中与损耗率有关的性状如系水力、与产品外观有关的性状如颜色等作为重要的衡量指标。消费者从 3 个方面评价肉质，首先，从柜台上注意骨、肉、皮脂比例以及肉的颜色、新鲜度、坚实性、渗水性；其次，在烹调食用时注意肉的嫩度、滋味、多汁性、烹调损失和色、香、味的满意程度等；第三，从有利于健康着想，要求达到某些卫生指标。而作为教学、研究或管理部门，则应兼顾各方面的要求，以与肉的食用品质和最终适口性有关的指标作为重点进行综合评价。

对于某一个猪的品种，所有性状很难都达到优秀，但在某一个或几个性状上可能非常优良，并具备突出特点，如果对其合理开发，将取得明显的经济效益。在此，我们简要介绍一些优质肉猪品种。

第一节　优质肉猪品种

一、国外引入品种

国外引入品种的突出优点是重要的经济性状非常优秀，除了增重快、饲料利用率高外，胴体背膘薄、脂肪少、瘦肉率高比较突出，并且易被养殖者、屠宰加工者、批发零售商及广大消费者辨别与接受，对品牌依赖性不是太强。但这类品种与我国优良地方品种比较也有缺点，主要表现在抗逆性差、繁殖力低、肌肉品质不佳，容易出现一种叫 PSE 肉的劣质肉，猪肉的颜色、嫩度、风味等较差。这类品种主要有大约克夏猪（大白猪）、长白猪、杜洛克猪及一些优良的配套系。

（一）大约克夏猪

大约克夏猪原产于英国，其特征是被毛全白，面部微凹，耳中等大小而直立。成年猪体重 300～400 kg，产仔数 11～12 头，泌乳性能和护仔性能较好。20 世纪 90 年代试验站测试公猪 30～100 kg 阶段平均日增重 982 g，饲料增重比 2.28，瘦肉率 62%，农场大群测试公猪平均日增重 892 g，母猪 855 g，瘦肉率 61%。该猪在我国一般用作第一或第二父本，在条件较好的规模化猪场一般用作母本或第一父本。

（二）长白猪

长白猪原产于丹麦，其特征是被毛全白，嘴长而直，耳大向前平伸。成年猪体重 300～400 kg，产仔数 11 头左右，泌乳力高，母性好。丹麦 20 世纪 90 年代试验站测试公猪 30～100 kg 阶段平均日增重 950 g，饲料增重比 2.38，瘦肉率 61.2%，农场大群测试公猪平均日增重 880 g，母猪 840 g，瘦肉率 61.5%。该猪在我国一般用作第一或第二父本，在条件较好的规模化猪场一般用作第一父本或母本。

（三）杜洛克猪

杜洛克猪原产于美国，其特征是被毛棕红色，耳中等大小，直立，耳尖下垂。成年猪体重 300～450 kg，产仔数 10 头左右。丹麦 20 世纪 90 年代试验站测试公猪 30～100 kg 阶段平均日增重 936 g，饲料增重比 2.37，瘦肉率 59.8%，农场大群测试公猪平均日增重 866 g,母猪 816 g,瘦肉率 59%。该猪在我国一般用作终端父本。

二、中国地方品种

中国地方品种是指原产于我国的品种,其主要优点是抗逆性强,繁殖力高,猪肉品质好,肉色鲜红、系水力高、嫩度好、风味佳、适口性好。其缺点是生长慢,屠宰率低,背膘厚,瘦肉率低,并且其风味、适口性等指标在消费者烹调之前难以鉴别,对品牌的依赖性较大。

1986 年列入品种志的地方品种有 48 个,在此仅介绍几个典型品种。

(一)太湖猪

太湖猪主要产于长江中下游的太湖流域。被毛黑色或青灰色,腹部皮肤粉红色,不完全六端白,头大额宽,额部皱纹菱形,耳大厚软下垂,腹大下垂,尻部倾斜,大腿欠丰满。成年猪体重100～200 kg,经产猪产仔数 15 头以上,20～90 kg 日增重 430 g,75 kg 瘦肉率 40%。

(二)内江猪

内江猪主要原产于四川省内江市。被毛黑色,皮厚,头大,嘴筒短,额部有菱形皱纹,耳中等大小,下垂,体躯宽深,四肢粗壮。成年猪体重 150～170 kg,产仔数 10 头左右,20～90 kg 日增重 650 g,90 kg 瘦肉率 38%。内江猪耐粗抗逆能力强,杂交效果较好。

(三)民猪

民猪原产于东北和华北的部分地区。被毛黑色,嘴长面直,耳大下垂,背腰狭窄,四肢粗壮。成年猪体重 150～180 kg,产仔数 13 头以上,20～90 kg 日增重 510 g,90 kg 瘦肉率 45%左右。

(四)中国小型香猪

小型香猪为我国的宝贵品种资源，目前已开发利用的主要有产于贵州与广西交界处的香猪、产于海南省的五指山猪、产于西藏自治区的藏猪、产于云南西双版纳的版纳微型猪等。该猪体型小，发育慢，6月龄体高40 cm，体长60～70 cm，体重20～30 kg，体重相当于同龄大型猪的1/5～1/4。该类品种增重慢，产仔数少。优点是早熟、皮薄骨细、肉嫩味鲜，乳猪无腥味，小猪可用于烤制，其产品烤乳猪外焦里嫩，别具风味。另外，该类品种还可用作试验动物。

三、专门化配套品系

它是根据猪的全部选育性状可以分解为若干组(繁殖性状、肥育性状和胴体性状)的原则，而建立和培育的各具一组性状的品系，分别作为杂交的母本和父本。由于这种品系不仅各具特点，而且专门用以与另一特定品系杂交，自成一套完整的杂交繁育体系，称专门化配套品系。专门化配套品系有三系配套(两个专门化母系，一个专门化父系)、四系配套(两个专门化母系，两个专门化父系)和五系配套等。如河北省培育的冀合白猪、美国的迪卡、PIC、比利时的斯格、荷兰的达兰等。典型的专门化配套品系是四系配套(图1-1)。

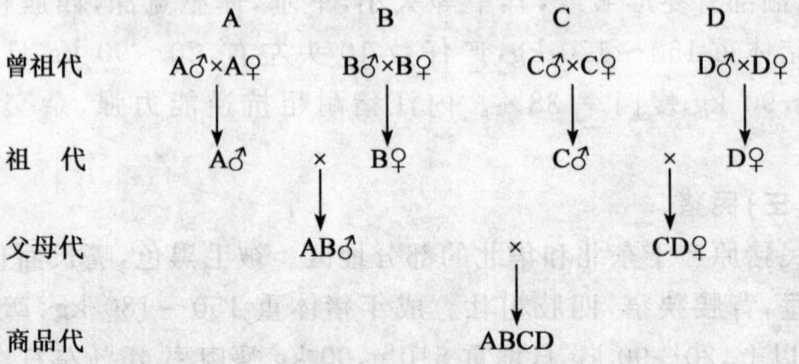

图1-1　专门化配套品系杂交繁育体系模式

第二节　猪的经济杂交

一、猪的经济杂交与杂种优势

(一)杂交与杂种优势的概念

在畜牧学上，杂交是指不同品种、品系或品群间个体的交配。经济杂交是以直接利用杂种优势为目的的杂交。一般品种间个体交配所生的后代称为杂种猪；同一品种内的不同品系间个体交配所生的后代仍属于纯种，所以这种“杂种猪”最好称为系间杂种猪，以示区别；近年来为了更加充分地利用杂种优势而培育了专门化配套品系，专门化配套品系间个体交配所生的后代虽然也可称为杂种，但为了与其他杂种猪相区别，特称之为杂交猪或杂优猪。

(二)杂交的生物学效应

杂交可以产生杂种优势；使群体整齐化；造成杂交个体遗传上不稳定。

1. 产生杂种优势　杂种优势是指不同种群间杂交所产生的后代，在生活力、繁殖力、肥育性能等方面优于亲本纯种群。

2. 性状趋向一致　纯种繁育或近交使基因纯合化，部分隐性基因暴露，性状变异增大，群体趋向分化；杂交使基因杂合化，显性基因得以充分体现，隐性基因被掩盖，加上基因互作及上位效应，性状趋向一致，群体整齐化。

3. 遗传上不稳定　杂交后代的基因型往往是杂合子，遗传上极不稳定，在进行自群繁育时，就会产生严重的分离现象，杂种优势迅速削减。所以，一般杂种不能留作种用进行自群繁育，即便是三元杂交或四元杂交，其后代往往也不如二元杂交后代整齐一致，特别是在生产二元母本所用亲本间差异较大时更是如此。

(三)杂种优势的产生机理

现代遗传学认为,杂种优势的产生是由于基因的非加性效应,即显性效应、超显性效应等,由此产生一些学术理论。

1.显性学说　认为控制家畜性状的许多基因常有显性、隐性之分,由于长期选择的结果,有利的基因表现显性或部分显性,不利的基因呈现隐性。如果带有显隐性基因的父、母本相互杂交,其后代基因组合中杂合子数量增加。凡显隐性基因结合在一起时,其性状都表现显性基因的作用。杂种优势就是许多显隐性基因互补的结果。

2.超显性学说　认为杂种优势的产生是由于超显性的缘故。杂交增加了基因的种类,加大了杂合程度,不同的等位基因内的相互作用(互作)和不同等位基因间的相互作用(上位)使得杂合子所表现的性状超过了显性纯合子。

这些学说可以归结为一点,即杂种猪的基因种类比纯种多。如果一种基因产生一种酶,杂种猪所具有的酶的种类就多,猪体内的新陈代谢就活跃,生活力就强,生产性能就高。

(四)杂种优势的度量

杂种优势的高低常用杂种优势率来衡量。其计算公式为:

$$H=\frac{\overline{F}_1-\overline{P}}{\overline{P}}\times 100\%$$

式中,H 为杂种优势率;$\overline{F}_1$ 为杂种一代性状平均值;$\overline{P}$ 为双亲性状平均值。

如,A 品种的日增重为 800 g,B 品种的日增重为 700 g,一代杂种的日增重为 825 g,则日增重的杂种优势率为 10%。

$$H=\frac{825-(800+700)/2}{(800+700)/2}\times 100\% =10\%$$

国内外生产实践证明,在猪的经济杂交中,一些主要经济性状的杂种优势率为:日增重 5%~15%,饲料利用率 5%~10%,胴体品质2%左右,产仔数8%～10%,哺育率25%～40%,断乳窝重30%～45%。

(五)杂种优势的类型

杂种优势一般分为个体杂种优势、母本杂种优势和父本杂种优势3种类型。

1.个体杂种优势　个体杂种优势也称为后代杂种优势。它是杂种后代本身呈现出的优势,主要表现在杂种仔猪比纯种仔猪在哺乳期间的生活力提高,死亡率降低,生长加快,断乳窝重大,断乳后增重快,饲料利用率高。

2.母本杂种优势　是指用杂种代替纯种作母本时母猪所表现出的优势,表现在 F_1 母猪比纯种母猪产仔多,尤其表现在杂种母猪比纯种母猪泌乳力高,体质更强健。因而,杂种母猪的哺育率高,断乳窝重大。同时表现性成熟早,发情明显,易于配种,受胎率高,利用年限长,容易饲养等。

3.父本杂种优势　是指用杂种代替纯种作父本时公猪所表现出的优势,表现在杂种公猪比纯种公猪体质强健,性成熟早,性欲旺盛,精液品质好,配种受胎率高,利用年限长,容易饲养等。

二、影响杂交效果的因素

杂交效果的好坏受许多因素的影响,包括性状、杂交方式、杂交亲本、个体、饲养管理条件等。

(一)性状

猪的经济性状是由很多对基因决定的,决定不同经济性状的基因种类和数量可能各不相同,不同性状产生的杂种优势的高低也就存在差异,为了更好地利用杂种优势,首先应了解各性状杂种优势的表现规律。

遗传力低的性状(如繁殖性状,抗逆性等),主要受非加性基因控制,易受各种环境条件的影响,杂交时容易获得杂种优势;遗传力高的性状(如胴体性状),主要受加性基因控制,不易受各种环境条件的影响,杂交时不易获得杂种优势。

近亲繁殖容易退化的性状和生命早期表现的性状如生活力、适应性、产仔数、仔猪生长速度与成活率等,杂交时容易获得杂种优势;近亲繁殖不易退化的性状如胴体性状、体型、体尺等杂交时不易获得杂种优势。

根据杂种优势表现的程度,猪的经济性状可归为3类:

第一类为容易获得杂种优势的性状,有猪的生活力、适应性及繁殖性(产仔数、初生重、断乳窝重、成活率等)。

第二类为比较容易获得杂种优势的性状,有猪的日增重、饲料利用率等肥育性状。

第三类为不易获得杂种优势的性状,有猪的胴体性状(如胴体长、背膘厚、瘦肉率、肉质等)与外形结构等。

(二)杂交方式

不同杂交方式的杂交效果不同。猪的经济杂交方式有许多种,如二元杂交、三元杂交、轮回杂交等。我国目前常用的是二元杂交和三元杂交,由于二元杂交不能获得母本杂种优势,总的效果不如三元杂交。二元杂交时,以我国猪种为母本,以引入品种为父本的杂交称正交,否则称反交。正交时产仔数表现较高的杂种优势,正交时,初生重表现较高的杂种优势。生产上一般采用正交。

(三)杂交亲本

杂交效果的好坏还决定于杂交亲本的遗传性生产水平、纯度、差异程度和配合力。

1. 杂交亲本的遗传性生产水平　杂交亲本的遗传性生产水平越高,杂交效果越好,尤其对于杂种优势较低的性状,遗传性生产水平起着决定性的作用。如猪的胴体性状属中间遗传,杂交几乎不产生杂种优势,即杂交一代猪的胴体性状值介于双亲中间,双亲胴体性状值越高,杂交一代猪的胴体性状值也越高,双亲性状值越低，杂交一代猪的性状值越低。假如父本A和母本B的瘦肉率分别是60%和50%，其杂交一代AB的瘦肉率就在55%左右；假如父本C和母本D的瘦肉率分别是50%和40%，其杂交一代CD的瘦肉率就在45%左右。对于日增重和饲料利用率等性状，杂交虽能产生杂种优势，但父、母本本身的遗传性生产水平仍对杂交后代的生长水平起着重要作用。如，父本A和母本B的日增重分别是800 g和700 g，杂种优势率为10%，其杂交一代AB的日增重就在825 g左右；假如父本C和母本D的日增重分别是700 g和600 g，杂种优势率仍为10%，其杂交一代CD的日增重就只有715 g左右，即便杂种优势率为20%，CD的日增重也只有780 g左右，仍低于AB的825 g。所以，在生产实践中，应根据当时、当地的条件和所能达到的饲养管理水平，选择具有一定生产水平的品种或品系作父、母本，以获得最佳的杂交效果。

2. *杂交亲本的纯度* 杂交亲本的纯度越高，杂种优势越明显，杂交效果越好。纯度高的个体是由同质选配（即品种内体质外形和生产性能等方面基本相同的公、母猪交配）和近亲交配产生的，具有较高的近交系数。其中，由近亲交配所生的后代具有更高的纯度，不同品种的近交系间杂交可以获得更高的杂种优势（表1-1）。所以生产实践中应选择纯度高的群体作父、母本。纯种繁殖场一般不轻易引种，猪群纯度通常高于千家万户散养猪；育种场由于坚持有计划的选种选配，猪群纯度高于一般猪场；品系的群体较品种小，近交程度和纯度也就比品种高。

3. *杂交亲本的差异程度* 杂交亲本间差异越大，杂种优势越明显，分布地区距离较远，来源不同，没有共同血缘，类型、特点不同的种群间杂交，可以取得较大的杂种优势。如引入品种与我国品种的差异较大，杂交时的杂种优势较引入品种间和国内品种间的杂交要高；杜洛克猪与汉普夏猪的性能特点较为接近，长白猪与大约克夏猪的性能特点较为接近，杜洛克猪与汉普夏猪或长白猪与大约克夏猪间的杂种优势低于杜洛克猪或汉普夏猪与长白猪或大约克夏猪间杂交的杂种优势。

表 1-1 不同繁育方法的效果比较

指标	杜洛克纯种猪	二品种杂交	近交系杂交	
			同品种	不同品种
窝数	11	17	22	61
活产仔数	8.48	8.56	9.72	10.08
出生窝重/kg	9.9	10.4	11.5	12.2
56 日龄仔猪数	6.94	7.70	9.72	10.08
56 日龄窝重/kg	79.3	109.2	102.8	113.2
日增重/g	602	611	643	652
饲料/增重	4.25	4.18	4.23	4.15

4. 配合力　不同品种或品系间的配合力不同，产生杂种优势的程度就存在差异。为了取得良好的杂交效果，最好经配合力测定（杂交组合筛选），选出优良杂交组合。

（四）个体

同一品种或品系内个体间存在差异，所以不同个体间的杂交效果也就有差别，故此，在杂交时还应注意个体选配。

（五）饲养管理条件

不同的杂交组合要求不同的饲养管理条件，杂交效果的好坏受饲养管理条件的制约，对于一个优良的杂交组合来说，如果不能满足其所要求的饲养管理条件，就无法获得预期的杂交效果。所以，在推广优良杂交组合的同时，必须有相应的饲养标准、饲养管理技术等与之相配套，以充分发挥杂交组合的生产潜力。

三、提高杂交效果的措施

为了获得理想的杂交效果，就必须根据影响杂交效果的因素，采取相应的技术措施，包括选择亲本品种、选育亲本品种、选择杂交方式、建立杂交繁育体系、保证必要的饲养管理条件。

(一)选定亲本品种

亲本品种的遗传性生产水平越高，杂交效果越好；纯度越高、差异越大，杂种优势越明显，所以，选择的亲本品种，应根据当地所能提供的饲养管理条件，具有一定遗传性生产水平；父、母本间没有共同的血缘，性能外貌特点差异较大；最好来自育种场的高产品系；如果有条件，最好进行配合力测定，筛选适合于本地区的杂交组合；生产中还应注意个体选配。

(二)选育亲本品种

亲本品种的遗传性生产水平、纯度和差异程度都是可以通过选育而加以改善和提高的。选育是充分利用杂种优势的前提和基础。

1. 亲本品种的遗传性生产水平　猪的主要经济性状可分为3类，第一类为繁殖性状，这类性状遗传力较低，选育效果较差，其性能的提高主要靠经济杂交；第二类为胴体性状，这类性状遗传力较高，杂交几乎不产生杂种优势，选育效果较好，其性能的提高主要靠纯种选育；第三类为肥育性状，这类性状遗传力中等，杂交可以获得5%～15%的杂种优势，通过选育也可得到有效的提高，如日增重每世代可以提高10～20 g，因此该类性状依靠选育和杂交两个途径来提高。

2. 亲本的纯度　父、母本的提纯是杂交的基础，提纯主要是通过同质选配和适度近交加选择实现的。对于育种场，应有计划地进行选种选配。

3. 亲本的差异程度　为了加大杂交亲本的差异程度，提高杂交效果，近年来采用培育专门化配套品系，即专门化父系（以选择肥育性状和胴体性状为主）和专门化母系（以选择繁殖性状为主），使父系和母系各具特点，遗传差异加大，以获得较一般品系间杂交更明显的杂种优势。如果采取配合力育种，根据杂交效果对猪进行选择，其效果更好。

（三）选择杂交方式

根据商品猪的要求和当地条件，采用适宜的杂交方式。我国常用的是二元杂交和三元杂交，二元杂交由于父、母本均是纯种，不具备母本杂种优势和父本杂种优势，所利用的杂种优势只限于杂交一代猪的日增重、饲料利用率等性状，而最容易获得杂种优势的繁殖性状的杂种优势却没有得到有效利用。如果将二元杂交后代的母猪留种，与第三个品种的公猪杂交生产商品猪（三元杂交），由于母猪是杂种，繁殖性能的杂种优势可得到利用，所以综合效果优于二元杂交，只是组织工作较复杂。所以，在繁育体系建立的初期可采用二元杂交，具有一定基础之后，最好采用三元杂交。

（四）建立杂交繁育体系

为了长期获得杂种优势，经济杂交工作应有计划地进行，建立品种配套的经济杂交繁育体系。设置亲本品种原种场、繁殖场和商品猪生产场，协调好各场间的关系，并不断选育原种，如不选育原种，只搞经济杂交，也会导致原种的退化和杂种优势的丧失。

（五）保证必要的饲养管理条件

饲养水平和饲养管理条件是获得预期杂交效果的物质基础和必要保证。在确定杂交组合时，应当根据当时、当地所能提供的饲养水平和饲养管理条件，选择与之相适应的父、母本；杂交组合一旦确定，就要最大限度地提供和保证杂交亲本和杂交后代所要求的饲养水平和饲养管理条件，以获得预期的杂交效果。

四、杂交方式及其评价

猪的杂交方式主要有两品种固定杂交、三品种固定杂交、两品种轮回杂交、三品种轮回杂交、双杂交和专门化品系杂交等方式，各种杂交方式都有其优缺点，生产中应根据具体情况采用合适的方式。

(一)两品种固定杂交(二元杂交)

二元杂交是利用两个品种或品系的公、母猪进行交配,杂交一代全部作商品育肥猪的杂交模式见图 1-2。

二元杂交的优点是简单易行,能获得 100%的后代杂种优势,杂交效果可靠,杂交一代整齐一致;缺点是父、母本均为纯种,不能获得父本和母本杂种优势。

(二)三品种固定杂交(三元杂交)

首先用两个品种的公、母猪交配产生一代杂种母猪,再从中选择优良母猪与第三个品种的公猪进行交配,所得后代全部用作商品育肥猪,杂交模式见图 1-3。第一次杂交所用的公猪品种称第一父本,第二次杂交所用的公猪品种称第二父本或终端父本。

三元杂交的优点是能获得 100%的后代杂种优势和 100%的母本杂种优势,既能使杂种母猪在繁殖性能方面的优势得到充分发挥,又能充分利用第一和第二父本在肥育性能和胴体品质方面的优势,特别是第二父本的影响更大,所以,三元杂交的综合效果优于二元杂交;缺点是不能获得父本杂种优势,杂交繁育体系较二元杂交复杂,不仅要求保持 3 个亲本品种的纯繁,还要保持大量的一代杂种母本群,也正因为商品育肥猪的母本是杂种,使得商品育肥猪的一致性不如二元杂交猪,特别是当杂种母猪的父、母本差异较大时更是如此。

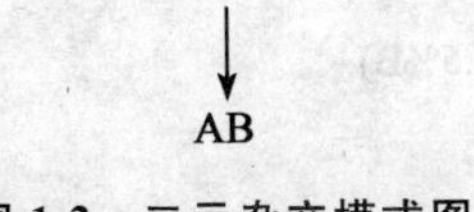

图 1-2　二元杂交模式图

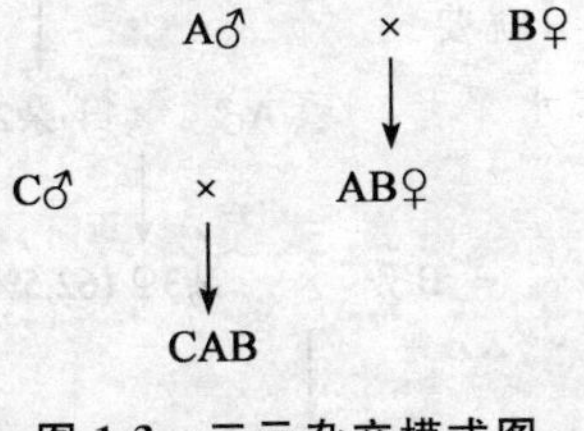

图 1-3　三元杂交模式图

(三)双杂交(四元杂交)

它是以两个二元杂交为基础,由其中一个二元杂交后代中的公猪作父本，另一个二元杂交后代中的母猪作母本，再进行一次简单杂交，所得四元杂种全部作商品育肥猪。四元杂交的模式见图 1-4。

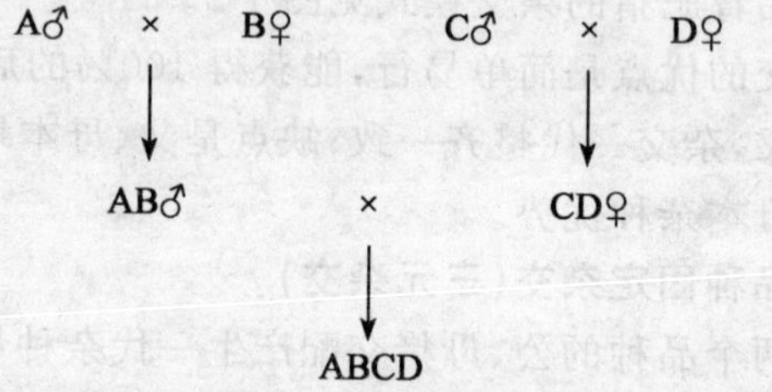

图 1-4 四元杂交模式图

四元杂交的优点是能获得 100% 的后代、母本和父本杂种优势；缺点是杂交繁育体系复杂，不仅需要维持 4 个亲本品种的纯繁，还要饲养大量二元母猪和公猪。

（四）两品种轮回杂交

它是在两品种杂交一代母猪中选择优秀个体，逐代分别与两亲本的纯种公猪轮流交配，每代只留优秀母猪作种用，其余的杂种公、母猪都作商品育肥猪，两品种轮回杂交模式见图 1-5。

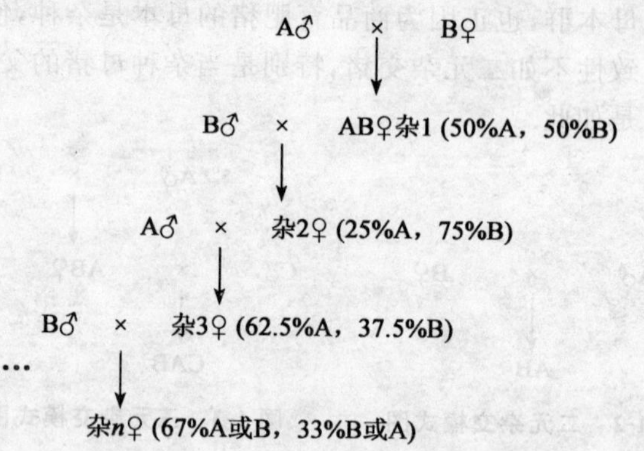

图 1-5 两品种轮回杂交示意图

两品种杂交的优点是可长期保持一个杂种母本和一个纯种父本品种交配，由于母猪和商品育肥猪本身都是杂种，均表现杂种优势，而且该种方式较为简单，只要饲养两个品种的少量公猪，维持和补充生产母猪群由杂种小母猪中选留即可，该种方式无论在理论上还是在经济上都具有一定优越性；缺点是一代杂交以后，有杂种优势的后代不能保持100%的杂种优势，轮回到一定程度(6代以上)，后代和母本杂种优势就停留在67%的水平上，每一代留下的部分母猪都是杂种，杂种的遗传性不稳定，从而使下一代的一致性变差。

(五)三品种轮回杂交

从三品种杂交所得到的杂种母猪中选择优秀个体，逐代分别与三品种纯种公猪轮流交配，每代只留优秀母猪作种用，其余的杂种公、母猪都作商品育肥猪，三品种轮回杂交模式见图1-6。

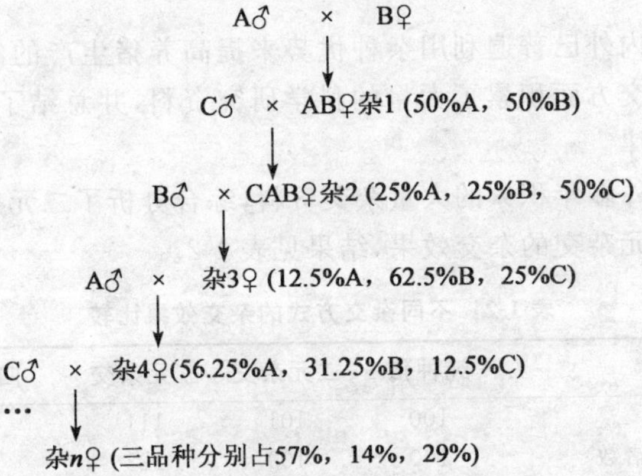

图1-6 三品种轮回杂交示意图

三品种轮回杂交的优点也是可以自行产生杂交母本，并可获得较两品种轮回杂交较高的后代和母本杂种优势；缺点是3代以后，不能获得100%的后代和母本杂种优势，轮回到一定程度，后代和母本杂种优势就停留在86%的水平上，每一代留下的部分母猪都是杂种，杂种的遗传性不稳定，从而使下一代的一致性变差。

(六)品系间杂交

品系的群体规模小，性能提高速度快，培育所需时间短，投资小，品系的纯度高于品种，两品种的品系间的差异一般大于品种间的差异。因此，品系间杂交更精确、更灵活，杂种优势更明显，杂交后代更加整齐一致。而品种与品系相比，群体规模大，性能提高缓慢，培育所需时间长，投资大，纯度相对较低，差异相对较小。因此，品种间杂交显得粗糙、笨重、杂交后代整齐度差。尤其随着养猪业向规模化、集约化、工厂化方向发展，更加适于采用高产品系间的杂交。特别是近年来培育的专门化配套品系，更适于工厂化猪场饲养。

五、国内外猪的经济杂交效果

在国内外已普遍利用杂种优势来提高养猪生产的经济效益，在经济杂交方面积累了大量的科学研究资料，并总结了一些经济杂交的规律。

据国外多年积累的大量杂交资料，综合分析了二元杂交、三元杂交和四元杂交的杂交效果，结果见表1-2。

表1-2 不同杂交方式的杂交效果比较 %

项目	纯种猪	二元杂交	三元杂交	四元杂交
窝产仔数	100	101	111	113
21日龄仔猪数	100	109	123	123
21 d窝重	100	110	128	128
56日龄成活率	100	107	125	126
56日龄体重	100	108	110	109
154日龄体重	100	114	113	111
达100 kg日龄	100	107.5	107	107

续表 1-2　　　　　　　　　　　　　　　　　　　　　　%

项目	纯种猪	二元杂交	三元杂交	四元杂交
饲料利用率	100	102	101	101
每头母猪提供猪肉量	100	122	140	140
背膘厚	100	101.5	101.5	101.5
眼肌面积	100	101	102	102

由表 1-2 可见，猪的增重具有明显的杂种优势，但多元杂交并不比二元杂交优越；在繁殖性能上，二元杂交效果比纯种好，三元和四元杂交效果比较接近，并明显优于二元杂交，可见母本杂种优势在繁殖性能上具有重要作用，父本杂种优势并未显示出明显作用，但四元杂交在杂交繁育体系的建设上要复杂得多。所以，综合考虑，以三元杂交较为高效适用。

姜志华等总结我国多年积累的大量杂交资料，估计了繁殖、生长、胴体等性状的个体杂种优势、母本杂种优势和父本杂种优势。结果显示，大多数繁殖性状及生长性状个体杂种优势明显，而母本和父本的杂种优势仅对繁殖性状是重要的。三类性状的杂种优势比较，以繁殖性状为最大，生长性状次之，胴体性状最小（表 1-3）。

表 1-3　猪各类性状杂种优势　　　　　　　　　　%

项目	个体杂种优势	母本杂种优势	父本杂种优势
总产仔数	11.33	20.50	8.26
产活仔数	16.13	21.48	4.38
20 日龄活仔数	—	—	6.38
断乳仔猪数	32.01	25.24	—
出生窝重	8.76	16.67	—
断奶窝重	30.71	16.28	—
初生重	—	−2.55	—
断奶重	3.54	6.95	—
日增重	14.16	2.67	−1.11
饲料/增重	−5.19	−2.50	3.37

续表 1-3 %

项目	个体杂种优势	母本杂种优势	父本杂种优势
育肥天数	−15.63	−1.07	—
屠宰率	1.13	−0.93	—
背膘厚	8.71	−1.22	—
胴体长	3.29	0.74	—
眼肌面积	−1.38	8.04	—
胴体瘦肉率	−1.93	3.99	—

六、猪的杂交繁育体系

(一)杂交繁育体系的概念

杂交繁育体系是指为了开展整个地区的猪育种和杂种优势利用工作,在明确用什么品种,采用什么样的杂交方式的前提下,经过统一规划建立起来的以原种场(育种场或核心群)为核心、繁殖场(纯种母猪繁殖场和杂种母猪繁殖场)为中介和商品场(生产群)为基础的宝塔式统一运营系统。这种宝塔式繁育体系能够把原种的选育与改良、良种的扩大繁育和杂交商品猪的生产有机地联系起来,使原种猪的遗传改良成果迅速传递到杂交商品生产猪群以转化为生产力。

(二)各类性质猪场及其专业化分工(三元杂交)

一个完整的繁育体系,应包括原种猪场、纯种母猪繁殖场、杂种母猪繁殖场和商品猪场,它们的性质、规模、任务都各不相同,并依据商品育肥猪的生产量和所采用的杂交方式而不同。

1. 原种猪场(群) 原种场在宝塔式繁育体系中处于塔尖位置,主要任务是从事纯种(系)的选育提高和按照不断变化的市场需求培育新品系。经过选择的幼猪除了保证本群的更新替补以外,主要向下一阶层(繁殖场)提供优良的后备公、母猪,以更新替补繁殖场原有猪群;同时,它也向商品场提供优良的终端父本品种(系)。

原种场要求有较强的技术力量，先进的育种手段和育种方法，技术档案应齐全，并建立有严格的卫生消毒及防疫制度，保证猪群的健康水平，不得有某些特定的传染病。

原种场的数量应根据所采用的杂交方式、所用的品种数量及每年出栏的商品猪总量来定。二元杂交时需建立2个原种场，三元杂交时建立3个，四元杂交时建立4个(生产上有时将2个甚至3个品种放在一个原种场)。每个原种场所养的品种及数量要求不同，选种的重点也不一样。

如，用大约克夏猪(B)、长白猪(A)、杜洛克猪(C)进行杜长大三元杂交时需要建立第一、第二和第三品种原种猪场，分别饲养大约克夏猪、长白猪、杜洛克猪原种猪。

第一品种原种场为母本品种原种场，饲养大约克夏原种公、母猪(B♂×B♀)，因繁育体系对母本需求量大，所以原种场以第一原种场规模最大，基础母猪饲养量占三个原种品种母猪总量的68%左右，主要任务是为纯种母猪繁殖场提供大约克夏后备公、母猪，选种的重点放在繁殖性能上。

第二品种原种场为第一父本品种原种场，饲养长白原种公、母猪(A♂×A♀)，因繁育体系对父本需求量小，尤其第一父本，所以原种场以第二原种场规模最小，基础母猪饲养量占三个原种品种母猪总量的14%左右，主要任务是直接为杂种母猪繁殖场提供后备长白公猪，选种的重点放在繁殖性能上，并兼顾生长性状和胴体性状。

第三品种原种场为第二父本(或终端父本)品种原种场，饲养杜洛克原种公、母猪(C♂×C♀)，因繁育体系对终端父本需求量较第一父本大，所以原种场中第三原种场规模居中，基础母猪饲养量占三个原种品种母猪总量的18%左右，它的规模除决定于商品猪场的数量和规模外，还决定于商品场所采用的配种方式，如采用人工授精，则可大大减少杜洛克公猪的需求量。第三品种原种场的主要任务是直接为商品猪场提供杜洛克后备公猪,选种的重点放在生长性状和胴体性状上。

2. 繁殖猪场　繁殖场在宝塔式繁育体系中处于中间阶层,起着承上(原种场)启下(商品场)的作用。有时我们把繁殖场又划分为纯种母猪繁殖场(B♂×B♀)和杂种母猪繁殖场(A♂×B♀),纯种繁殖场的基本任务是将原种场所培育的纯种猪(B♂,B♀)进行扩大繁殖,并向杂种繁殖场提供小母猪(B♀)。杂种繁殖场的基本任务是接受原种场提供的小公猪(A♂)和纯种繁殖场提供的小母猪(B♀),按照统一的计划进行杂交而生产杂种幼母猪,提供给商品场以替补原有杂种母猪群。对繁殖群的选择不要求像原种场那样精细,一般只要求做好系谱登记和性能记录,及时淘汰老弱病残猪只,保证猪群壮龄化。

3. 商品猪场(C♂×AB♀)　商品场在宝塔式繁育体系中处于底层,构成繁育体系的基础。基本任务是接受繁殖场提供的杂种幼母猪(AB♀)和原种场提供的终端父本猪(C♂),生产商品杂交猪(CAB)。由于饲养规模大,可以由若干个猪场或专业户组成,工作重点放在充分挖掘母猪的繁殖潜力,尽可能缩小繁殖猪在群比例,改进肥育技术,提高肥育性能。

(三)繁育体系的猪群结构

繁育体系的猪群结构是指原种场、繁殖场和商品场的繁殖母猪数量分别占完整体系内繁殖母猪总头数的份额(以百分数表示)。因为其他猪群的数量均决定于母猪群的数量,母猪群的规模一旦确定,就可依据配种方式(本交或人工授精)确定公、母比例,算出公猪群规模;同样,母猪群规模确定后,可以按照各品种的繁殖性能,猪场的饲养管理等条件计算出各类幼猪群的数量。合理的猪群结构是实现繁育体系的协同运作和高效益生产的基本条件。

在确定好杂交方式和选定所用品种后,为了建立繁育体系合理的猪群结构,必须根据所涉及的品种及其杂种猪的生产性能和历年生产记录，以及可能提供的环境条件、饲养管理水平及改良提高的潜力，了解和掌握猪群的经济技术参数，包括配种方式、性别比例、年龄结构、繁殖利用年限、淘汰率、母猪平均年提供肥猪数等指标。

腾晓华等(1994)报道了以杜洛克猪(D)、大约克夏猪(Y)和长白猪(L)3 个品种为研究对象，按国外常用的杂交组合模拟了在二元杂交、回交和三元杂交方案下，以总数为 16 000 头母猪生产 24 万头商品肉猪的完整繁育体系的猪群结构(表 1-4)。

表 1-4 完整繁育体系的猪群结构 %

杂交方案	原种场 L	原种场 Y	原种场 D	繁殖场	商品场	合计
二元	1.88	0.48	—	10.75	86.89	100
回交	1.88	0.50	—	10.75	86.87	100
三元	1.87	0.38	0.48	10.71	86.56	100
公、母比	1∶5	1∶5	1∶5	1∶20	1∶100	—
配种方式	本交	本交	本交	本交	人工授精	—

从原种猪场、纯种母猪繁殖场、杂种母猪繁殖场和商品猪场猪的数量或规模来讲，整个繁育体系的结构呈“金字塔”状(图 1-7)。

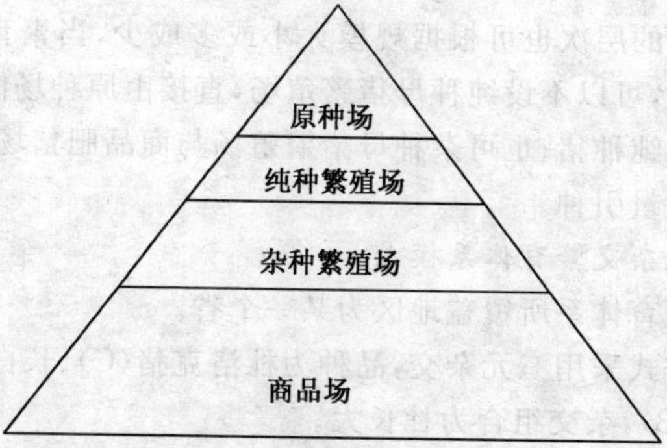

图 1-7 宝塔式繁育体系

(四)杂交繁育体系的建立

繁育体系的建立方法随杂交方式的不同而变，并没有一个固定不变的模式。但建立繁育体系有一个一般的程序或步骤。

1. 建立繁育体系的程序或步骤

(1)确定繁育体系所覆盖的地区。

(2)确定适合于该地区的杂交方式及其所用品种。

(3)确定该地区内每年需要或计划出栏肥猪数量。

(4)根据每头母猪每年能够提供商品育肥猪的数量，计算出商品育肥猪场所需母猪数量。

(5)根据母猪数量和公、母比例，确定所需公猪数量。

(6)根据母猪年更新率，确定每年需要从繁殖场购买的后备母猪数量；根据公猪年更新率，确定每年需要从原种场购买的后备公猪数量。

(7)用同样的方法可以反推出杂种母猪繁殖场所需公、母猪数量，进一步反推出纯种母猪繁殖场和原种场的公、母猪数量。

但猪场猪只数量的确定不是简单的乘除法，它不仅需要考虑公、母猪的年更新率，而且要考虑原种场及繁殖场的选择强度，注意所养原种是父本还是母本，是本交还是人工授精。所建立的各类性质猪场的层次也可根据规模大小或多或少，当繁育体系整体规模较小时，可以不设纯种母猪繁殖场，直接由原种场向杂种母猪繁殖场提供纯种猪；也可杂种母猪繁殖场与商品肥猪场合二为一，避免频繁大量引种。

2. 三元杂交繁育体系模式

假定繁育体系所覆盖地区为某一个省。

杂交方式采用三元杂交，品种为杜洛克猪(C)、长白猪(A)、大约克夏猪(B)，杂交组合为杜长大。

该省每年计划出栏 CAB 育肥猪 1 000 万头。

假定每头母猪每年能够提供商品育肥猪 18 头，则需 AB 二元母猪为 10 000 000/18≈600 000(头)。

假定公、母比例为 1∶20,则需 C 公猪为 30 000 头。

假定母猪年更新率为 33%,则每年需要从杂种母猪繁殖场购买 AB 小母猪为 600 000×33%≈200 000(头)。

假定公猪年更新率也是 33%,则每年需要从原种场购买 C 小公猪 10 000 头。

假定杂种母猪繁殖场每头 B 母猪能够提供给商品场 AB 小母猪 5 头,则杂种母猪繁殖场需养 B 母猪为 200 000/5＝40 000(头);如果更新率也是 33%,则每年需要从纯种母猪繁殖场购买 B 小母猪为 40 000×33%≈13 000(头);如果公、母比为 1∶20,则需养 A 公猪为 2 000 头;每年需要从原种场购买 A 小公猪 700 头。

用同样的方法可以反推出纯种母猪繁殖场所需公、母猪数量,进一步反推出原种场的公母猪数量。繁育体系模式及繁育体系供猪模式见图 1-8 和图 1-9。

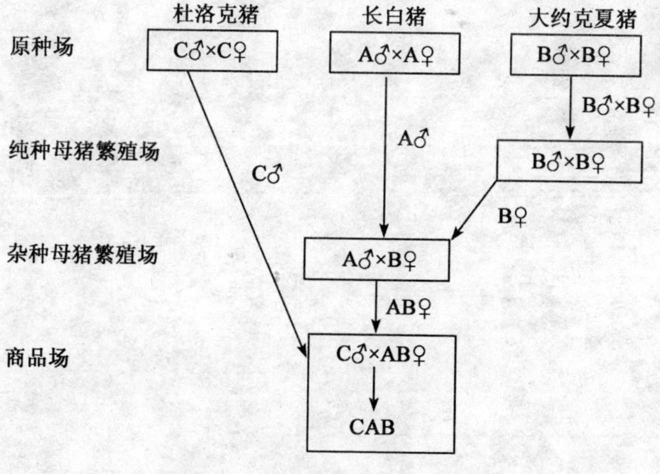

图 1-8 三元杂交繁育体系模式

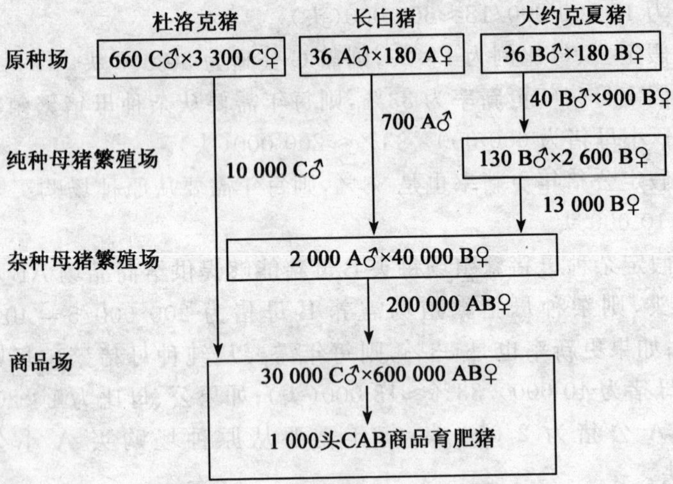

图 1-9　三元杂交繁育体系供猪模式

第二章　猪的营养与饲料

在养猪场，饲料费用占生产总费用的 70%左右，加拿大的试验表明，猪从出生到出栏上市的饲料费用差异可达 1 倍。可见，在降低饲料成本、增加净收益方面有很大潜力可挖。因此，我们应系统掌握猪的营养与饲料的基本知识，尽可能做到猪对各种营养物质需要量和供给量的吻合，提高养猪经济效益。

第一节　猪的营养需要

一、能量

饲粮被猪采食后，其中的有机物经过消化，以葡萄糖、氨基酸、脂肪酸等形式吸收入血液，运送到全身各组织细胞。这些物质在各种代谢酶的作用下氧化分解，根据需要缓慢转换成动能，以维持心、肺和肌肉的活动、组织的更新、生长及乳的合成等所需能量；转换成热能以维持体温的恒定。有多余时，则用于体组织的生长或以高能键化合物、糖元、脂肪等形式贮存于体内。

(一)能量的来源

猪所需要的能量来源于饲料的三种有机物质，即碳水化合物、脂肪和蛋白质。这三种有机物质在测热器中测得的热量平均值为：碳水化合物 17.36 kJ/g (4.15 kcal/g)，蛋白质 23.64 kJ/g (5.65 kcal/g)，脂肪 39.33 kJ/g (9.4 kcal/g)。

虽然在测热器中所得到的蛋白质能值高于碳水化合物，但蛋白质作为能源，由于脱氨和尿能损失 7.47 kJ/g，而且蛋白质饲料价格昂贵，用它为猪提供能量在经济上不合算。生产上应保证碳水化合物的供应，蛋白质水平不宜过高，以获得最佳日增重、饲料利用率、胴体品质和经济效益为限，避免蛋白质作为能源被猪利用。

猪饲料一般含脂肪较少，动植物油目前在我国价格较高，并且添加时麻烦，添加后不宜贮存。所以，脂肪目前尚不是猪所需能量的主要来源，但在需能值较高的仔猪与泌乳母猪料可考虑添加部分脂肪。

猪对碳水化合物中的粗纤维利用能力较差，饲粮中含量过高，不仅影响其本身的消化吸收，而且影响其他营养物质的消化吸收，所以，粗纤维也不是猪所需能量的主要来源。

碳水化合物中的无氮浸出物，特别是淀粉，在一般饲料中含量丰富，尤其以禾本科植物籽实和根茎类饲料中含量为多，禾本科植物籽实含 60%～70%，糠麸类 47%～61%，块根、块茎类 68%～88%（以干物质计）。其中的淀粉是植物的贮备物质，大量贮存于种子、果实及根茎中，玉米和高粱籽实约含 70%的淀粉，并且消化率极高，均在 90%以上。所以，无氮浸出物尤其淀粉是猪所需能量的最主要来源。

（二）能量营养价值评定指标

猪饲养上常用的几种能量指标，实际上是代表饲料中能量在猪体内消化、代谢的不同阶段，用某一阶段的能量作为猪营养需要的指标和饲料营养价值评定的指标。在猪多采用消化能和代谢能。饲料在猪体内的转化过程如图 2-1 所示。

（三）能量与猪的采食量

饲粮能量浓度是指单位风干料所含有的消化能或代谢能（MJ/kg）。影响因素主要有饲粮所含水分、粗纤维、粗脂肪等。水分每增加 1%，消化能约减少 160 kJ/kg；粗纤维每增加 1%，消化能约减少 430 kJ/kg。

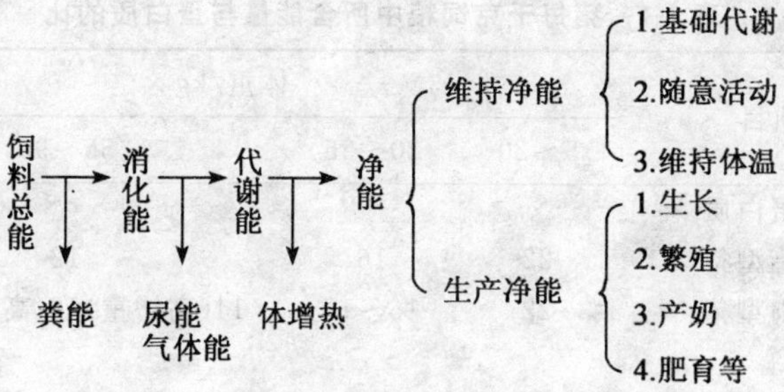

图 2-1　饲料能量在猪体内的转化过程

猪有"为能而食"的本能，因而能量浓度影响猪的采食量。能量浓度提高，采食量降低，但采食的总消化能仍有所提高；能量浓度降低，采食量提高，但采食的总消化能仍有所降低。而且该变化局限于一定能量浓度范围内，如果饲料中能量浓度过低，即使猪多吃饲料也满足不了所需能量，从而使猪日采食消化能显著降低，并影响生产性能。

(四)能量与蛋白质(能朊比)

在一定范围内，猪力图通过改变采食量来满足能量的需要。如果在改变能量摄入量时，能量与蛋白质的比例不加以调整，猪所采食的蛋白质就会过量或不足，并影响猪的生产性能。Central Soya(1983)推行一种热能与蛋白适宜比例的配方，使代谢能与可利用氨基酸在日粮中得以平衡，从而使增重、饲料利用率等达到最佳状态。

Cambell 发现，生长猪在低能量水平时，为了达到最佳日增重的粗蛋白水平，要比高能量水平时为低；以蛋白水平而论，17.5%的蛋白水平为转折点，低于此值时，粗蛋白水平对体蛋白沉积起决定性作用，高于此值时，能量水平对蛋白质沉积起决定性作用。

许振英总结多次试验结果，提出猪日粮粗蛋白水平与能朊比如表 2-1 所示。

表 2-1 猪每千克饲粮中所含能量与蛋白质的比 kJ/g

项目	体重/kg		
	5～20	20～55	55～90
日粮粗蛋白质			
肉脂型猪	22	16	12
瘦肉型猪	22	16～17	14(高增重)16(高瘦肉率)
能朊比			
肉脂型猪	83.68∶1	104.60∶1	117.15∶1
瘦肉型猪	83.68∶1	96.23∶1	104.60∶1

(五)猪的能量需要

1. 仔猪 NRC(1998)指出体重 20 kg 以下仔猪消化能摄入量估算公式：

$$DE\ 摄入量(kJ/d)=-556+(1\,050\times W)-(4.14\times W^2)$$

式中，W 为体重。

哺乳期仔猪的能量需要由母乳和补料中得到满足，母乳及补料提供的能量的比例见表 2-2。随着仔猪日龄和体重的增加，母乳能量满足程度下降，差额部分由补料满足，为满足仔猪的能量需要，补料中能量浓度应为 14.64 MJ/kg，一般应在 13.81～15.06 MJ/kg 消化能。

表 2-2 哺乳仔猪的能量需要及母乳供应量

项目	周龄							
	1	2	3	4	5	6	7	8
体重/kg	2	3.4	5.0	6.8	8.5	10.8	13.2	16.0
日需量/MJ	3.14	4.69	5.23	5.98	6.98	8.08	9.71	11.51
母乳供应程度/%	108	94	90	78	67	54	36	27
需由补料供应量/%	—	6	10	22	33	46	64	73

环境温度对仔猪能量需要影响很大，当环境温度低于临界温度时，寒冷产热作用增加仔猪能量需要量，其增加的量用下式估计：

$$H=(1.31W+95)\times(Tc-T)/0.8$$

式中，H 为环境温度低于临界温度需额外增加的代谢能供应量(kJ/d)；W 为猪体重(kg)；T 为环境温度(℃)；Tc 为临界温度(℃)；ME 的利用率为 80%。

仔猪一般采用自由采食方式，因而能量浓度显得更加重要，NRC(1998)规定仔猪能量浓度为 14.2 MJ/kg，我国规定为 13.85～16.74 MJ/kg。

2. 生长肥育猪　NRC(1998)指出生长肥育猪消化能摄入量估算公式：

$$\text{DE 摄入量(kJ/d)}=-5\,230+(787\times W)-(5.86\times W^2)+(0.018\,4\times W^3)$$

式中，W 为体重。

在预测消化能摄入量时，还应根据环境温度和饲养密度进行校正。

生长肥育猪一般采用自由采食方式，因而能量浓度显得更加重要，NRC(1998)规定生长肥育猪能量浓度为 14.2 MJ/kg，我国规定为 12.97 MJ/kg。20～50 kg 的生长猪必须每天摄入 1.8～2.0 kg 的日粮，猪才有饱感，每天摄入 30.12～31.8 MJ 的消化能，才能充分发挥蛋白质和脂肪的生长潜力。因此，如果 1 kg 日粮中能量浓度达不到 14.0～15.0 MJ，则猪摄入的能量不足以充分发挥生长潜力。随饲料能量浓度的提高，日采食饲料量下降，但日采食消化能提高，日增重加快，背膘加厚，体脂肪沉积速率提高，而猪的体蛋白沉积速率变化不明显。

在一定范围内，能量浓度高有利于增重，浓度低(不低于 11.51 MJ/kg)有利于瘦肉率。一些研究表明，猪可通过增加或减少采食量而弥补日粮养分浓度的变化，因而在一定的能量浓度范围内，它能基本保持等能采食。

能量水平是指一头猪每日采食消化能或代谢能的数量(MJ/d)。ARC(1981)归纳30多次试验结果，发现日增重(Y)与能量水平(X)存在线性关系，每增减1 MJ消化能，日增重增减25 g左右。Bikker等(1995)对20～45 kg体重阶段的杂交母猪分别饲喂6个能量水平的日粮，随日粮能量水平升高饲料转化率和生长速度都得到改善和提高(表2-3)。该表同时表明，随日粮能量水平的提高，蛋白质沉积速率增加，而每千克猪肉中的瘦肉含量却呈下降趋势。

表2-3　能量水平对杂交猪(20～45 kg)生产性能、空体脂肪和蛋白质沉积速率的影响

项目	能量水平(维持需要的倍数)						
	1.7 MJ	2.2 MJ	2.7 MJ	3.2 MJ	3.7 MJ	自由采食	显著性
日增重/(g/d)	371	448	631	818	959	1 075	$P<0.001$
增重/耗料/(g/kg)	505	522	547	604	610	600	$P<0.01$
蛋白沉积速率/(g/d)	75.3	98.8	113	134	160	172	$P<0.001$
脂肪沉积速率/(g/d)	28.1	49.5	96.9	131	142	193	$P<0.001$
脂肪/蛋白沉积速率	0.32	0.52	0.87	0.98	0.89	1.13	$P<0.001$
瘦肉含量/(g/kg)	192	186	175	170	173	169	$P<0.01$
脂肪含量/(g/kg)	81	102	130	137	131	148	$P<0.001$

3.妊娠母猪　NRC(1998)用模型估计了妊娠母猪的能量需要，该模型只要给出母猪妊娠期期望增重、配种体重和预期窝仔数，即可计算出母猪每日消化能需要量。

妊娠母猪所需DE(kJ/d)＝维持DE＋妊娠产物增重DE＋母体增重DE＋体温调节DE

(1)维持所需消化能(kJ/d)＝$460\times W^{0.75}$，W是指配种体重加

上 1/2 妊娠总增重。

(2)妊娠产物增重所需消化能。每个胎儿及其相关妊娠产物增重为 2.28 kg,妊娠期按 115 d 计,则每天每个胎儿及其相关妊娠产物增重为 19.8 g,增重 19.8 g 需消化能 156 kJ,从而得出:

妊娠产物增重所需消化能＝猪只头数×156 kJ/d

(3)母体增重所需消化能。

母体增重＝母体脂肪增重＋母体蛋白质增重

其中,母体增重为已知;母体脂肪增重(kg)＝－9.08＋(0.638×MG);母体蛋白质增重(kg)＝母体增重－母体脂肪增重;妊娠期按 115 d 计,即可求得每天母体脂肪及蛋白质的增重克数。

已知合成每克脂肪所需消化能为 54.48 kJ;合成每克蛋白质所需消化能为 46.19 kJ。

从而得出:

母体增重所需消化能＝母体脂肪增重(g/d)×54.48 kJ/g＋母体蛋白质增重(g/d)×46.19 kJ/g。

(4)体温调节所需消化能。当环境温度低时,母猪需增加额外的能量以调节体温。本模型将 24 h 的平均温度为 20℃作为理想温度条件,从 20℃开始每下降 1℃需额外提供 DE 1 046 kJ,当环境温度高于 20℃时无需校正(下式中 T 为实际温度)。

体温调节所需消化能＝(20－T)×1 046

NRC(1998)推荐妊娠母猪每天千克体重维持能量需要量为 460 kJ。在整个妊娠期间,母猪的维持需要相当恒定(Ererts,1994;Close 和 Mullan,1996),而且初产母猪与经产母猪的维持需要亦相当接近(Noblet 等,1997)。妊娠母猪的第二部分能量需要是本身母体重增加的需要。妊娠期间(一般为 115 d)的蛋白质沉积的消化能需要为 46.19 kJ/g,脂肪沉积的消化能需要为 54.48 kJ/g。第三部分是妊娠产物(胎儿等相关妊娠产物)的消化能需要为 156 kJ/d。每千克初生胎儿在母体的整个妊娠期大约需沉积 4.78 MJ 能量于子宫及胎儿，这些能量的 72%沉积于胎儿本身，12%沉积于胎盘，5%沉积于羊水，11%沉积于子宫（Noblet 等，1997）。可以看出，妊娠母猪所需的能量并不多，主要是用于母体本身的维持（占总需要的 75%～80%，Noblet 等，1990），而增重的需要占总需要的 15%～20%（Pettigrew 和 Yang，1996），胎儿所需要的能量就更少了。近几十年来，妊娠母猪的能量需要不断下降，NRC“猪的营养需要”从 1950 年的 37.66～46.88 MJ/d，下降到 1979 年的 25.6 MJ/d 和 1988 年的 26.40 MJ/d。迄今许多研究的结果表明，妊娠母猪能量需要宜保持在 25.1 kJ/d（6.0 Mcal/d）上下水平。NRC（1998）根据妊娠模型估计每日消化能摄入量为 25.59～27.87 MJ/d，饲料摄入量为 1.8～1.96 kg/d（日粮能量含量为 14.23 MJ/kg）。

我国肉脂型猪饲养标准建议为前期 17.57～23.43 MJ/d，饲料摄入量为 1.5～2.0 kg/d（日粮能量含量为 11.72 MJ/kg）；后期为 23.43～29.29 MJ/d，饲料摄入量为 2.0～2.5 kg/d（日粮能量含量为 11.72 MJ/kg）。

Willians 等（1985）建议，至少头 3～4 胎，母猪妊娠期间自身组织增重应达到 25 kg，妊娠产物增重大约 20 kg，所以总增重为 45 kg。

Whittemore 等（1984）报道连续 5 胎妊娠期间采食量在 1.7～2.3 kg/d，对总的产仔数无明显影响，但接受低水平饲料的母猪淘汰率较高。当母猪采食能量增加到 25.1 MJ/d 以上时，对初生重的影响不明显（ARC，1981）。Cronwell 等（1989）报道，增加妊娠最后 23 d 的采食量（1.36 kg）可提高初生重 40 g。Weldon 等（1991）报道增加青年母猪妊娠第 75～105 d 能量摄入量（24.1～43.9 MJ/d）可降低乳腺细胞数，减少产奶量。Weldon 等（1994）报道，如果让母猪自由采食，随着妊娠期能量摄入量和体重的增加，泌乳期能量摄入量将降低，泌乳失重增加。

4. 泌乳母猪 NRC(1998)用模型估计了泌乳母猪的能量需要，该模型只要给出母猪在整个泌乳期的增重或失重、窝仔数和哺乳仔猪生长速度，即可计算出母猪每日消化能需要量。

泌乳母猪所需 DE(kJ/d)＝维持 DE＋产乳 DE－母体减重提供的 DE＋体温调节 DE

(1)维持所需消化能 维持所需消化能(kJ/d)＝$460\times W^{0.75}$，W 是指分娩后体重加上 1/2 泌乳期总的重量变化。

(2)产乳所需消化能 消化能用于产乳的效率为 69%。

产乳所需消化能(kJ/d)＝[(仔猪日增重×哺乳仔猪数×20.58)－(377×哺乳仔猪数)]/0.69

(3)母体减重所提供的消化能 已知瘦肉组织含有 23%的蛋白质，每克蛋白质可提供 23.4 kJ 的能量；脂肪组织含有 90%的脂肪，每克脂肪可提供 39.3 kJ 的能量；能量用于产乳的效率为 88%；消化能用于产乳的效率为 69%。

母猪平均日减重(g)＝泌乳期重量变化/泌乳天数

减重中的蛋白质(g)＝(平均日减重×0.094 2)＋1.47

减重中的脂肪(g)＝(平均日减重－减重中的蛋白质/0.23)×0.9

从而得出：

母体减重所提供的消化能(kJ/d)＝(减重中的蛋白质×23.4＋减重中的脂肪×39.3)/0.69

(4)体温调节所需消化能 当环境温度低时，母猪需增加额外的能量以调节体温。本模型将 24 h 的平均温度为 20℃作为理想温度条件，从 20℃开始每下降 1℃需额外提供 1 351 kJ DE，当环境温度高于 20℃时需减少 1 351 kJ DE (下式中 T 为实际温度)。

体温调节所需消化能＝$(20-T)\times 1\,351$

NRC(1998)根据泌乳模型估计每日消化能摄入量为 48.68～91.06 MJ/d，饲料摄入量为 3.56～6.40 kg/d(日粮能量含量为

14.23 MJ/kg)。中国肉脂型猪的饲养标准建议为 58.24～64.31 MJ/d，饲料摄入量为 4.8～5.3 kg/d(日粮能量含量为12.13 MJ/kg)。

泌乳期母猪负担很重，一般都要减重，所以除产后几天或断乳前几天外，很少限量饲喂。

Mullan 等(1989)证实，泌乳早期阶段的营养水平对泌乳量和乳成分无影响，在某些猪场，产后给予高营养水平可能会增加母猪产后无奶的可能性，这种情况下降低营养水平对母猪有利。但泌乳期自由采食的母猪所哺育的仔猪的生长速度显著高于限饲的母猪。King(1995)试验表明，分娩后母猪的体况对泌乳母猪的采食量有很大影响，体况较肥的母猪采食量低于 3.83 kg，而体况较瘦的母猪采食量高于 5 kg。

大量试验证明，妊娠后期和哺乳期母猪日粮中添加脂肪可明显提高产乳量及乳脂肪含量。

能量水平对初产母猪缩短断奶至再发情的时间间隔也特别重要。高能水平和补饲可促使母猪发情。但能量影响只在一定范围内才有效果，每天食入 50～80 MJ 对产后发情无影响。

Zak 等(1997)研究表明泌乳期自由采食的母猪比限饲的母猪排卵率要高。Kirkwood(1990)，Prunier(1993)等也证明泌乳期低采食量影响下一胎的繁殖性能。Aherne(1995)推荐泌乳期采食量应不低于 6 kg/d。

二、蛋白质与氨基酸

饲料中含氮物质总称为粗蛋白质。其主要功能是构成动物机体的结构物质；维持猪体新陈代谢的正常进行；是动物机体内的重要功能物质；可为机体提供能源。

(一)蛋白质营养价值评定指标与方法

蛋白质营养价值是指饲料蛋白质能满足猪体新陈代谢和生产

产品对氮和必需氨基酸需要的程度。评定和衡量蛋白质营养价值的指标和方法很多,指标主要有饲料的粗蛋白质含量、可消化蛋白质量、蛋白质生物学价值、理想蛋白质、必需氨基酸、氨基酸的回肠消化率、氨基酸的利用率等;评定方法主要有化学评定法、生物测定法、酶评定法等。

1. 粗蛋白质　饲料中粗蛋白质的量通常以百分数或每千克饲料中所含克数来表示。实际中多采用凯式定氮法测出饲料中氮的含量,再乘以 6.25,即为该饲料粗蛋白质含量。不同饲料粗蛋白质的含量不同,它与饲料的种类、植物的生长阶段、成熟度、加工方法等有关。如饼粕类饲料含粗蛋白 25%～45%,禾谷类籽实 10%左右,大豆粕含蛋白一般在 42%以上,豆饼含蛋白一般在 42%以下。粗蛋白质这种表示方式的缺点是只说明了数量,没有反映质量,而相同数量、不同质量的蛋白质,猪对其消化率和利用率是不同的。但粗蛋白质是猪营养需要量的一个重要指标。

2. 可消化蛋白质　饲料中可消化粗蛋白质以百分数或每千克饲料中所含克数来表示,等于粗蛋白质乘以粗蛋白质消化率,或食入氮－粪氮/食入氮×6.25。不同饲料粗蛋白质含量可能相同,但可消化蛋白质不一定相同,所以,可消化蛋白质不仅反映了蛋白质的数量,而且在一定程度上反映了蛋白质的质量。但测定时需做猪的消化试验,实际中较少采用该指标。不过在改换饲料配方时,如要调整原料,尤其是蛋白质原料,应注意考虑不同原料粗蛋白质的消化率。

3. 必需氨基酸与限制性氨基酸　组成蛋白质的 20 余种氨基酸,虽然对于猪体来说都是必不可少的,但它们并非全部需要直接由饲料提供。为将其区别开,将氨基酸分为必需氨基酸和非必需氨基酸。某些种类的氨基酸在体内不能合成,或合成的速度不能满足机体的需要,必需每日从饲料中供给一定数量,这类氨基酸称为必需氨基酸;某些种类的氨基酸在体内能合成,或者可由其他氨基酸转变而成，这类氨基酸称为非必需氨基酸。无论必需氨基酸还是非必需氨基酸，在猪体内代谢过程中都是不可少的，只是来源不同而已。对于生长猪，必需氨基酸有10种，即赖氨酸、蛋氨酸、色氨酸、苏氨酸、精氨酸、组氨酸、亮氨酸、异亮氨酸、苯丙氨酸和缬氨酸。

饲粮某个或某些必需氨基酸含量较生长猪需要量少的氨基酸称为限制性氨基酸。少得最多的必需氨基酸称为第一限制性氨基酸，其次的称为第二限制性氨基酸，再次为第三限制性氨基酸。分析饲料中氨基酸含量，然后与猪的需要量对比，即可得知饲料中的限制性氨基酸的数量、种类及其顺序。在猪饲料中限制性氨基酸常为赖氨酸、蛋氨酸、色氨酸、苏氨酸，赖氨酸常常是第一限制性氨基酸。在10种必需氨基酸中，任何一种氨基酸都可能成为限制性氨基酸，缺少任何一种或任何一种不足，都会使蛋白质的品质降低，从而限制蛋白质中其他氨基酸的利用。所以，在实际中评价饲粮蛋白质营养价值时，应注意必需氨基酸的含量，特别是最容易缺乏的氨基酸。在配制日粮时，除了考虑蛋白质水平以外，也应注意考虑必需氨基酸的供给量，至少应考虑赖氨酸、蛋氨酸、色氨酸和苏氨酸。

4. 理想蛋白质　粗蛋白质、可消化粗蛋白质含量相同的饲料，所含必需氨基酸的量及其比例不一定相同，必需氨基酸含量与比例不同的饲料，消化吸收后的氨基酸的利用率也就有差别。为了更好地描述蛋白质的品质，提出了理想蛋白质的概念。

理想蛋白质是指日粮蛋白质中各种必需氨基酸的比例与猪所需要的比例相吻合，此时蛋白质的利用率最高，称之为理想蛋白质。英国ARC(1981)确定理想蛋白质的必需氨基酸组成见表2-4。

Wang等(1989)做了一系列试验，轮换减少每一必需氨基酸量的20%，如果不影响猪体蛋白的合成，说明这20%的氨基酸是过量的，结果得到一个理想蛋白质的必需氨基酸组成（表 2-4）。该组成使得所有被列的氨基酸均成第一限制性氨基酸，即不管哪种氨基酸低于表中所列的比例，都会降低蛋白质的利用率。可见该比例更为理想。

表 2-4　理想蛋白质的必需氨基酸比例

氨基酸	猪体蛋白	ARC (1981)	Wang (1989)	Baker(1993)/kg 5～20	20～50	50～100
赖氨酸	100	100	100	100	100	100
精氨酸	105	—	—	42	36	30
组氨酸	45	33	32	32	32	32
异亮氨酸	50	55	60	60	60	60
亮氨酸	109	100	110	100	100	100
蛋氨酸＋胱氨酸	45	50	63	60	65	70
苯丙氨酸＋酪氨酸	103	96	120	95	95	95
苏氨酸	58	60	72	65	67	70
色氨酸	10	15	18	18	19	20
缬氨酸	69	70	75	68	68	68

不同的饲料，其蛋白质中氨基酸的比例是不同的，即品质有好有坏。一般动物性蛋白质的品质优于植物性蛋白质，饼类蛋白质的品质优于禾谷类籽实蛋白质。

实际中为了平衡配合饲料中的氨基酸，使其达到理想蛋白质的标准，常按照饲料原料中必需氨基酸的含量进行合理搭配，仍不能达到要求时，再适当添加人工合成的氨基酸。

5. 氨基酸的回肠消化率　在配制猪日粮中氨基酸的数量与比例时，如果以其中所含各种氨基酸的总量为基础，显然不十分合理，因为食入的蛋白质不能完全被消化，消化后的氨基酸也不能完全被吸收，不同种类的饲料间又有着很大的差别。所以，人们希望从生物学可利用的角度表示饲料中的氨基酸含量和猪对氨基酸的需要量。为此，提出了氨基酸回肠消化率，它是指食糜到达回肠末端时，从肠道消失（吸收）的日粮氨基酸比例。测定方法是采用回肠末端漏管技术收集食糜，然后测定饲料及食糜中氨基酸含量及不消化标记物浓度，计算出氨基酸回肠消化率，即表观回肠氨基酸消化率。

$$\text{表观回肠氨基酸消化率}=\frac{\text{食入氨基酸}-\text{回肠食糜氨基酸}}{\text{食入氨基酸}}\times 100\%$$

由于回肠食糜中还含有肠壁脱落细胞及分泌的消化酶等成分中的氨基酸，使得测定结果偏低，为此，又将表观回肠氨基酸消化率校正为真回肠氨基酸消化率。

$$\text{真回肠氨基酸消化率}=\frac{\text{食入氨基酸}-(\text{食糜氨基酸}-\text{内源氨基酸})}{\text{食入氨基酸}}\times 100\%$$

第十版 NRC 饲养标准列出了猪对总氨基酸、表观回肠氨基酸、真回肠氨基酸的需要量及部分饲料的总氨基酸、表观回肠氨基酸消化率和真回肠氨基酸消化率。

（二）影响蛋白质与氨基酸利用率的因素

1. 猪的年龄　猪对蛋白质的利用效率一般不超过 51%，幼龄猪生长率高，蛋白质代谢强度大，体内沉积蛋白质也多，利用率较高。随着年龄的增长，生长率降低，蛋白质代谢强度也相应减弱，利用率下降（表 2-5）。

体重（X，kg）与蛋白质利用效率（沉积氮/食入氮，Y，%）的关系为：

$$Y=58.06-0.36X$$

食入氮与沉积氮的关系为：

$$Y=22.67-0.567X+0.009X^2$$

所以，生产上应注意保证猪的早期生长发育，以提高蛋白质利用效率。

表 2-5 不同体重阶段对蛋白质利用效率

体重/kg	食入氮/(g/d)	消化率/%	沉积氮/(g/d)	沉积氮/食入氮/%	沉积氮/吸收氮/%
20～30	33.7	84.3	16.7	49.5	56.8
30～40	43.9	82.3	17.0	38.7	50.0
40～50	46.5	84.6	21	45.1	53.3
50～60	58.8	83.0	20.9	35.9	43.3
60～80	52.9	84.8	16.9	32.3	38.0
80～90	64.2	82.2	19.0	30.0	35.1

2.蛋白质的品质　蛋白质所含必需氨基酸的量及其比例是影响蛋白质利用率的重要因素，猪在体内合成蛋白质时，对日粮中各种氨基酸尤其是必需氨基酸之间的比例有较固定的要求，因此，在配制日粮时，应按猪所需必需氨基酸比例合理搭配日粮，并补充必要的人工合成氨基酸，以提高蛋白质的利用率。

3.蛋白质水平　蛋白质水平是影响蛋白质利用率的重要因素，蛋白质水平适宜时利用率较高，若喂量过多，蛋白质的利用率随过多的程度提高而下降。原因在于猪合成蛋白质的速度有一定限度，超过该限度，多余的蛋白质则作为能源被猪利用，造成蛋白质的浪费。故生产上应根据猪的瘦肉率高低、年龄大小、生理阶段、生长速度快慢等确定适宜的蛋白质水平。

4.蛋白质的可消化性　不同种类饲料中的蛋白质消化率差异很大。如动物性饲料中的羽毛粉和结缔组织，由于胱氨酸和二硫键含量较高，结构稳定，不宜被消化酶消化，消化率很低。高粱中的单宁、大豆中的抗胰蛋白酶因子都能降低蛋白质的消化率。故生产上应注意原料的特性及加工调制方法。

5.日粮能量水平　当日粮能量水平可满足猪的需要时，蛋白质才能主要用于体蛋白的沉积，若日粮能量水平不足，则蛋白质就被迫首先用作能源，用作能源的量随能量不足的程度而增加，从而使蛋白质的利用率下降。高能量水平除增加日增重和脂肪沉积外，也可在一定程度上增加蛋白质的沉积。所以，生产上为了提高蛋白质的利用率，应注意保证足够的能量供应。

6. *日粮粗纤维水平* 日粮粗纤维的含量与性质对蛋白质的消化率影响很大，粗纤维含量过多，特别是含较多木质素的秕壳、秸秆类粗料，显著降低本身及其他营养物质的消化率，据测定，粗纤维含量每增加 1 个百分点，蛋白质消化率降低 1.0～1.5 个百分点。所以，在配制日粮时，在考虑适当降低日粮成本的同时，应注意控制粗纤维水平不要过高，生长猪一般不超过 4%～8%，不可采用秕壳、秸秆等含木质素较多的原料。

7. *矿物质与维生素水平* 日粮中矿物质、微量元素与维生素的充分供应是保证蛋白质最大限度沉积的必要条件。配制日粮时，应注意这些营养的合理补充，保证日粮的全价营养，提高蛋白质及其他营养的利用率。

8. *加工调制* 对于不同特性的蛋白质原料，应采用不同的加工调制方法，以提高蛋白质的利用率。如猪对羽毛粉、皮革粉等消化力极差，必须经水解加工后方可用作猪饲料；豆类含有抗胰蛋白酶因子等，必须经过适当加热处理再用作猪饲料，以提高蛋白质利用率。如大豆粕适当加热后蛋白质相对效率为 100%，加热过度的为 91%，加热不足的为 78%，未加热的为 40%，生大豆为 33%。

（三）猪的蛋白质与氨基酸需要

1. *仔猪* 仔猪对蛋白质的需要以粗蛋白质或氨基酸的百分数来衡量。近年来随着猪的遗传改良、早期断奶技术的发展和环境控制程度的提高，仔猪健康状况和生长速度得到了改善，其所需蛋白水平与氨基酸水平也相应在发生变化。NRC（1998）规定了仔猪 3～5 kg、5～10 kg 和 10～20 kg 体重的粗蛋白质分别为 26%、23.7%和 20.9%；赖氨酸分别为 1.50%、1.35%和 1.15%，并增列了真回肠可消化氨基酸和表观回肠可消化氨基酸需要。

猪氨基酸需要的研究仍是近年来猪营养研究领域的重点之一,由于理想蛋白质概念的引入,通常把赖氨酸作为参照基础,只要确定了仔猪赖氨酸需要量,就可根据理想蛋白质确定其他必需氨基酸的需要量。

美国NRC(1998)根据1985年以来的研究数据,将日粮赖氨酸的比例对体重进行多项式回归得出下式:

$$赖氨酸(\%)=1.793-0.087\,3W+0.004\,29W^2-0.000\,089W^3$$

式中,W为活重,kg;$R=0.998\,5$。

Stahly等(1994)的研究结果证明,具有较高瘦肉生长基因型的仔猪需要较高的日粮赖氨酸水平。Owen等(1996)报道早期隔离断乳仔猪需要较高的日粮赖氨酸水平。蛋白质水平影响断乳仔猪对赖氨酸的需要,Henry和Seve(1993)认为,理想蛋白质中赖氨酸含量应为6.5%~6.8%。Schenck等(1992a)的试验结果显示,较热的环境需较高日粮赖氨酸水平才能使生产性能最佳。

由于仔猪胃肠道尚未成熟,供给易消化、生物学价值高的蛋白质饲料非常重要,生产上应予以注意。

2.生长肥育猪　NRC(1998)推荐20~50 kg、50~80 kg和80~120 kg生长肥育猪的粗蛋白质分别为18%、15.5%和13.2%;赖氨酸分别为0.95%、0.75%和0.60%,并增列了真回肠可消化氨基酸和表观回肠可消化氨基酸需要。我国瘦肉型饲养标准规定20~60 kg和60~90 kg生长肥育猪的粗蛋白质分别为16%和14%;赖氨酸分别为0.75%和0.63%。其他必需氨基酸需要量可根据理想蛋白质加以确定。确定赖氨酸需要量的析因方法见谯仕彦等译的《猪营养需要》。

随着生长肥育猪年龄(或体重)的增加,所需粗蛋白质相对减少,瘦肉型生长肥育猪比肉脂型猪所需蛋白质多些。一般蛋白质水平超过18%对增重无宜,并且增加猪的维持需要量,但可提高瘦肉率。为尽可能地降低饲料成本，人们提出了低蛋白日粮的说法。所谓低蛋白日粮是指在不影响猪的生产性能的条件下，蛋白质水平最低的日粮，采用低蛋白日粮可以降低氮的排放量以及排泄物的异味，大大改善环境条件。

生产上为了发挥高瘦肉率型猪瘦肉增长的潜在优势，需相应调整日粮的氨基酸水平，Stathy 等(1988)报道，高瘦肉率型猪达到最大瘦肉率和最大日增重所需的赖氨酸(0.80%～0.95%)比中等瘦肉率型猪大约高 20%。

3. 妊娠母猪　NRC(1998)推荐妊娠母猪的粗蛋白质为 12%～12.9%，赖氨酸为 0.52%～0.58%，日采食量 1.80～1.96 kg，并增列了真回肠可消化氨基酸和表观回肠可消化氨基酸需要，其他必需氨基酸需要量可根据理想蛋白质加以确定。我国猪饲养标准推荐粗蛋白质为 11%～12%，赖氨酸为 0.35%～0.36%，日采食量 1.5～2.5 kg。确定赖氨酸需要量的析因方法见谯仕彦等译的《猪营养需要》。

蛋白质对母猪繁殖的影响，要经过连续几个繁殖周期才能确定，母猪妊娠期虽然对蛋白质的需要有较大的缓冲调剂作用，但如果长期蛋白质太低，将影响产仔后的泌乳，并对以后的繁殖性能及仔猪生后表现产生不良影响，对于初产母猪的影响更为严重。日粮中蛋白质水平过高，既是浪费，也无益。

妊娠母猪的粗蛋白质摄入水平在很大范围内对仔猪体成分、产仔数及后代生长发育没有影响或影响很小，但对母猪的体重变化影响颇大。国外一些国家对母猪妊娠期粗蛋白质需要的估计值不断下降。NRC“猪的营养需要”从 1959 年的蛋白质需要 445 g/d，下降到 1988 年的 228 g/d 和 1998 年的 218～253 g/d。ARC 从 1967 年的日采食粗蛋白质 250～400 g 下降到 1981 年的 140 g。ARC(1981)指出，母猪日采食粗蛋白质水平超过 140 g 时，繁殖成绩和仔猪表现都不能进一步改善。当日采食 300 g 粗蛋白质时，妊娠增重加大，泌乳失重也加大。因此在妊娠阶段确定粗蛋白质适宜给量主要在于维持母猪体况，以便保证下一胎正常繁殖。O. Grady(1980)在大量试验资料基础上提出日食入140～180 g粗蛋白质，可以获得最好的繁殖成绩，这一供给量也可满足母猪对氨基酸的需要。

猪对粗蛋白质的需要实际是对氨基酸的需要。要想获得最佳生产性能，饲粮中必须提供足够数量的必需氨基酸、合理的能量以及其他必需的养分。妊娠母猪的氨基酸需要可因遗传性能、能量水平、体重等许多因素的不同而所差异。衡量妊娠母猪氨基酸需要量是以满足蛋白质最大的沉积及脂肪的适宜沉积为前提的。

4. 泌乳母猪　NRC(1998)推荐泌乳母猪的粗蛋白质为16.3%～19.2%，赖氨酸为0.82%～1.03%，日采食量3.56～6.40 kg，并增列了真回肠可消化氨基酸和表观回肠可消化氨基酸需要，其他必需氨基酸需要量可根据理想蛋白质加以确定。我国猪饲养标准推荐粗蛋白质为14%，赖氨酸为0.50%，日采食量4.8～5.3 kg。确定赖氨酸需要量的析因方法见谯仕彦等译的《猪营养需要》。

日粮粗蛋白质水平影响猪的泌乳量及乳成分。King等(1993)将日粮蛋白质水平从63 g/kg增至238 g/kg可使哺乳母猪早期的泌乳量从7.79 kg/d上升至9.91 kg/d；晚期泌乳量从7.02 kg/d增加到8.9 kg/d；随日粮蛋白质浓度的升高，在整个泌乳期，乳中脂肪、干物质含量显著上升；乳中蛋白质含量在泌乳晚期也明显升高，蛋白质含量对泌乳性能的影响在较低的蛋白质水平表现得更为明显；但是，日粮中蛋白质水平对乳中氨基酸组成没有影响。泌乳量不仅与日粮中蛋白质含量有关，而且与日粮能量浓度也有关系。能量供应不足会限制母猪利用高水平蛋白质促进泌乳的能力，Tokack等(1992)发现：对于采食11.5 Mcal/d的母猪，每日提供35 g赖氨酸(Lys)可使泌乳量达到最大，赖氨酸超过

35 g/d 的水平不能进一步提高泌乳量；而当母猪采食16.5 Mcal/d时，泌乳量随日粮Lys水平的提高而升高，直至试验设计的最高水平45 g/d，并且Lys和能量水平对乳中除乳糖外的其他成分都有互作影响。在泌乳母猪日粮中添加缬氨酸(Val)能使乳中脂肪和干物质含量上升，但对蛋白质含量和组成没有影响；而添加异亮氨酸(Ile)不仅使乳中脂肪、干物质和蛋白质的含量上升，而且使蛋白质组分中酪蛋白的比例增加，乳清蛋白质比例降低；较高水平的Val和Ile水平在整个泌乳期都提高了乳脂率(Richert等，1997)。Nissen等(1994)曾观察到亮氨酸(Leu)的代谢产物β-羟-β-甲基丁酸在泌乳期前几天使乳中脂肪含量升高，然后下降至低于对照组直到泌乳期结束。他认为支链氨基酸的衍生物在泌乳过程中可能起重要作用。

为了使母猪每年获得最多断乳仔猪数，断奶到再发情配种的时间间隔必须缩短。研究表明，日粮蛋白质和赖氨酸摄食量低时大大延长间隔时间，且对初产母猪影响最大。哺乳期日粮蛋白质和氨基酸水平对初产母猪特别重要，其原因是初产母猪本身的生长尚未结束，低劣日粮下母猪体况更差，哺乳期失重更大，断奶后需要恢复的时间就长。

三、矿物质

现已证明，猪的必需矿物元素有40多种，根据它们在猪体内的含量分为常量元素和微量元素两大类，含量在50 mg/kg以上的元素即为常量元素，多用百分含量表示；低于50 mg/kg的元素即为微量元素，多以mg/kg或ppm表示。

猪至少需要14种无机元素，包括常量元素钙(Ca)、磷(P)、钠(Na)、氯(Cl)、钾(K)、硫(S)、镁(Mg)和微量元素铁(Fe)、铜(Cu)、锌(Zn)、锰(Mn)、碘(I)、硒(Se)和钴(Co)。此外，其他元素如砷(As)、溴(Br)、铬(Cr)、硼(B)、镉(Cd)、氟(F)、铅(Pb)、

锂(Li)、钼(Mo)、镍(Ni)、硅(Si)、锡(Sn)和钒(V)等对猪也可能是必需的。

猪的非矿物质饲料原料中一般都含有各种矿物元素，但大多数原料提供的量都不能满足猪的营养需要，而且各种植物性原料由于受生长地水、土壤、气候条件、工业污染以及品种、生产季节和收获期的影响，表现出明显的地区性差异，生产中应根据当地实际情况，合理补充矿物质及微量元素。

(一)矿物质的基本功能

矿物质尤其钙和磷是构成骨骼和牙齿的重要成分，对保持其强度和硬度具有重要作用；矿物质以电解质的形式存在于体液和软组织中，主要是钠、钾、氯，包括少量钙、镁、磷，对于维持机体的酸碱平衡和渗透压方面起着重要作用；具有维持神经、肌肉正常生理功能与促进分泌的作用；消化液中盐的成分和浓度还是消化酶作用的基本条件；许多矿物元素是多种酶的组成成分，铁是血红蛋白的组成成分，碘是甲状腺素的组成成分。矿物元素缺乏或过量，轻则影响生产性能，重则引起缺乏症或中毒。尤其随着畜牧业的发展，猪生产性能的提高，所需营养更加迫切；养猪生产的集约化、封闭式饲养，使猪远离自然环境，不能直接从土壤中得到矿物质；农业生产中化学肥料的过度使用，使土壤肥力减弱，某些矿物元素不足或严重不平衡。在养猪生产中如不另外添加矿物质和微量元素，必然给养猪生产带来严重损失。

(二)常量元素营养

1. 钙和磷　钙、磷占猪体总灰分的70%以上，体内总钙量的99%以上和总磷量的80%～85%存在于骨骼和牙齿中，其余存在于血液、淋巴、消化液及其他组织中。钙对于维持神经、肌肉的正常机能和细胞渗透性有重要作用，与凝血有关，还是乳汁的重要成分。磷对脂类代谢和细胞膜形成有重要作用；磷还参与能量代谢，是蛋白质及一些酶合成的必需成分。

NRC(1998)提出了3～120 kg体重矿物质需要量通用模型：

$$R=e^{[a+b(\ln BW)+c(\ln BW)]}$$

式中，R为某种矿物质的需要量(%)；BW为体重(3～120 kg)；a、b、c为估计参数，营养素不同，a、b、c的估计值也不同(表2-6)。

表2-6 3～120 kg体重猪钙、磷需要量(%)数学模型估计参数

项 目	参 数			R^2
	a	b	c	
钙	0.065 8	−0.102 3	−0.018 5	0.99
总磷	−0.273 5	−0.026 2	−0.024 4	0.99
可利用磷	−0.055 7	−0.416 0	0.005 0	0.99

NRC(1998)推荐妊娠和泌乳母猪钙和磷的需要量分别为0.75%和0.6%。

除豆科外，一般植物性饲料含钙均少，尤其是含镁量较高的酸性土壤、高燥盐碱以及高温多雨地区生长的饲料中含钙量更低。磷在籽实及其副产品中含量丰富，干旱年份或缺磷土壤生长的饲料含磷量少。饲料中的钙和无机磷容易被猪吸收，但饲料中的磷多以植酸磷的形式存在，猪特别是幼猪对其利用能力很差，应予以注意。

一般植物性饲料难于满足猪对钙磷的需要，配合饲料应补加骨粉、石粉等无机钙和磷。

为了满足猪对钙、磷的需要，首先应注意钙、磷的供应量；其次是钙、磷比例，一般应为(1～1.5)∶1；三是必须有足够的维生素D。

钙缺乏时，猪食欲不振，生长缓慢，跛行，肌肉强直，骨质松脆，繁殖困难。严重时幼猪患佝偻病，表现骨质软化、管骨弯曲、骨端粗、四肢关节肿大和弓背等；成年猪患骨软化症或骨质疏松症，尤其在妊娠后期、产后和要断乳时容易发生，常造成瘫痪。

磷缺乏时，猪食欲下降，常发生异食癖，生长不良，跛行，繁殖异常。严重时，幼猪患佝偻病，成年猪患骨软症。

钙、磷供给过多也是有害的，它会使脂肪消化率下降；钙过多影响磷的吸收，磷过多影响钙的吸收；钙过量还会使磷、铁、锰、镁、碘等元素代谢紊乱，一般超量50%即可引起不良后果。

2.钠、钾和氯　钠、钾和氯主要存在于体液和软组织中，钠是细胞外液的主要阳离子，钾是细胞内液的主要阳离子，氯是体液中的主要阴离子。这三个元素在机体内维持酸碱平衡和渗透压，钠和钾在维持神经肌肉兴奋上具有重要作用。在多数情况下，日粮矿物质电解质平衡以 $Na^{+}+K^{+}-Cl^{-}$ mmol 数表示，称作电解质平衡。Wolynetz(1990)认为，计算电解质平衡时，钙、镁、硫和磷也应包括在内。Golz(1990)和 Haydon(1993)的研究证明，猪日粮最佳电解质平衡值为每千克日粮提供 250 mmol 过量阳离子($Na^{+}+K^{+}-Cl^{-}$)。日粮电解质平衡值在 0～600 mmol 范围内，均可出现最佳生长(Kornegay,1994)。

生长猪缺钠、氯时，食欲和消化机能减退，日增重和饲料利用率降低。成年猪缺钠时，食欲不振，精神委靡，消瘦，被毛粗乱。食盐不足出现异食癖，舔圈，严重缺乏时出现肌肉颤抖，四肢运动失调，心率不齐。猪缺氯时，皮肤、肌肉和内脏中氯含量下降，泌乳母猪泌乳力下降。猪缺钾时，食欲减退，被毛粗糙，消瘦，懒惰，运动失调，心率降低。

猪体内贮存钠的能力很差，一般植物性饲料中钠和氯的含量也很少，故对猪应经常供给食盐。食盐既是营养品，又是调味品，在猪饲粮内，食盐含量以 0.25%～0.4%为宜。

(三)微量元素营养

NRC(1998)和我国猪饲养标准都推荐了各类猪微量元素需要量。猪对微量元素的需要量虽很少，但微量元素对猪非常重要。缺少或过量，轻则降低生长性能，重则引起缺乏症或中毒。几种比较重要的微量元素的功能和缺乏症见表 2-7。

表 2-7　微量元素的功能和缺乏症

名称	营养功能	临床症状	亚临床症状	备注
铁	血红蛋白的成分，参与体内氧的运输，是多种酶的成分，参与代谢	贫血，表现皮肤和可视黏膜苍白。被毛粗乱，食欲下降，生长缓慢或停滞，呼吸困难	血色素低，小红细胞贫血；心、脾肿大，脂肪性肝肿大；腹水；血清铁浓度下降，血红蛋白小于 7 g/100 mL	仔猪容易发生缺铁性贫血，过量也可引起中毒
铜	有利于铁的吸收，参与血红蛋白的合成；保证骨骼正常发育；维护血管正常功能和神经系统功能；维持正常繁殖	贫血，下痢；四肢软弱弯曲，自发骨折，共济失调；脑和脊髓损伤，生长迟缓	小细胞或低色素贫血，血清铜蓝蛋白下降，主动脉破裂，心脏肥大	高铜（125～250 mg/kg）可促进猪的生长
锌	多种酶的成分，为蛋白质合成和正常代谢所必需	皮肤发炎、不完全角化；睾丸发育不良，胚胎缺损；产程长，产仔数少，初生重低，死产率高；食欲不振，生长缓慢	血清、组织和母乳锌含量下降，血清蛋白和碱性磷酸酶下降；脂肪沉积减少；胸腺细胞减少，免疫应答下降	锌过量对铁、铜吸收不利
锰	多种酶的激活剂，与碳水化合物和脂肪的代谢有关；为骨骼生长和繁殖所必需	骨骼脆弱，跗关节肿胀，腿弯曲跛行；发情异常或乏情，流产，产弱仔，泌乳减少	骨松质被纤维组织取代，血清锰和碱性磷酸酶降低	过量锰影响钙、磷利用

续表 2-7

名称	营养功能	临床症状	亚临床症状	备注
碘	作为甲状腺素的成分，调节体内代谢过程，促进主动生长发育	食欲不振，生长缓慢，被毛粗乱；繁殖障碍，产弱胎、死胎和无毛仔猪，颈部水肿	甲状腺肿大出血，甲状腺滤泡出血	距海较远的内陆地区容易缺碘
硒	抗氧化作用，有助于维生素 E 的吸收利用，协同维生素 E 保护细胞膜的完整，维持细胞正常功能	仔猪白肌病，食欲下降，生长迟缓；产程延长，产弱仔，猝死（快速生长的猪），泌乳障碍	血清硒水平下降，心肌变性（桑葚心），胃溃疡，贫血，脂肪组织变黄，免疫应答下降	硒的中毒剂量为 5～8 mg/kg 饲料，添加时应注意混匀
铬	三价铬以葡萄糖耐量因子或有机铬的形式，协助胰岛素发挥作用，影响碳水化合物、脂类、蛋白质和核酸的代谢；提高瘦肉率和初产猪产仔性能；抗热应激	分娩率下降，产仔数减少；热应激症状明显	血浆铬及皮质醇含量下降	猪对无机铬利用率较低，仅 1%～3%，一般多用有机铬如甲基吡啶铬、吡啶羧酸铬等
钴	作为维生素 B_{12} 的成分，与蛋白质和碳水化合物代谢有关	贫血，食欲不振，母猪流产	正常红细胞贫血，中性白细胞数偏高	土壤缺钴地区有时发生维生素 B_{12} 不足

四、维生素

维生素可理解为维持生命的要素，它是一种具有高度生物活性的有机化合物。猪所需要的维生素分为脂溶性维生素和水溶性维生素两大类，脂溶性维生素包括维生素 A、维生素 D、维生素 E、维生素 K 4 种，可在体内贮存，贮存量受日粮供给情况的影响，不一定每日供给。水溶性维生素包括维生素 C、维生素 B_1、维生素 B_2、烟酸、泛酸、生物素、叶酸、维生素 B_{12} 等，大都不能在体内贮存，需经常得到供应。

NRC(1998)和我国猪饲养标准都推荐了各类猪维生素需要量，但饲养标准中的维生素推荐量大多是防止维生素临床缺乏症的最低需要量，为了满足猪的最佳生产性能或抗病能力等，实践中都在饲粮里超量添加维生素。由于维生素本身的不稳定性和饲料中维生素状况的变异性，使得合理满足仔猪维生素的需要难度较大。其影响因素主要包括日粮类型、日粮营养水平、饲料加工工艺、贮存时间与条件、仔猪生长遗传潜力、饲养方式、食欲和采食量、应激与疾病状况、药物的使用、体内维生素贮备等。

猪对各种维生素的需要量极少，但在猪体内的作用却极大。猪体内一切新陈代谢都离不开各种酶，而许多维生素就是酶的组成成分，有的直接参与酶的活动。所以，当某种维生素不能满足猪的需要时，就会影响猪的正常代谢，并出现相应的维生素缺乏症。维生素的营养功能与缺乏症见表 2-8。

表 2-8 维生素的营养功能与缺乏症

名称	营养功能	缺乏症	来源	备注
维生素 A	保证正常视力，对眼睛及消化、呼吸、神经、泌尿生殖系统的上皮起保护作用，并维持其正常功能，促进幼猪生长，促进骨骼发育	生长缓慢，夜盲、干眼病；易感染呼吸道疾病；公猪精液品质下降，母猪乏情、流产、胎儿畸形，产仔数少，初生仔猪死亡率高	胡萝卜，苜蓿，黄色玉米，青绿饲料	在高温、光照和空气中易被氧化破坏

续表 2-8

名称	营养功能	缺乏症	来源	备注
维生素 D	有利于钙、磷吸收与利用，为猪的骨骼正常发育所必需	生长停滞，幼猪患佝偻病，成年猪骨软化、疏松，肌肉强直，跛行、后肢麻痹	晒制的青干草，尤其是豆科牧草；猪适当晒太阳	饼粕类及禾谷类籽实几乎不含维生素 D
维生素 E	又称生育酚，主要功能是维持猪的正常繁殖机能；抗氧化作用，保护细胞膜完整，保护易氧化物质	公猪睾丸发育不良，精液品质降低，母猪流产、死胎、产程延长，产弱仔，白肌病，肝坏死	青饲料，禾谷类籽实及其副产品，谷物胚芽	与硒有协同作用，易被氧化而破坏
维生素 K	凝血酶原的形成和血液凝固所必需	仔猪贫血，凝血时间延长或出血不止，大面积皮下出血，耳血肿，关节充血肿大	糠麸、豆类籽实、青饲料、鱼粉等含量较高，小肠内能合成	一般不会缺乏
维生素 B_1	为许多细胞酶的辅酶，改进胃肠蠕动和胃液分泌，增强食欲；为碳水化合物代谢与繁殖所必需	厌食，呕吐，腹泻，胎儿畸形，仔猪虚弱或死亡，猝死	糠麸、酵母，禾谷类籽实，青绿饲料	一般不易缺乏
维生素 B_2	为各种黄酶辅基的成分，参与脂肪、蛋白质及能量代谢	采食减少，增重下降；脂溢性皮炎，脱毛，呕吐，腹泻；母猪乏情、泌乳力低；仔猪虚弱、死亡	青绿饲料，青干草，苜蓿，酵母，肝粉，花生饼	易被紫外线、碱及重金属破坏
烟酸	是两种重要辅酶的成分，参与体内许多重要代谢过程；保护皮肤，维持消化系统的正常功能	皮炎，脱毛，食欲不振，偶尔呕吐，下痢，生长停滞	鱼粉，酵母，花生饼，酒糟，禾谷类籽实及其副产品，色氨酸	植物中的烟酸利用率低，不易被理化因素破坏

续表 2-8

名称	营养功能	缺乏症	来源	备注
维生素 B_6	体内多种酶的辅酶，参与蛋白质、脂肪和碳水化合物代谢，与抗体和红细胞形成有关	厌食，生长不良，贫血，神经系统受损，抽搐，共济失调，眼周围分泌物增加	酵母，糠麸，豆类饼粕	一般不易缺乏
泛酸	为辅酶 A 的成分，参与蛋白质、脂肪和碳水化合物代谢	食欲降低，生长缓慢，皮肤干燥，脱毛，腹泻，乏情，繁殖力降低，后肢运动失调	植物饲料中含量丰富，特别是酵母、苜蓿和花生饼中	易吸潮，不稳定
叶酸	参与体内多种代谢，与红细胞形成有关	贫血，皮炎，毛色变淡，脱毛，消化、呼吸、泌尿系统黏膜损害	常用饲料含叶酸丰富，肠内能合成	一般不易缺乏
生物素	某些酶的辅酶，参与有机物代谢	皮肤干燥发炎，被毛脱落，后肢痉挛，眼周有渗出物，口腔黏膜发炎，蹄壳横裂，足垫裂开和出血，窝产仔数下降	青绿饲料、酵母和其他所有饲料，肠道合成	一般不易缺乏，3 周龄内合成不足有可能缺乏
胆碱	作为卵磷脂成分，参与脂肪代谢，与神经传导有关	瘦弱，脂肪肝，仔猪生长停滞，后肢弯曲运动失调，被毛粗乱，繁殖力降低，泌乳减少	一般饲料含量较多	妊娠母猪饲养水平低易缺乏
维生素 B_{12}	为钴酰胺辅酶的成分，参与蛋白质代谢；维持猪的正常生长和繁殖	生长停滞，贫血，皮炎，被毛粗糙，异嗜，后肢运动失调，繁殖力降低	动物性蛋白饲料，牛粪	碱、强酸、氧化剂、还原剂、铁盐等可将其破坏
维生素 C	参与体内多种代谢，抗氧化，解毒	坏血病，全身小点出血，生长停滞	青饲料和各种果实，体内合成	易被氧化剂破坏，一般不易缺乏

大多数维生素都不能在猪体内合成，即使某些维生素可以在猪体内合成，往往也因合成速度太慢或太少而不能满足猪的需要，所以必须由饲料中经常得到补充。

青绿饲料含各种维生素较多，如果保存、调制得当，合理搭配，在一般生产条件下是较容易达到平衡的。所以，喂给青绿饲料是补充维生素的重要途径。否则，日粮中必须另外添加人工合成的多种维生素添加剂。

第二节　猪的常用饲料

猪的常用饲料有能量饲料、蛋白质饲料、青饲料、青贮饲料、粗饲料、矿物质饲料和饲料添加剂等。以下将分述各类饲料的营养特性和利用方法。

一、能量饲料

能量饲料是指粗纤维含量低于18%，粗蛋白质含量低于20%的饲料，其营养特性是含有丰富的易于消化的淀粉，是猪所需要能量的主要来源。但这类饲料蛋白质、矿物质和维生素的含量低，主要包括禾谷类籽实及其加工副产品、淀粉质的块根块茎等。

(一)禾谷类籽实

禾谷类籽实指禾本科植物成熟的种子，包括玉米、高粱、大麦、燕麦、小麦、稻谷、小米等。这类饲料的特点是含有丰富的无氮浸出物，占干物质的70%～80%，其中主要是淀粉，占80%～90%。其消化率很高，消化能大都在13 MJ/kg以上。缺点是蛋白质含量低，在8.5%～12%，单独使用该类饲料不能满足猪对蛋白质的需要；赖氨酸、蛋氨酸含量也较低；缺钙，钙、磷比也不适宜，缺乏维生素A(除黄玉米外)和维生素D。

1. 玉米　玉米产量高，能值高，适口性好，对任何动物都无副作用，具有饲料之王的美称。缺点是蛋白质含量低，在8.5%左右，并缺乏赖氨酸、蛋氨酸、色氨酸和胱氨酸，矿物质和维生素不足，但黄玉米含胡萝卜素较多，可在猪体内转变为维生素A。另外，玉米含脂肪多，一般在4%以上，并且不饱和脂肪酸所占比例大，粉碎后易酸败变质、发苦，口味变差，不宜久贮，夏季粉碎后宜在7～10 d内喂完。

玉米籽实不易干，含水量高的玉米容易发霉，尤以黄曲霉菌和赤霉菌危害最大。黄曲霉毒素可直接毒害有关酶和DNA模板，具有致癌作用。赤霉烯酮与雌激素作用有相似之处。据试验，日粮含0.000 2%赤霉烯酮可使母猪卵巢病变，抑制发情，减少产仔数，公猪性欲降低，配种效果变差；0.006%～0.008%可使初产母猪全部流产，在生产上应引起注意。

2. 高粱　营养成分比玉米略低，其价值相当于玉米的70%～95%。蛋白质品质也稍差，缺乏胡萝卜素。另外高粱含有单宁，有涩味，适口性差，喂量过多易引起便秘，但对仔猪非细菌病毒性拉稀有止泻作用。

3. 大麦　大麦多带皮磨碎，粗纤维含量较高，其价值相当于玉米的90%左右。大麦含蛋白质较高，为11%～12%，品质也较好；脂肪含量低，喂肥猪可得白色硬脂的优质猪肉。

4. 小麦　蛋白质含量较玉米高，能量比玉米略低，适口性较玉米好，其价值相当于玉米的100%～105%。但小麦中含有阿拉伯木聚糖、β-葡聚糖、植酸、外源凝集素、抗胰蛋白酶等抗营养因子，其中最主要的是阿拉伯木聚糖，含量高达61 g/kg DM，其主要抗营养特性是高黏稠性和持水性，喂量过高可引起腹泻，一般不宜超过日粮的30%，否则需添加小麦专用酶或复合酶。小麦作饲料时宜粗磨，以免糊口。

5. 稻谷　稻谷含有稻壳，粗纤维较高，其营养价值仅为玉米的80%～85%。稻谷去壳为糙米，糙米去米糠为大米，在加工过程中留存在 2.0 mm 圆孔筛以上，不足正常整米 2/3 的米粒称大碎米，通过直径 2.0 mm 圆孔筛，留存在直径 1.0 mm 圆孔筛以上的碎米称小碎米。糙米、碎米的营养价值接近玉米。

(二)糠麸类

1. 小麦麸　即麸皮，由小麦的种皮、糊粉层与少量的胚和胚乳组成，其营养价值因面粉加工工艺过程不同而异。小麦籽实由胚乳(85%)、种皮与糊粉层(13%)及麦胚(2%)组成，在面粉生产过程中，不是全部胚乳都可转入到面粉之中。上等面粉只有 85%左右的胚乳转入面粉，其余的 15%与种皮、胚等混合组成麸皮的成分，这样的麸皮占粒实重的 28%左右，故每 100 kg 小麦可生产面粉 72 kg，麸皮 28 kg，这种麸皮的营养价值较高。如果面粉质量要求不高，不仅胚乳在面粉中保留较多，甚至糊粉的一部分也进入面粉，则生产的面粉较多，可达 84%，而麸皮产量较少，仅 16%，这样，面粉与麸皮两方面的营养价值都降低。

麸皮的种皮和糊粉层粗纤维含量较高(8.5%～12%)，营养价值较低，因而，麸皮的能值较低，消化能为 10.5～12.6 MJ/kg；麸皮的粗蛋白质含量较高，可达 12.5%～17%，其质量也高于麦粒，含赖氨酸 0.67%；B 族维生素含量丰富；含钙少，含磷多，几乎成 1∶8 的比例。

麸皮容积较大，可调节日粮营养浓度和沉重性质；麸皮具有轻泻作用，适于喂母猪，可调节消化道机能，防止便秘，一般喂量为 5%～25%。因麸皮中含有较高的阿拉伯木聚糖，喂量超过 30%将引起排软便；麸皮吸水性强，大量干喂也可引起便秘。

2. 米糠　米糠是糙米加工成白米时分离出的种皮、糊粉层与胚 3 种物质的混合物，与麦麸情况一样，其营养价值视白米加工程度不同而异。加工的白米越白，则胚乳中的物质进入米糠越多，米糠的能量价值越高。但糙米出糠量少，一般为 6%～8%。

米糠的蛋白质含量高，为 12%左右。多为不饱和脂肪酸，易氧化酸败，不易贮藏。富含B族维生素。含钙少，含磷多。喂量一般不超过30%，肉猪喂量过多易引起软质肉脂，幼猪喂量过多易引起腹泻。

米糠榨油后的产品称为脱脂米糠，也叫糠饼，脂肪含量下降，能值降低。

稻壳粉(砻糠)和少量米糠混合称统糠。常见的有"二八糠"和"三七糠"，即米糠与稻壳粉的比例分别为2∶8和3∶7。统糠属于粗饲料，不适于喂猪。

(三)淀粉质块根块茎类

淀粉质块根块茎类主要有甘薯(山芋)、马铃薯(土豆)等，它们常被列入多汁饲料，但含水分比多汁饲料少，为70%～75%，粗纤维含量低，只占干物质的4%左右，钙含量也较少。有黑斑病的甘薯不要喂猪，以免中毒。

二、蛋白质饲料

粗纤维含量低于18%，粗蛋白质含量高于20%的饲料叫蛋白质饲料，包括豆科籽实、油饼(粕)类、糟渣类、动物性蛋白类和单细胞蛋白类。

(一)豆科籽实

豆科籽实包括黄豆、黑豆、蚕豆、豌豆等，其特点是蛋白质含量高(20%～40%)，品质优良，但含有多种有毒有害成分。大豆含有蛋白酶抑制剂、植物性红细胞凝集素、皂甙、胃肠胀气因子、植酸、抗维生素、致甲状腺肿物质、类雌激素因子等，其中最主要的是蛋白酶抑制剂，它也存在于豌豆、蚕豆、油菜籽等92种植物中，特别是豆科植物，但以大豆中的活性最高。它的有害作用主要是抑制某些酶对蛋白质的消化，降低蛋白质的消化利用率，引起胰腺重量增加，抑制猪的生长。

蛋白酶抑制剂是一些糖蛋白，加热可使其变性，失去生物活性,其他抗营养因子也同时遭到破坏(除胃肠胀气因子、皂甙等少数几个较耐热因子外)。蛋白酶抑制剂受热而破坏的程度,因温度、压力、水分含量、加热时间、饲料颗粒大小等不同而不同,一般高温、高湿、高压及小的粒度,可使其更快地破坏。如果加热过度,也会导致一些氨基酸的破坏,尤其是赖氨酸、精氨酸和胱氨酸,同时降低异亮氨酸和赖氨酸的消化率,并降低猪的采食量与生产性能。一般认为,大豆用水泡至含水量60%时,蒸煮5 min;或常压蒸汽加热30 min;1 kg压力蒸汽加热15～20 min,去毒效果较好。

豆科籽实主要是人的食物,只在必要的情况下少量用作饲料。

(二)油饼(粕)类饲料

饼粕类的生产技术有两个,即溶剂浸提法与压榨法。前者的副产品为“粕”,后者的副产品为“饼”,粕的蛋白质高于饼,饼的脂肪含量高于粕,并且由于压榨法的高温高压导致蛋白质变性,特别是赖氨酸、精氨酸破坏严重,但高温高压也使有毒有害物质遭到破坏。

1. 豆饼(粕)　豆饼(粕)蛋白质含量高,豆饼42%以上,豆粕45%以上,品质优良,尤以赖氨酸、色氨酸含量较多,蛋氨酸含量较少;粗纤维5%左右,能值较高;富含核黄素与烟酸,胡萝卜素与维生素D含量少。在植物性蛋白质饲料中,豆饼(粕)的质量是最好的。

但是,大豆中的有毒有害物质,因加工条件不同而不同程度地存在于豆饼(粕)中,从而降低蛋白质及其他营养物质的消化吸收率,易引起猪尤其是幼猪腹泻,增重降低,饲料利用率下降。加热虽然可以破坏这些有毒有害物质,但加热过度也会导致蛋白质中某些氨基酸的破坏。大豆制品中含有脲酶,容易检测,所以常采用测定脲酶活性来衡量大豆饼(粕)的热处理程度,美国大豆粕质量标准中规定脲酶活性为0.05～0.2(pH增值法);多数国家为0.05～0.5,0.5以上说明加热不足,0.05以下说明加热过度。加热程度对大豆饼蛋白质的影响见表 2-9。

表 2-9　加热程度对大豆饼蛋白质的影响

项目	蛋白相对效率/%	脲酶活性
生大豆	30	1.90
未加热大豆饼	36	1.80
加热不足的大豆饼	70	0.75
加热适当的大豆饼	89	0.20
加热过度的大豆饼	81	0.00

2. 花生饼　含粗蛋白 41%以上，蛋白质品质低于豆饼，赖氨酸、蛋氨酸含量较低。花生饼有甜香味，适口性好，但容易变质，不宜久贮，特别容易发霉，产生黄曲霉毒素，对幼猪毒害最甚，贮存时应注意保持低温、干燥。

3. 棉籽饼(粕)　棉籽饼(粕)含粗纤维较高，一般 14%左右，含粗蛋白 30%～40%，赖氨酸含量低，只有豆饼的 60%，消化率也比豆饼低 25 个百分点。据测定，所有必需氨基酸的消化率，豆饼为 84.2%，棉籽饼为 72.7%。

棉籽中含有毒有害物质，其中主要是棉酚，在棉籽中的含量为 1.0%～1.7%，经过榨油加工，存在于棉籽中的棉酚大部分转入油中，部分受热与棉籽中的蛋白质结合形成对猪无毒的结合棉酚，但仍有部分棉酚呈游离状态残留在饼(粕)中，其残留量决定于棉籽中棉酚的含量与工艺过程。据中国农业科学院畜牧研究所营养室测定，棉籽饼(粕)中的棉酚含量，螺旋压榨为 0.075%，预压浸出为 0.07%，土榨为 0.196%。

生产上为了充分利用棉籽饼(粕)，对含毒较高的棉籽饼(粕)应进行去毒处理。棉籽饼(粕)加水煮沸 1 h 可去毒 75%，0.4%硫酸亚铁、0.5%石灰水浸泡 2～4 h，效果较好。按铁与棉酚 1∶1 的比例往日粮中加入硫酸亚铁，也可起到解毒作用。

4. 菜籽饼(粕)　菜籽饼(粕)含粗蛋白35%～40%,赖氨酸含量比豆饼低,蛋氨酸含量较高,蛋白质消化率75%～80%,低于豆饼蛋白,粗纤维10%左右。

菜籽饼(粕)中含有硫葡萄糖甙、芥子碱、芥酸、单宁等有毒有害成分,其中主要是硫葡萄糖甙,菜籽中含量为3%～8%,但它本身并没有毒性,而是在发芽、受潮、压碎等情况下,菜籽中伴随的硫葡萄糖甙酶可将其分解为异硫氰酸酯、恶唑烷硫酮、腈等有毒物质。硫葡萄糖甙还可在酸碱的作用下水解,并且比酶解更快。异硫氰酸酯有辛辣味,严重影响菜籽饼的适口性;高浓度时对黏膜有强烈刺激作用,可引起胃肠炎、肾炎、支气管炎及肺水肿,也可引起甲状腺肿。水洗不能将其除去,加热、日晒可使其失去活性。硫腈酸酯和恶唑烷酮也都可导致甲状腺肿。腈进入体内迅速析出腈离子,对机体毒害作用极大,可引起细胞窒息,抑制动物生长,加热可破坏促进腈生成的因子,减少或防止腈的生成。

为了合理利用菜籽饼(粕),可对其进行去毒处理。如:水浸法,将菜籽饼(粕)浸泡数小时,再换水1～2次;坑埋法,将菜籽饼(粕)用水拌和后封埋于土坑中30～60 d,可去除大部分毒物。另外还有硫酸亚铁处理法、碳酸钠处理法、加热法、微生物发酵法等。对于未脱毒的菜籽饼(粕)应控制喂量,一般种猪与仔猪不超过日粮的5%,肉猪不超过10%～15%,与其他饼类搭配使用比单一使用效果好。

(三)糟渣类

糟渣多为食品加工的副产品,其品种繁多,猪常用的糟渣有粉渣、豆腐渣、酱油渣、醋糟、酒糟等。由于原料和产品种类不同,各种糟渣的营养价值差异很大。主要特点是含水量高,不易贮存。按干物质计算,许多糟渣可归入蛋白质饲料,但有些糟渣的粗蛋白含量达不到蛋白质饲料水平。

1. 粉渣　粉渣是制作粉条和淀粉的副产品,由于大量淀粉被提走，残存物中粗纤维、粗蛋白质、粗脂肪等的含量均相应比原料大大提高。粉渣的质量好坏随原料不同而有所不同，以玉米、甘薯、马铃薯等为原料产生的粉渣，蛋白质含量仍较低，品质也差；以绿豆、豌豆、蚕豆等为原料产生的粉渣，粗蛋白质含量高，品质好。

无论用哪种原料制得的粉渣，都缺乏钙和维生素，如长期用来喂猪，应注意搭配能量、蛋白质、矿物质和维生素等饲料，保证猪的营养平衡。

粉渣含水85%以上，如放置过久，特别是夏天气温高，容易发酵变酸，猪吃后易引起中毒。因此，用粉渣喂猪，越鲜越好。如放置过久酸度高的粉渣，喂前最好先用适量的石灰水或小苏打中和处理，然后再喂。

粉渣可晒干贮存，也可窖贮，或与糠麸、酒糟混贮，贮存时以含水量65%～75%为宜。

2. 酒糟　酒糟是酿酒工业的副产品，由于大量淀粉变成酒被提取出去，所以无氮浸出物含量低，粗蛋白等其他成分相对增高。酒糟的营养价值因原料种类而异，原料主要有高粱、玉米、大米、甘薯、马铃薯等，啤酒以大麦作原料。好的粮食酒糟和大麦啤酒糟比薯类酒糟营养价值高2倍左右。但酿酒过程中常加入稻壳，使酒糟营养价值降低。

酒糟干物质含粗蛋白20%～30%，蛋白质品质较差。酒糟中含磷和B族维生素丰富，缺乏胡萝卜素、维生素D和钙质，并残留部分酒精。

酒糟不宜用来大量喂种猪，以免影响繁殖性能。肉猪大量饲喂易引起便秘，最好不要超过日粮的1/3，并注意与其他饲料搭配，保持营养平衡。

酒糟含水65%～75%，如放置过久，易产生游离酸和杂醇，猪吃后易引起中毒。因此，宜用鲜酒糟喂猪或妥善保藏。一种是晒干保藏；另一种是加适量糠麸，使含水量在70%左右，进行窖贮。

方法同青贮。

3. 豆腐渣、酱油渣　豆腐渣和酱油渣主要是以大豆或豆饼为原料加工豆腐和酱油的副产品。由于提走部分蛋白质，豆腐渣和酱油渣蛋白水平较原料低，其他成分提高。一般干渣含粗蛋白20%～30%，品质较好。

豆腐渣含蛋白酶抑制物质，喂多了易拉稀，也缺少维生素，喂前煮熟为好。酱油渣含较多的食盐，为7%～8%，不能大量喂猪，以免引起食盐中毒。

鲜豆腐渣含水80%以上，鲜酱油渣含水70%以上，易腐败变质，为此，可晒干贮藏，或与酒糟窖贮，也可单独窖贮。

（四）动物性蛋白质饲料

动物性蛋白质饲料是鱼类、肉类和乳品加工的副产品以及其他动物产品的总称。猪常用的动物性蛋白质饲料有鱼粉、血粉、羽毛粉、肉粉、肉骨粉、蚕蛹、全乳和脱乳以及乳清粉等。其特点是蛋白质含量高，大都在55%以上，各种必需氨基酸含量高，品质好，几乎不含粗纤维，维生素含量丰富，钙、磷含量高，是一种优质蛋白质补充料。

1. 鱼粉　品质优良的鱼粉呈金黄色，脂肪含量不超过8%，干燥而不结块，水分不高于15%，食盐含量低于4%。鱼粉的脂肪含量高，容易氧化变质，呈黑色或咖啡色。优质鱼粉蛋白质含量在60%以上，富含谷物类饲料缺乏的胱氨酸、蛋氨酸和赖氨酸。维生素A、维生素D和B族维生素多，特别是植物性饲料容易缺乏的维生素B_{12}含量高。矿物质量多质优，富含钙、磷、锰、铁、碘等，但钙、磷含量过多，则说明鱼骨多，品质差。由于鱼粉价格较高，一般只用于喂幼猪和种猪，用量在10%以下。

2. 肉骨粉　肉骨粉是由不适于食用的畜禽躯体、骨头、胚胎、内脏及其他废物制成的，蛋白质含量在30%～55%，消化率在60%～80%。赖氨酸含量高，钙、磷、锰含量高，用量为猪日粮的

10%左右。正常肉骨粉呈黄色,有香味;发黑而有臭味的肉骨粉不能饲用。

3.血粉　血粉是屠宰场屠宰家畜时得到的血液经干燥制成的。方法有常规干燥、快速干燥、喷雾干燥,其中以喷雾干燥获得的血粉消化利用率最高,常规干燥的血粉消化利用率最低。血粉含蛋白质80%以上,但蛋氨酸、异亮氨酸和甘氨酸含量低。在猪日粮中添加一般不超过5%,在仔猪日粮中加1%～3%具有良好效果。如果干燥前将血浆与血细胞分离,制成喷雾干燥血浆粉,蛋白质含量为68%左右,赖氨酸6.1%,在仔猪日粮中添加6%～8%,代替脱脂奶粉,能取得良好效果。

4.羽毛粉　羽毛粉由家禽的羽毛制成,含蛋白质85%以上,含亮氨酸和胱氨酸较多,赖氨酸、色氨酸和蛋氨酸不足。含维生素B_{12}和未知生长因子。经水解处理的羽毛粉,蛋白质消化率可达80%～90%,未经处理的羽毛粉消化率很低,仅30%左右。

5.单细胞蛋白质饲料　是指用饼(粕)或玉米面筋等作原料,通过微生物发酵而获得的含大量菌体蛋白的饲料,包括酵母、真菌、藻类等。

目前酵母应用较广泛,一般含蛋白质40%～80%。除蛋氨酸和胱氨酸较低外,其他各种必需氨基酸的含量均较丰富,仅低于动物蛋白质饲料。酵母富含B族维生素,磷含量高,钙较少,一般喂量为日粮的2%～3%。

三、青饲料

青饲料种类繁多,包括天然草地牧草、栽培牧草、蔬菜类、作物茎叶、枝叶及水生植物等。这类饲料产量高,来源广,成本低,采集方便,适口性好,养分比较全面。

青饲料蛋白质含量较高,一般占干物质的10%～20%,豆科植物含量更高,蛋白质品质较好,赖氨酸含量较玉米高1倍以上。

青饲料含有丰富的维生素，如胡萝卜素比玉米籽实高 50～80 倍，核黄素高 3 倍，泛酸高近 1 倍，并富含尼克酸、维生素 C、维生素 E、维生素 K 等。青饲料含有丰富的矿物质，钙、磷含量高，比例合适，镁、钾、钠、氯、硫等含量也较高。青饲料中粗纤维所含木质素少，猪易于消化。因此，青饲料喂量适当，不但可以节省精料，而且可以完善日粮营养，使养猪生产获得比单喂精料更高的生产效果和经济效益。20 世纪初，在维生素被发现以前，青绿饲料被认为是仔猪和雏鸡日粮绝对不可缺少的饲料组分。在近代，随着科学技术的进步，人们不但可以用其他来源的精制维生素为猪配制出完全能满足营养需要的日粮，而且方法简单，更省工，成本也较低。因此，青绿饲料在养猪业中已不是绝对不可少的了。青饲料确实有它的缺点，如水分含量高，一般在 70%～95%。粗纤维含量高，占干物质的 18%～30%，喂多了易引起腹泻。青饲料还受季节、气候、生长阶段的影响与限制，生产供应和营养价值很不稳定，为配制平衡饲粮增加了困难。同时，种、割、贮、喂费工费时，极不方便。所以，许多规模化猪场，使用添加多种维生素的全价日粮，不再喂给青绿饲料。不过，生产实践证明，在喂给全价配合料时，再加喂一些青饲料，会取得更好的效果，特别是对种猪，可提高繁殖性能。

据以上所述，青饲料喂与不喂，喂量多少，应根据具体情况而定(表 2-10)。如果青饲料来源充足、便利，价格低廉，可按表 2-10 推荐量喂，在青饲料不太充足的情况下，则优先保证种猪；如果来源不便，也可不喂。青饲料喂猪应以优质、幼嫩的为好，如苜蓿、苦荬菜、蔬菜类和一些水生饲料等。

表 2-10　各类猪青饲料大致用量　%

项目	长肥猪	后备母猪	怀孕母猪	泌乳母猪
占日粮干物质	3～5	15～30	25～50	15～35

四、青贮饲料

青贮饲料是指将新鲜青饲料填入密闭的青贮窖、塔、壕、袋等容器内,经微生物发酵保存的饲料。青贮饲料能有效地保存新鲜青饲料的营养成分,青贮后只降低10%左右,而晒干则降低30%~50%,特别是能保存蛋白质和维生素。青贮饲料耐贮存,可供全年喂用。

青贮窖、塔或壕应建在地势高燥、易排水处,建筑要求坚固、不漏气、不漏水。其大小可根据需要而定。

青贮原料应有一定含糖量,一般不低于1%~1.5%。适合作青贮的原料主要有玉米等禾本科植物、青草、野菜、甘薯藤、甜菜、萝卜缨等。含糖量少而含粗蛋白质较多的豆科植物如苜蓿、苕子、草木樨、蚕豆苗、青刈大豆苗等不宜作青贮原料,如有必要,可与禾本科植物混贮,以防变质。

青贮原料含水量应为65%~75%,原料粗老时可达80%。

青贮时先切短,一般以3~5 cm为宜,再装填,压实,每装填20~30 cm厚,即应踩实,最好用拖拉机压紧,用藁秆(厚20~30 cm)或塑料薄膜覆盖,加土30~50 cm厚,并随时注意防止漏水漏气。

一般封埋17~21 d即可开窖喂用。正常的青贮料为青绿色或黄绿色,有酸香并带酒味。低劣的青贮料呈黄褐色或暗褐色,甚至黑色,有刺鼻酸味或腐臭味。

五、粗饲料

凡粗纤维含量在18%以上的均属粗饲料,包括秸秆、秕壳和干草等。这类饲料的特点是:含粗纤维多,质地粗硬,适口性差,不易消化,可利用的营养较少,饲喂效果不及青饲料。粗饲料的质量差别较大,效果各异。

衡量粗饲料质量的主要指标，首先是粗纤维含量的多少、木质化的程度，其次是所含其他营养物质的数量和质量。一般来说，豆科粗饲料优于禾本科粗饲料，嫩的优于老的，绿色的优于枯黄的，叶片多的优于叶片少的。如苜蓿等豆科干草、野生青干草、花生秧、大豆叶、甘薯藤等，粗纤维含量较低，一般在18%～30%，木质化程度低，并富含蛋白质、矿物质和维生素，营养全面，适口性好，较易消化，在肉猪及种猪饲粮中适当搭配，具有良好效果。而藁秆、秕壳饲料如小麦秸、稻草、花生壳、稻壳、高粱壳等，粗纤维含量极高，一般为30%～65%，而且木质化程度高，质地粗硬，猪难以消化，如用这类饲料喂猪，不仅对猪没有好处，而且还会起副作用。所以用粗饲料喂猪，应注意质量，同时要合理加工调制，掌握适当喂量；注意适宜的收割时间和贮藏方法，防止粗老枯黄。

（一）青干草

青干草由青草在未结籽实前割下来干制而成。由于干制后仍保持一定绿色，故称青干草。干制青草的目的与青贮相同，是为了保存青饲料的营养价值。晒制的干草含有维生素，但多数营养物质有损失，损失程度较青贮饲料大。

青干草的营养价值取决于制造它们的原料种类、生物阶段与调制技术。

就原料而言，豆科植物，如苜蓿、三叶草、草木樨等含有较丰富的蛋白质、矿物质和维生素。如果豆科植物在干草中占的比例大，青干草的质量就好，否则质量就差。

青草的生长阶段对其营养成分影响很大。因此，晒制干燥的植物，应在产量很高和营养物质最丰富的时期收割。禾本科植物一般在抽穗期，豆科植物一般在孕蕾期或初花期，此时收割晒制的干草营养价值高，含粗蛋白、胡萝卜素多，含粗纤维少。

调制青干草的方法是否得当，对保存营养、减少损失关系极大，特别是蛋白质和胡萝卜素营养的损失最为明显。方法不当时，前者损失可达20%～50%，后者可达80%。实践证明，人工快速干燥(机械干燥)营养损失少，一般可保存90%～95%的养分。

我国目前以地面晒制为主，但应注意晒制方法，以减少损失。一般先采用薄层平铺曝晒4～5 h，水分由65%～85%减少到38%左右，即可堆成高1 m，直径1.5 m的小堆，继续晾晒4～5 d，等水分下降到17%，最好15%以下时即可上垛。

优质干草的颜色为青绿色且有光泽，叶片保存较多，具有芳香气味。色泽枯黄的干草，其蛋白质及胡萝卜素含量较低。暗褐色发霉的干草不能用来喂猪。

青干草喂猪前应粉碎，最好在1 mm以下，一般越细越好。猪日粮中适当搭配青干草粉可以节约精料，降低饲养成本，提高经济效益，幼猪及肉猪喂量为1%～5%，种猪为5%～10%。

(二)树叶

我国山区和半山区的多种树叶也是喂猪的好饲料。可以用来喂猪的优质树叶有榆、桑、槐、紫穗槐、松针、柳、杨等，此外，各种果树如杏、桃、梨、枣、苹果、葡萄等树叶也可用来喂猪。

树叶的特点是粗纤维含量较低，粗蛋白质含量较高，但因季节不同而有较大差异，实际中应加以注意。

另外，树叶含有单宁，有涩味，猪不爱吃，喂多了易引起便秘。除晒干的树叶粉碎后可加入日粮喂猪外，还可用新鲜树叶或青贮、发酵后的树叶喂猪。

(三)藁秕饲料

藁秕是农作物成熟收获籽实后的枯老茎叶。秕壳是包被籽实的颖壳、荚皮与外皮等，包括玉米秸、高粱秸、大豆秸、蚕豆秸、豌豆秸、大豆荚皮、豌豆荚、大麦皮壳、玉米蕊、玉米苞皮、稻谷壳、花生壳等。这类饲料含粗纤维在30%以上，木质素含量高，不易消化，蛋白质、无氮浸出物、维生素含量低，矿物质含量高，但利用率低，所以一般不作猪饲料。

六、矿物质饲料

植物饲料中含有矿物质元素，但满足不了猪的需要，给猪配制日粮时还要另外补充矿物质饲料。目前需要补充的主要是食盐、钙和磷，其他微量元素作为添加剂补充。

(一)食盐

食盐不仅可以补充氯和钠，而且可以提高饲料适口性，一般占日粮的0.2%～0.5%，过多可发生食盐中毒。

(二)含钙的矿物质饲料

含钙的矿物质饲料主要有石粉、贝壳粉、轻质碳酸钙、白垩质等，含钙量为32%～40%。新鲜蛋壳与贝壳含有机质，应防止变质。

(三)含磷的矿物质饲料

含磷的矿物质饲料多属于磷酸盐类，有磷酸钙、磷酸氢钙、骨粉等。本类矿物质饲料既含磷，也含有钙。磷酸盐同时含氟，但含氟量一般不超过含磷量的1%，否则应进行脱氟处理。

(四)其他几种矿物质饲料

除上述矿物质饲料外，还有沸石、麦饭石、膨润土、海泡石、滑石、方解石等广泛应用于畜牧业。这些矿物除供给猪生长发育所必需的部分微量元素、超微量元素外，还具有独特的物理微观结构和由此而具有的某些物理、化学性质。如独特的选择吸附能力和大的吸附容积，可以吸收肠道中过量的氨以及甲烷、乙烷、丙烯、甲醇、大肠杆菌和沙门氏杆菌的毒素等有毒物质，抑制某些病原菌的繁殖；可逆的离子交换性能，满足猪对微量元素的需要；并有促进钙吸收的功用，从而增进猪的健康，提高生产性能。

1.*沸石*　沸石是一种含水的碱金属或碱土金属的铝硅酸盐矿物，是50多种沸石族矿物质的总称。应用于猪饲料的天然沸石主要是斜发沸石和丝光沸石等，其中含有多种矿物质和微量元素。据试验，在猪日粮中添加5%～15%，可提高日增重，节约饲料，增进健康，除臭，改善环境。

2. *麦饭石* 麦饭石是一种含有多种矿物质和微量元素的岩石，因其外观颇似手握的麦饭团而得名。在猪日粮中添加2%以上，可提高猪的健康与生产性能。

3. *膨润土* 膨润土是一种黏土型矿物，属蒙脱石族，主要成分是硅铝酸盐。猪日粮中添加1%～2%，可提高猪的生产性能。

七、饲料添加剂

饲料添加剂是指配合饲料中加入的各种微量成分，一般分为营养性添加剂和非营养性添加剂。其作用是完善日粮的全价性，提高饲料利用效率，促进生长，防治疾病。

养猪生产中，补充何种饲料添加剂及补充多少，主要取决于猪的饲粮状况和实际需要，缺什么补什么，缺多少补多少，合理使用。同时，饲料添加剂的使用应符合安全、经济和使用方便等要求。使用前应考虑添加剂的效价和有效期，并注意其用量、用法、限用和禁用等规定。

(一)营养性添加剂

营养性添加剂主要用于平衡猪的日粮养分，包括氨基酸、维生素和微量元素添加剂。

1. *氨基酸添加剂* 赖氨酸和蛋氨酸是植物性饲料普遍缺乏的两种必需氨基酸。饲粮中添加适量市售氨基酸，可以节省蛋白质饲料，提高猪的生产性能。国内外许多研究表明，1 g赖氨酸可代替10 g以上的蛋白质，相当于20 g以上的鱼粉。如果赖氨酸和蛋氨酸同时添加，比单一使用效果更好。

2. *维生素添加剂* 作为添加剂的维生素有维生素A、维生素D、维生素K_3、维生素E和维生素B_1、维生素B_2、维生素B_6、维生素B_{12}，泛酸钙，氯化胆碱，烟酸，叶酸，生物素，维生素C等。

维生素的添加量除考虑猪的维生素需要量外，还应注意维生素添加剂的有效性、饲粮的组成、环境条件和猪的健康状况。在维生素的有效性低，猪处于高温、严寒、疾病和接种疫苗等情况下，饲粮中维生素的添加量应高于饲料标准中规定的维生素需要量。据Zhurge等(1986)测定，在(25±3)℃条件下，预混料中的维生素A 16周后损失56%，维生素B_2和维生素$B_5$27周后分别损失54%和9%。因此，生产上制成预混料后，贮存时间又超过了3个月，维生素超量添加幅度为5%～10%以上。

3. *微量元素添加剂*　猪常用饲料中，容易缺乏的微量元素主要有铁、铜、锌、锰、碘、硒等。给猪配合日粮时，需另外添加微量元素。常用的原料主要是无机矿物盐。另外，还有有机酸矿物盐和氨基酸矿物盐。常用矿物盐的元素组成和含量见表2-11。

表2-11　常用矿物盐的元素组成和含量　%

矿物盐名称	分子式	元素	元素含量
硫酸亚铁	$FeSO_4 \cdot 7H_2O$	Fe	20.1
硫酸亚铁	$FeSO_4 \cdot H_2O$	Fe	32.1
碳酸亚铁	$FeCO_3$	Fe	41.7
氯化亚铁	$FeCl_2 \cdot 4H_2O$	Fe	48.2
氯化亚铁	$FeCl_2 \cdot 6H_2O$	Fe	20.7
氯化铁	$FeCl_3$	Fe	34.4
富马酸亚铁	$FeC_4H_2O_4$	Fe	31.0
乳酸亚铁	$FeC_6H_{10}O_6 \cdot 3H_2O$	Fe	18.0
硫酸铜	$CuSO_4 \cdot 5H_2O$	Cu	25.5
硫酸铜	$CuSO_4$	Cu	39.8
氯化铜	$CuCl_2 \cdot 2H_2O$	Cu	47.2
氯化铜(白色)	$CuCl_2$	Cu	64.2
硫酸锌	$ZnSO_4 \cdot 7H_2O$	Zn	22.7
碳酸锌	$ZnCO_3$	Zn	52.1
氧化锌	ZnO	Zn	80.3
氯化锌	$ZnCl_2$	Zn	48.0
硫酸锰	$MnSO_4 \cdot 5H_2O$	Mn	22.8

续表 2-11 %

矿物盐名称	分子式	元素	元素含量
碳酸锰	$MnCO_3$	Mn	47.8
氧化锰	MnO	Mn	77.4
氯化锰	$MnCl_2 \cdot 4H_2O$	Mn	27.8
二氧化锰	MnO_2	Mn	63.2
碘化钾	KI	I	76.4
亚硒酸钠	$Na_2SeO_3 \cdot 5H_2O$	Se	30.0
硒酸钠	$Na_2SeO_2 \cdot 10H_2O$	Se	21.4
硫酸钴	$CoSO_4$	Co	38.0

生产实践中，为了方便使用，总是将几种或 10 多种矿物质添加剂预先配制成复方矿物质添加剂，或称矿物质预混料，使用时，再按规定均匀地混合于饲料中。

(二)非营养性添加剂

非营养性添加剂具有刺激动物生长、提高饲料利用率、改善动物健康等功效，包括抗菌素、抗菌药物、激素、酶制剂、调味剂、有机酸等。

1. *抗菌素与抗菌药物* 前者为微生物代谢产物，后者为人工合成。它们具有抑制和杀灭大多数细菌的作用，高浓度时可以预防和治疗疾病，低浓度时可提高猪的生产性能。在幼猪和环境条件较差的情况下，效果更加显著。但是，使用抗菌素与抗菌药物添加剂时，其兽药品种、使用年龄、用量、停药期等应严格遵守国家或农业部有关规定。

2. *激素* 在现有研究水平下，人们正在研制降低猪肉脂肪含量的多种化合物，它有可能把脂肪降低到鸡和鱼的水平。猪的生长激素已引起人们的广泛兴趣，其中最引人瞩目的是肾上腺素兴奋剂，猪日粮中添加它可提高日增重和饲料利用率，尤其是瘦肉率，但我国未批准使用。

（三）其他非营养性生长促进剂

其他非营养性生长促进剂包括铜制剂、有机砷制剂等。如每吨日粮添加150～250 g铜，可提高日增重8%左右，提高饲料利用率5%左右。

第三节　猪的配合饲料与饲粮配合

一、配合饲料

配合饲料是根据猪的饲养标准（营养需要），将多种饲料（包括添加剂）按一定比例和规定的加工工艺配制成的均匀一致、营养价值完全的饲料产品。

配合饲料按照营养构成、饲料形态、饲喂对象等分成很多种类。

（一）按营养成分和用途分类

按营养成分和用途将配合饲料分成添加剂预混料、浓缩饲料和全价配合料。

1. 添加剂预混料　它是指用一种或几种添加剂（如微量元素、维生素、氨基酸、抗生素等）加上一定数量的载体或稀释剂，经充分混合而成的均匀混合物。根据构成预混料的原料类别或种类，又分为微量元素预混料、维生素预混料和复合添加剂预混料。预混料既可供养猪生产者用来配制猪的饲粮，又可供饲料厂生产浓缩饲料和全价配合饲料。市售的添加剂预混料多为复合添加剂预混料，一般添加量为全价日粮的0.25%～3%，具体用量应根据实际需要或产品说明书确定。

2. 浓缩饲料　浓缩饲料是由添加剂预混料、常量矿物质饲料和蛋白质饲料按一定比例混合而成的饲料。泰国习惯于叫料精。

养猪场或养猪专业户用浓缩料加入一定比例的能量饲料（玉米、麸皮等）即可配制成直接喂猪的全价配合饲料。浓缩饲料一般占全价配合饲料的 20%～30%。

3. 全价配合饲料　浓缩饲料加上一定比例的能量饲料，即可配制成全价配合饲料。它含有猪需要的各种养分，不需要添加任何饲料或添加剂，可直接喂猪。

（二）按饲料物理形态分类

根据制成的最终产品的物理形态分成粉料、湿拌料、颗粒料、膨化料等。

（三）按饲喂对象分类

按饲喂对象可将饲料分成乳猪料、断乳仔猪料、生长猪料、肥育猪料、妊娠母猪料、泌乳母猪料、公猪料等。

二、饲粮配合

单一饲料不能满足猪的营养需要，生产上应按照猪常用饲料成分及营养价值表，选用几种当地生产较多和价格便宜的饲料制成混合饲料，使它所含的养分符合所选定饲养标准所规定的各种营养物质的数量，这一过程和步骤称饲粮配合。

（一）饲养标准

饲养标准是指猪在一定生理生产阶段，为达到某一生产水平和效率，每头每日供给的各种营养物质的种类和数量，或每千克饲粮各种营养物质含量或百分比，并附有相应饲料成分及营养价值表。饲养标准的用途主要是作为配合日粮、检查日粮以及对饲料厂产品检验的依据。它对于合理有效利用各种饲料资源、提高配合饲料质量、提高养猪生产水平和饲料效率、促进整个饲料行业和养殖业的快速发展具有重要作用。尽管饲养标准中所列营养素有40多个，但在计算配方时不必逐一计算。一般只计算消化能、粗蛋白质、赖氨酸、蛋氨酸、苏氨酸、色氨酸、钙和磷的水平即可，食盐直接添加，微量元素和维生素应配制成预混料后按一定比例添加。

(二)饲粮配合

1. 饲粮配合的原则

(1)选择饲养标准应根据生产实际情况，并按照猪可能达到的生产水平、健康状况、饲养管理水平、气候变化等适当调整。

(2)因地制宜，因时制宜，尽量利用本地区现有饲料资源。

(3)注意饲料的适口性，避免选用发霉、变质或有毒的饲料。

(4)注意考虑猪的消化生理特点，选用适宜的饲料原料，并力求多样搭配。

(5)选择饲料要注意经济的原则，尽量选用营养丰富、质量优良而价格低廉的饲料。

2. 猪常用饲料原料的准备　猪常用能量饲料一般是玉米和麸皮，玉米用量5%～70%，小麦、高粱等可代替部分玉米，麸皮用量0%～25%。饲粮中的蛋白质饲料主要是豆粕，其他杂粕可代替部分豆粕，但种猪最好不用棉粕或菜粕，仔猪可使用部分动物性蛋白质原料如鱼粉等。氨基酸不足时可添加人工合成氨基酸，如赖氨酸、蛋氨酸等。矿物质饲料中含钙饲料主要是骨粉，用量0.5%～2.0%，含磷含钙的饲料主要是骨粉和磷酸氢钙，用量0.5%～2.5%，食盐用量为0.25%～0.5%。

3. 原料的质量控制和主要成分测定　配合饲料品质的好坏与原料品质关系很大，所以营养成分参数值最好来自当地科研部门发表的饲料成分表，对于蛋白质饲料的粗蛋白质及矿物质饲料中的钙、磷应以实测值为宜。并还应注意饲料原料的水分发霉变质等情况。

4. 饲粮配合的方法　饲粮配合方法很多，常用的主要有试差法和对角线法。如试差法就是根据猪的不同生理阶段的营养要求或已选好的饲养标准，初步选定原料，根据经验粗略配制一个配方(大致比例)，然后根据饲料成分及营养价值表计算配方中饲料的能量和蛋白质，将计算的能量和蛋白质分别加起来（每个原料的同一养分总和），与饲养标准相比较，看是否符合或接近。如果某养分比规定的要求过高或过低，则需对配方进行调整，直至与标准相符为止。然后按同样步骤再满足钙和磷，用人工合成氨基酸平衡氨基酸需要，再添加食盐与预混料。具体计算方法详见有关参考书。手工计算速度慢，现在已有许多配方软件，多采用线性规划或多目标规划，可迅速得到最优解。

第三章 种猪的繁殖与饲养管理

猪的繁殖是优质肉猪生产的重要环节、养猪技术的核心，抓好猪的繁殖，就抓住了优质肉猪生产成功的关键。本章将从猪的生殖生理开始，详细介绍猪的发情、配种、妊娠、分娩、泌乳等繁殖技术以及应该采取的相应技术和管理措施，并重点介绍猪的人工授精。

第一节 配 种

配种是养猪生产的一个重要环节，是提高繁殖力的第一关。要搞好配种工作，不仅要养好公猪，提供足量、高质精液，还要养好母猪，使其正常发情、排出健壮卵子，并要适时配种，提高受胎率与产仔数。

一、公猪的繁殖与饲养管理

公猪在猪的繁殖中占有重要地位，一头公猪一年可配种产生上千头甚至上万头后代，对生产水平影响很大。养好公猪的目标是，经常保持其种用体况、健康体质、旺盛性欲和优良的精液品质。

(一)公猪的繁殖与利用

1.公猪的初情期与性成熟　公猪的初情期是指公猪第一次射出成熟精子的年龄(有人认为是精液精子活率应在10%以上，有效精子总数在5 000万时的年龄)。猪的初情期一般为3～6月龄。初情期公猪的生殖器官及其机能还未发育完全，一般不宜此时参加配种，否则将降低受胎率与产仔数，并影响公猪生殖器官的正常生长发育。

公猪的性成熟是指生殖器官及其机能已发育完全，具备正常繁殖能力的年龄。一般在 5～8 月龄。适宜的配种年龄一般稍晚于性成熟的年龄，以提高繁殖力。

公猪达到初情期后，在神经和激素的支配和作用下，表现性欲冲动、求偶和交配三方面的反射，统称为性行为。

2. 公猪的射精量与精液组成　公猪的射精量大，一般在 150～500 mL，平均 250 mL。

公猪精液由精子和精清两部分组成，在不同的射精阶段两部分的比例不同，第一阶段射出的是精子前液，主要由凝胶和液体构成，只有极少不会活动的精子，占射精总量的 10%～20%；第二阶段射出的是富含精子的部分，颜色从乳白色到奶油色，占射精总量的 30%～40%；第三阶段射出的是精子后液，由凝胶和水样液构成，几乎不含精子，占射精总量的 40%～60%。据测定，在附睾内精子贮备达到稳定之后(每周 3 次连续 6 周采精，以最后 6 周采得的精液算出)，射精量及其精液特性见表 3-1。

表 3-1　公猪的精液组成与射精量

项目	8～12 月龄	13～15.5 月龄	15～18 月龄
公猪数/头	15	11	9
射精量/mL	290±190	381±145	297±130
液体量/mL	180±59	205±47	197±79
凝胶量/mL	110±57	174±104	97±58
精子密度/(10^6/mL)	117.0±60.3	169.2±44.1	202.2±90.6
精子数/10^6	18.9±6.2	33.5±9.1	35.4±14.6
精子日排量/10^6	8.1±2.6	14.3±3.9	15.2±6.2

射精持续时间一般 5～10 min，平均 8 min。除了第一、二阶段之间有一短暂间歇外，射精一般都是连续进行的。

3. 公猪的合理利用

(1)后备公猪的配种适龄 公猪每 4～7 d 生成一批新精子，转变为成熟的精子需 5～6 周，成熟的精子贮存在附睾尾直到射出或被吸收。延迟 1 个月配种，相当于增加 5 批精子在被排出前达到成熟。所以，初次采精较早的公猪射精的精子数少。试验证明，年轻公猪的精子数量、浓度和射精量直至 18 月龄一直在增加，以后一直保持在 18 月龄的水平，直至 5 岁时开始下降。后备公猪使用过早，会明显降低受胎率和产仔数。Castro(1989)报道，不满 9 月龄的公猪配种，受胎率很低(图 3-1)，不足 12 月龄的公猪配种，窝产活仔数也很低(图 3-2)。

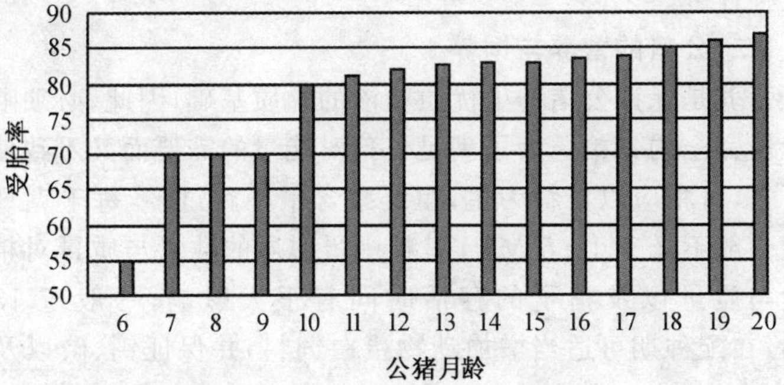

图 3-1 公猪月龄对受胎率的影响

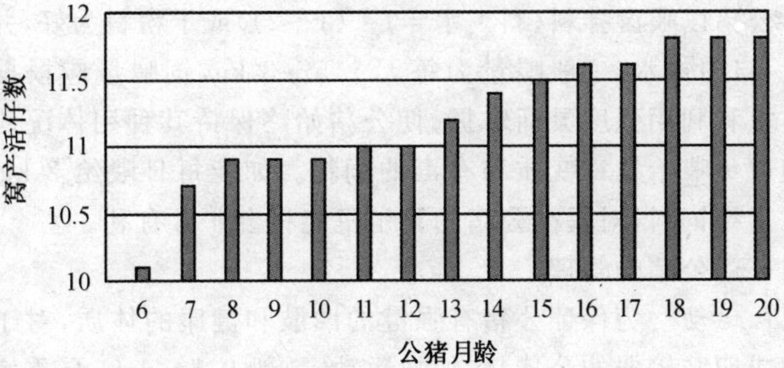

图 3-2 公猪月龄对窝产活仔数的影响

通过大量资料分析得到如下结果：不足 1 岁的公猪同三胎母猪配种，较成年公猪每窝活产仔数约下降 0.8 头，如果猪群中不足 1 岁的公猪占 25%，那么用 100 头母猪交配，每年就要损失 48 头仔猪。

所以后备公猪的初配年龄最早不于 8 月龄，最好是在 10～12 月龄以后，体重 150 kg 以上。

(2)公猪的利用强度　一般青年公猪(1～2 岁)1 周配种 1～2 次，2～4 岁的壮龄公猪可日配 1 次，每周休息 1 d，但最好是每周配种 2～3 次。在本交情况下，每头公猪一般负担 20～30 头母猪的配种任务。

(二)公猪的营养与饲养

营养是保证公猪产生优质精液的物质基础，因此，必须喂给营养价值完全的日粮。为了满足公猪对能量的需要而又不致使其腹大下垂，日粮应以精料为主，粗纤维含量不宜过多，每千克日粮消化能一般不低于 13.5 MJ。日粮中蛋白质的数量与质量对精液的数量与质量以及精子的存活时间有很大影响，一般应 13%～16%，在配种期可适当增加动物蛋白饲料，并保证钙、磷以及微量元素与多种维生素的需要。种公猪的饲料配方可根据猪的品种和当地原料灵活选用。

公猪以喂湿拌料(料：水＝1：(1～2))或干粉料为好，并定时定量，自由饮水，一般喂量为每天 1.5～3 kg，饲喂量应根据公猪的体重和利用强度灵活掌握，使公猪始终保持其种用体况。种公猪应避免喂给发霉变质和有毒的饲料。如能每日喂给 2 kg 左右优质青绿饲料，对提高公猪的繁殖机能将会非常有利。

(三)公猪的管理

1. *运动*　为保证公猪有强健的四肢和健康的体质，对于非配种期或四肢较弱的公猪，应加强运动，一般 0.5～1 h，夏季宜在早晚凉爽时进行，冬季在午后进行。公猪应单圈饲养，圈舍面积 6～

8 m^2,最好设有运动场,以便于公猪自由活动。

2.定期称重与检查精液品质　公猪要定期称重与检查精液品质,了解体况,判定营养、运动和利用间是否平衡,以便及时调整。精液品质应每隔10天检查一次。精量少、密度低一般与营养水平低、采精或配种频率高、采精技术不佳有关;活力差、畸形率高一般与营养水平低或不平衡、健康状况差有关;尾部带有原生质滴且靠近颈部的精子增多说明采精或配种频率过高。

3.防暑降温　一般低温对公猪的繁殖力影响不大,高温可减少精液量,降低精子活力,增加精子畸形率。因此,在炎热的夏季应注意猪舍的遮荫与通风,最好设有淋水装置。

4.日常管理　平时应注意保持猪舍与猪体的清洁,蹄形不正或蹄甲过长应及时修剪。妥善安排饲喂、饮水、利用、运动、清洗、刷拭、休息等日程。

二、母猪的发情排卵与饲养管理

(一)母猪的繁殖规律

1.母猪的初情期与性成熟　母猪的初情期是指母猪初次发情排卵的年龄,一般在3～6月龄。此时的生殖器官及其机能还未发育完全,发情周期往往也不正常,一般不宜参加配种,否则使受胎率与产仔数降低,并影响生殖器官的正常生长发育。

母猪的性成熟是指生殖器官及其机能已发育完全,具备正常繁殖能力的年龄,一般在5～8月龄。适宜的配种年龄一般稍晚于性成熟的年龄,以提高繁殖力。

2.母猪的发情周期　青年母猪初情期后每隔一定时间重复出现一次发情,一般把从上次发情开始到下次发情开始的间隔时间称为发情周期。母猪全年发情,不受季节限制,发情周期一般为18～23 d,平均21 d。在发情周期中,母猪的生殖器官发生一系列有规律的形态和生理的变化,母猪精神状态与性欲也发生相应的变化。根据这些变化,将发情周期分为4个阶段,即发情前期、发情期、发情后期和间情期。

(1)发情前期　此时卵巢中上一个发情周期所产生的黄体逐渐萎缩,新的卵泡开始生长。生殖道轻微充血肿胀,上皮增生,腺体活动增强。对周围环境开始敏感,表现不安,但尚无性欲表现,不接受公猪爬跨。

(2)发情期　母猪的发情期一般2～4 d,此时的卵泡迅速发育,并在发情末期排卵。表现子宫充血,肌层活动加强,腺体分泌活动增加,阴门充血肿胀,并有黏液从阴门流出。母猪兴奋不安,性欲表现充分,寻找公猪,接受公猪爬跨并允许交配,若用手按压腰部,母猪呆立不动。

(3)发情后期　此时卵泡破裂排卵后开始形成黄体。子宫颈管道逐渐收缩闭合,腺体分泌活动渐减,黏液分泌量少而黏稠,子宫内膜增厚,腺体逐渐发育。母猪性欲减退,逐渐转入安静状态,不让公猪接近。

(4)间情期(休情期)　此时卵巢中的黄体已发育完全。间情期前期子宫内膜增厚,腺体增长,分泌活动增加。如果受孕,则继续发育,如果未受孕,间情期后期子宫内膜回缩,腺体变小,分泌活动停止。母猪的性欲表现完全消失,精神状态恢复正常。持续一定时间后,进入下一发情周期的发情前期。

3.母猪的发情排卵机理　母猪的发情排卵的周期性是在神经和激素的调节下进行的。母猪达到性成熟后,卵巢中即已生长着较大的卵泡。大脑皮层接受外界阳光、温度和内在激素的刺激而发生兴奋,并传到下丘脑。下丘脑分泌促性腺激素释放激素(GMRH),经垂体门脉系统到达垂体前叶,使之分泌促卵泡素(FSH),使卵泡生长、发育和成熟。在卵泡的发育成熟过程中,卵泡壁内膜细胞和颗粒细胞协同作用产生雌激素。当雌激素在血液

中大量出现时即引起发情。同时，大量的雌激素又通过负反馈作用抑制垂体前叶分泌 FSH，通过正反馈作用激发前叶分泌促黄体素（黄体生成素 LH）。当血液中 LH 增加到和 FSH 成一定比例时，引起成熟卵泡破裂排卵，排卵后残余卵泡形成黄体。黄体在垂体前叶分泌的促乳素（促黄体分泌素 LTH）作用下分泌孕酮。孕酮通过负反馈作用抑制垂体前叶分泌 FSH，从而为合子在子宫内膜附植做好准备。如果母猪妊娠，这时的黄体称妊娠黄体，继续分泌大量孕酮直至分娩前数天停止，发情周期因此而中断。如果母猪没有妊娠，黄体则因子宫内膜分泌的前列腺素（$PGF_{2\alpha}$）溶解破坏而逐渐萎缩退化，FSH 的分泌量又增加，促使新的卵泡发育，开始进入下一个发情周期。

4. *后备母猪的配种适龄* 初情期是母猪首次发情排卵的时间，初情期的早晚依猪种和营养状况而异。在正常饲养管理条件下，我国地方品种 3～4 月龄、我国培育品种 5～6 月龄、国外引入品种 6～7 月龄出现第一次发情。后备母猪饲养水平过低，饲粮营养不全，初次发情时间延迟。据测定，限量饲喂的小母猪体重较轻，初情期延迟，排卵数较少；而不限量饲养的青年母猪初情期较前者提前约 20 d，多排卵 3 个左右。

母猪初次发情年龄和体重一般还较小，生殖器官的发育尚未成熟，生殖机能还不正常，发情也不规律，排卵数也少，此时配种往往受胎率低，产仔数少，并影响母猪本身的生长发育（表 3-2 和表 3-3）。年龄过大配种也增加猪的培育费用。

表 3-2 后备母猪初配体重对繁殖力的影响

初配体重/kg	初配月龄	头数	产仔数	成活数	断奶重/kg
60～75	9～10	16	8.3	7.44	13.02
90	8	8	12.0	9.38	18.32

表 3-3 后备母猪月龄与卵巢发育及排卵数的关系

项目	月龄		
	7.0	8.5	11.5
卵巢重/mg	4.3	8.0	7.5
排卵数/个	2.8	15.7	15.8

一般地方品种初配年龄不早于6月龄，我国培育猪种及其杂种在7～8月龄，体重分别不低于70～80 kg和90～100 kg，为成年体重的40%～50%。国外引入品种在7～9月龄，体重不低于110～120 kg，最好能达到140～150 kg，最后肋处背膘厚20～25 mm。

在生产实际中有时根据情期确定初次配种时间，一般是在第三个情期初次配种较为适宜。不同情期配种的效果见表3-4。

表 3-4 后备母猪不同情期配种对产仔数的影响

项目	初次发情	第二情期	第三情期
上海某农场	8.2	8.4	11.8
吕帆(1999)	—	9.24	9.88
R. M. Macpherson	7.9	9.7	11.0
P. E. Hughes*	10.6	11.8	11.9

注：*排卵数。

5. 母猪分娩后的发情规律　母猪分娩后通常在短时间内出现3次发情。第一次出现在产后2～7 d，发情征状不明显，不能正常排卵受胎；第二次发情出现在产后22～32 d，征状也不明显，但若配种可以受胎，也不会影响泌乳和产仔成绩，在生产上可以利用；第三次是在断乳后3～7 d，是一次必须抓住的配种时机，据测定，在正常饲养管理条件下，28～35日龄断乳的母猪7 d内的发情率可以占到85%以上。

6. 发情鉴定　为了做到适时配种，必须准确判定母猪的发情阶段。生产上一般采用外部观察法、压背法和公猪试情法。

(1)外部观察法　主要通过观察母猪的精神状态、行为变化和阴门的变化来确定适宜的配种时间。母猪发情时常常表现兴奋不安,对周围外界刺激反应敏感,常喜欢站在圈门张望,特别是有异常动静或公猪经过时;愿意接近公猪,或爬跨其他猪;食欲减退或拒食。阴门红肿充血并有较清亮、稍黏的液体从阴门流出,是母猪开始进入发情盛期的标志;发现阴门红肿消退,颜色开始由红变暗紫,黏液由清变浊,手感滑腻,性情变得安静伏卧,表示母猪即将排卵,此时为第一次交配的最适时间;阴门红肿明显消退,颜色变为暗紫,黏液逐渐变稠发黏时,表示排卵已到了后期,是复配的有利时机;时间再延迟,母猪将拒绝交配。

我国农村有根据外观确定适宜配种时间的四句谚语,“阴户黏草,输精正好;神情发呆,输精受胎;站立不动,正好配种;黏液变稠,正是火候”。

(2)压背法　是检查发情母猪可否配种的有效方法之一,用双手按压猪的腰部,如果母猪呆立不动,呈现出接受交配姿势,就说明发情母猪已到了配种的适宜时机。

(3)公猪试情法　母猪发情时对公猪的爬跨反应敏感,可将公猪赶入母猪圈,根据母猪接受公猪爬跨的安定程度来判断母猪发情的阶段。

(二)后备母猪的饲养管理

小母猪在 6 月龄前一般采用自由采食,6 月龄后采用限制饲喂。配种前 10～14 d 实行短期优饲,一般可增加产仔数 2 个左右(表 3-5 和表 3-6),优饲程度是在原低能日粮基础上每天多喂 25～35 MJ 消化能,配种结束后立即降低饲养水平,否则可导致胚胎死亡数增加。后备母猪一般 4～6 头一圈,最好设有运动场,以保证肢蹄健康。

表 3-5　短期优饲天数对后备母猪排卵数的影响

试验次数	发情前优饲天数/d	增加排卵数/个
6	0～1	0.4
6	2～7	0.9
8	10	1.6
14	12～14	2.2
2	21	3.1

Hughes and Varley,1980.

注:以低能(13.21～22.02 MJ)为基础。

表 3-6　短期优饲程度对后备母猪排卵数的影响

试验次数	优饲程度/MJ	增加排卵数/个
6	25.54～33.91	2.15
17	14.97～26.66	1.47
10	7.49～13.65	1.60

Hughes and Varley,1980.

注:以低能(13.21～22.02 MJ)为基础。

(三)断乳后母猪的饲养管理

母猪经过一个泌乳期,体重减轻25%左右,断乳时如能保持7～8成膘,5～10 d就能正常发情配种。但配种前仍宜充足饲养,每日喂给2.5 kg以上的饲料。对于泌乳力高,带仔多,体况较差的断乳母猪,更应提高饲料喂量,以恢复体况,促进母猪尽快发情排卵。对于特别瘦弱的母猪,应特别注意泌乳期的充足饲养。

(四)促进母猪发情排卵的措施

随着养猪业的发展,外来良种猪的大量引进和杂交利用,青年母猪发情延迟现象普遍存在。尤其是随着养猪集约化程度的不断提高,母猪舍饲采用限位栏饲养,使得部分母猪出现产后乏情。因此,除了在生产上加强饲养管理、改善猪舍环境等措施外,还应采用诱情与激素催情等方法,提高母猪繁殖力。

1. 公猪诱情　母猪的发情排卵都是在神经和激素的调节下进行的。利用公猪诱导、仿生诱导、迁移刺激、改善环境等措施，可以使断乳母猪提早返情，使后备母猪初情期提前、发情明显、受胎率提高和产仔数增加。

(1)提早后备母猪初情期　据报道，养在有成年公猪地方的母猪较隔离饲养的母猪的性成熟提早 30～40 d；进入生理成熟的小母猪，突然引入公猪，可使性成熟同期化；群饲的 20 日龄到 7 月龄的猪，较单饲的性成熟提前，受胎率也高。所以后备母猪宜群饲，并适当接触公猪。一般后备母猪应在 165 日龄接触公猪，至少应在配种前 3 周。

性欲高的成年公猪诱情效果较好，因此所选用的公猪最好是成年公猪，至少应在 10 月龄以上，并且性欲要旺盛，以便达到较好的刺激效果。

嗅觉、听觉与公猪的直接接触刺激具有重要作用，所以身体直接接触与隔栏张望效果好，诱情方式宜采用直接接触式。

单位时间内接触公猪的次数和时间对初情期到来的早晚有影响(表 3-7 和表 3-8)。最好能每日 2～3 次，每次接触 5～15 min，为获得最大的反应，每日还应延长公猪接触时间，特别是在猪群较大时，但不宜超过 30～40 min。

表 3-7　公猪接触频率对母猪初情期的影响

项目	初情期(日龄，秋天)	初情期(日龄，春天)
隔日 1 次	217	—
1 日 1 次	201	195
1 日 2 次	173	195
1 日 3 次	—	181

Hughes，1994.

表 3-8 猪群大小与公猪接触时间对初情期的影响

接触公猪时间/min	初情期(日龄)		
	8 头/圈	4 头/圈	2 头/圈
5	187	193	191
12.5	198	193	176
20	180	180	183

Hughes,1994.

(2)提早断乳母猪发情 公猪接触可使断乳母猪提早发情(表 3-9)。群饲也具有一定效果(表 3-10)。

表 3-9 公猪接触对母猪断乳至发情时间间隔的影响

处理方法	时间间隔/d	断乳 21 d 发情率/%
不接触	21	39
用非发情母猪	25	31
用发情母猪	13	80
用公猪	8	94

表 3-10 群饲与单饲断乳母猪发情间隔的差别

资料来源	时间间隔/d	
	群饲	单饲
Sommer(1980)	2.9	23.0
Hemsworth	13.7	15.4

(3)发情明显 自然交配前或发情鉴定时与公猪接触,可使母猪出现静立反应。每天接触一次公猪的群养母猪接触公猪时出现静立反应的比例高于单养和只接触公猪的母猪;据测定,有公猪在场时,发情鉴定压背反应由 60%提高到 90%;频繁接触公猪可部分抵消小母猪的发情延迟和乏情。

(4)提高受胎率和产仔数 人工授精、授精前让公猪接触可提高受胎率和产仔数。澳大利亚用 800 头猪试验,后备母猪初次发情后与结扎输精管的公猪放在一起，发情后再用公猪交配，受胎率提高5%～6%，第一窝产仔数增加0.5～2.5头，第二窝产仔数约增加1头。

2. 仿生及其他方式诱情

(1)仿生　在母猪群中播放录制的公猪求偶"交配曲"，早晚各一次，其发情鉴定率与外部观察+压背法相同，但受胎率明显提高(表3-11)。

表3-11　仿生法发情鉴定效果

处理方法	发情数	隐性发情	受胎数	受胎率/%
仿生法	276	34	226	81.9
观察+压背法	284	0	205	72.2

何英俊，浙江畜牧兽医，1995，4：11.

在母猪群中播放录制的公猪求偶"交配曲"并辅以公猪气味(尿液或精液)，可使母猪断乳至发情的时间缩短。

母猪输精前嗅闻公猪尿液2～3 min，然后再用输精管插入阴道内，来回抽动2～3 min，可明显提高受胎率与产仔数(表3-12)。

表3-12　仿生法对母猪受胎率与产仔数的影响

处理方法	母猪数	情期数	情期受胎率/%	产仔数/头
嗅闻尿液+生殖道刺激	48	51	94.1	11.65
对照	48	62	77.4	9.54

李玉凡，湖南畜牧兽医杂志，1996，1：12.

(2)迁移刺激　"迁移刺激"可诱发接近初情期的后备母猪尽快发情或同期发情。迁移时间在165日龄以后，最好在配种前3周，方法是将母猪移至舍外或由一个圈移至另一个圈，如果与公猪刺激相结合，可获得最大效果。正常情况下，大多数对"迁移"有反应的后备母猪在迁移后4～6 d发情。

(3)猪舍内空气环境　猪舍内空气环境对初情期到来的早晚

有影响。据测定，猪舍空气中氨浓度为(5～10)×10^{-6}时，后备母猪203日龄前达到初情期的比例为33%，氨浓度为(20～50)×10^{-6}时，此比例下降到12%。

3. 母猪的激素催情　后备母猪的受胎率与产仔数均不及经产母猪。为了充分挖掘初产母猪的生产潜力，生产上有时采用激素对后备母猪进行催情或超数排卵；在集约化猪场，后备母猪及断乳母猪常出现发情延迟或乏情现象，采用激素处理也具有一定效果。

(1)孕马血清促性腺激素(PMSG)与人绒毛膜促性腺激素(HCG)　PMSG是一种糖蛋白，主要存在于孕马的血清中，其功能与垂体分泌的促卵泡激素(FSH)的功能相似，有着显著的促卵泡发育的作用，也有一定的促排卵和黄体形成的作用；HCG也是一种糖蛋白，来源于孕妇胎盘绒毛，存在于早期妊娠妇女尿液中，其功能与垂体分泌的促黄体素(LH)的功能相似，具有促进卵泡成熟、排卵和形成黄体的作用。

诱导发情　肌肉注射PMSG和HCG可以诱导后备母猪发情。魏庆信(1991)报道，初情期前母猪肌肉注射PMSG 400～500 IU，HCG 500 IU，注射后24 h内100%的母猪发情；初情期后母猪肌肉注射PMSG 1 000～1 200 IU，HCG 800～1 000 IU，24 h内51.6%的母猪发情。

超数排卵　肌肉注射PMSG和HCG可以诱导后备母猪超数排卵。初情期后效果显著(表3-13)。

表3-13　初情期前后超2排效果的比较

期别	观察头数	平均排卵数		
		左卵巢	右卵巢	合计
初情期前	6	7.0	6.7	13.7
初情期后	6	13.2	15.5	28.7

魏庆信.养猪.1991,3(20).

治疗乏情　对于超过 8 月龄仍不发情的后备母猪及断乳后乏情的母猪,用 PMSG 和 HCG 处理,可促使其尽快发情。

PMSG 用量对超排效果有显著影响(表 3-14)。

表 3-14　PMSG 用量对超排效果的影响

组别	观察头数	平均排卵数		
		左卵巢	右卵巢	合计
PMSG 1 000～1 200 IU, HCG 800～1 000 IU	67	14.5	13.0	27.5
PMSG 500～600 IU, HCG 800～1 000 IU	10	7.2	6.1	13.2
对照	19	6.3	6.7	13.1

魏庆信.养猪.1991,3(20).

激素使用过量或不当有时会导致卵巢囊肿,影响受胎(表 3-15)。

表 3-15　激素处理后卵巢囊肿情况

组别	观察头数	卵巢囊肿头数	卵巢囊肿/%
PMSG 1 000～1 200 IU, HCG 800～1 000 IU	67	0	0
PMSG 1 300～1 500 IU, HCG 800～1 000 IU	37	9	24.3
PMSG 1 600～2 000 IU, HCG 800～1 000 IU	16	11	68.8

魏庆信.养猪.1991,3(20).

(2)前列腺素(PG)　前列腺素有 PGE_1、PGE_2、$PGF_{2\alpha}$ 等多种,其中 $PGF_{2\alpha}$ 对调节繁殖机能具有重要作用,它可以破坏黄体、刺激子宫收缩,也可引起血液中促黄体素增高,从而促进排卵。人工合成的类似物有氯前列腺烯醇、律胎素等。据报道,给产后 48 h 之内的母猪注射外源性前列腺素,可以加速残留黄体的彻底溶解,中止孕酮分泌,促进催产素和催乳素的分泌,从而增加母猪泌乳量,提高仔猪断乳重,同时可增加子宫收缩,加速产后子宫恶露的排出和帮助子宫复原,减少子宫感染和进一步引发的子宫炎、乳房炎、无乳症、发情延迟或不发情等繁殖障碍问题。

张代坚(1998)认为于母猪产后 48 h 内,分别用律胎素和氯前列腺烯醇肌肉注射 2 mL,可明显缩短母猪断乳到再发情的间隔(表 3-16)。

表 3-16 律胎素和氯前列腺烯醇对母猪产后发情间隔的影响

项目	律胎素	氯前列腺烯醇	对照
母猪头数/头	25	27	25
平均胎次/次	3.7	4.6	4.3
平均胎产活仔/头	8.8	9.2	9.6
平均断乳头数/头	8.0	7.9	8.3
平均断乳窝重/kg	40.7	40.9	41.7
平均断乳重/kg	5.1	5.2	5.0
1 周内发情母猪数/头	19	24	20
1 周内发情率/%	76.0	88.9	80.0
2 周内发情母猪数/头	23	25	21
2 周内发情率/%	92	92.6	84
断乳至发情间隔/d	8.4	6.3	11.0

三、适时配种

(一)母猪的发情排卵规律

母猪的发情期为 36～72 h,排卵发生在发情后 24～48 h(青年母猪 24～36 h,经产母猪 30～48 h),排卵持续时间 10～15 h,卵子从卵巢排出运行至输卵管峡部以前的时间是 8～10 h,这也是卵子在输卵管内保持有受精能力的时间。

(二)适时配种

配种受精后,精子靠自身和母猪生殖道的收缩和蠕动向受精部位——输卵管壶腹运动,精子从子宫颈到达输卵管壶腹需 2～3 h,精子获能需 3～6 h(精子获能后才具备受精能力),精子在母猪生殖道内保持有受精能力的时间为 24～36 h。

根据上述规律,考虑到每个情期 2～3 次配种,适宜的配种时间则应是在母猪排卵前 12 h(6～18 h)配一次,隔 12 h 再配一次。

但排卵时间是根据发情开始时间推测,所以适宜配种时间应从发情开始的时间推算。即在发情开始后的 6～42 h 第一次配种。生产上根据每天发情鉴定的次数、每个情期配种的次数情况,一般是在母猪接受爬跨后 12 h(0～24 h)配一次,隔 12～18 h 再配一次。

母猪发情期与适宜配种时间依品种、年龄、个体断乳后发情时间及饲养管理水平等的不同而有一定差异。就品种来说,一般地方品种发情期为 3～4 d,配种宜在发情开始后的第二天或第三天;国外引进品种发情期为 2～3 d,配种宜在当天下午或第二天上午;我国培育品种或含我国猪血统的杂交猪,发情期为 3 d 左右,配种宜在第二天上午或下午。

就年龄来说,青年母猪发情时间短,应早配;壮龄母猪发情时间较长,配种时间应适当推后。

母猪过于肥胖或过于瘦弱时,发情时间缩短,表现较弱;泌乳期失重过多的母猪常延迟发情,有的甚至超过 1 个月,发情期缩短。

母猪断奶后出现发情的时间与发情持续期和排卵时间有明显的线性关系,母猪断奶后发情越早,发情持续时间越长(表 3-17)。

Missen(1997)观察统计了 118 头母猪的发情规律,其结果是:母猪从断奶至发情的平均间隔时间是(92±13) h(64～134 h),发情期平均时间是(60±14) h(30～89 h)。并建议母猪的适宜输精时间是排卵前 28 h 至排卵后 4 h(表 3-17),同时建议母猪断奶后发情到排卵的时间可根据下式估计。

母猪断奶后发情到排卵时间(h)＝84.2－0.46×母猪断奶至发情的时间。

表 3-17　母猪断奶后发情排卵状况

项目	断奶后出现发情时间/d			
	3	4	5	6
发情持续期/h	61	53	49	38
发情开始至排卵时间/h	41	37	34	27

所以,发情母猪的配种时间要根据母猪断奶至发情的时间来确定。后备母猪和断乳后 6 d 以上发情的经产母猪初次配种时间在 6～12 h;断乳后 5～6 d 发情的经产母猪初次配种时间在 12～18 h;断乳后 3～4 d 发情的经产母猪初次配种时间在 18～24 h。根据每天发情鉴定的次数、每个情期配种的次数,适宜的配种时间见表 3-18。

表 3-18　母猪断奶后发情时间与配种时间的关系

断奶至出现发情的时间/d	输精时间					
	每天 2 次发情鉴定				每天 1 次发情鉴定	
	上午 7:00～9:00		下午 15:00～17:00		上午 7:00～9:00	
	输精 2 次	输精 3 次	输精 2 次	输精 3 次	输精 2 次	输精 3 次
3～5 d	1 下午 2 上午	1 下午 2 上午 2 下午	2 上午 2 下午	1 下午 2 上午 2 下午	1 上午 2 下午	1 上午 2 上午 2 下午
6 d 以上	1 下午 2 上午	1 上午 1 下午 2 上午	1 下午 2 上午	1 下午 2 上午 2 下午	1 上午 2 上午	1 上午 1 下午 2 上午
返情母猪 后备母猪	1 下午 2 上午	1 上午 1 下午 2 上午	1 下午 2 上午	1 下午 2 上午 2 下午	1 上午 2 上午	1 上午 1 下午 2 上午

注:1 为当天;2 为第二天。

如果配种过早，卵子尚未排出时精子已经衰老失去受精能力，即便勉强受胎，合子也很难成活，从而造成空怀或产仔数减少；如果配种过晚，精子到达受精部位时卵子已经衰老失去受精能力，也达不到受胎的目的，过晚配种还会出现母猪拒绝交配。交配时间对受胎率及产仔数的影响见表 3-19 和表 3-20。所以生产上应根据具体情况，掌握好适宜的配种时间。

表 3-19　交配时间对受胎率的影响

项目	发情开始后时间/h				
	10 以内	10～25.5	25.5～36.5	36.5～48	48.1～72
受胎率/%	81.25	100.0	46.2	50.0	0
空怀率/%	18.75	0	53.8	50.0	100.0

表 3-20　不同时间输精对母猪受胎及产仔的影响

项目	输精时间/h				
	－(36～29)	－(28～25)	－(24～1)	0～4	6～9
母猪数/头	10	9	52	12	8
空怀头数/头	5	1	6	2	2
空怀率/%	50	11	12	17	25
妊娠头数/头	5	8	46	10	6
受胎率/%	50	89	88	83	75
产仔数/头	7.0	14.9	13.2	13.1	11.0
活产仔数/头	7.0	13.0	11.8	12.2	10.2

Missen. 1997.

四、早期妊娠诊断

母猪配种后，应及早判明其是否已怀孕，以免第二个情期漏配空怀。一般是在母猪配种后 18～21 d 用公猪试情，如果不再出现发情，并且食欲旺盛，性情温顺，动作稳重，贪睡，上膘快，皮毛光亮，尾巴下垂，阴户收缩等表现，即可认为已妊娠。如能结合超声波妊娠诊断仪，于配种后 18～45 d 测定，结果更为准确。

第二节 猪的人工授精

一、人工授精的设施与用品

人工授精的设施与用品主要包括采精室、精液处理室、假台猪和必备的器材药品等。

(一)采精室

采精室一般建在离公猪栏就近的地方，面积不低于 10 m^2，采精室地面要略有坡度，留有地漏或出水口，以便进行冲刷，内设采精架(假台猪)，并固定在地板上，地面铺设防滑地板胶，并设操作人员安全区(用栏柱隔开，间距 28 cm，人可方便进入，公猪不能进入)。

(二)精液处理室

精液处理室是检查、稀释、保存、分装精液的地方，可通过一个可开闭的小窗口与采精室相连。精液处理室分为潮湿区(安放稀释、冲洗设备)、干燥区(安放处理和保存精液的设备，如显微镜、保温箱等)、发放区(精液分装、包装、接受订购等)。

(三)假台猪

用一根直径 20 cm、长 110 cm 的圆木，两端削成弧形，安装 4 条腿固定好，在木头上面铺一层稻草或草袋子，再覆盖一张熟过的猪皮。组装好的假台猪后躯高 55～65 cm，前躯高 45～55 cm，以呈前低后高，相差 10 cm 为宜，制作好后固定于采精室。也可改假台猪臀端实心圆木为空心，并做成弧形，以防止擦伤龟头，也便于采精；习惯在右侧采精者，改假台猪左后腿在后，与臀端齐，右后腿在前，距臀端 25 cm，也可两后腿一齐前移，距臀端 25 cm，以方便操作；改假台猪四肢下端埋在地下为固定在一块木板上，木板长 110 cm，宽 65 cm，厚 5 cm，以便于移动位置。

(四)器材设备

器材设备主要有公猪采精台(假台猪)、防滑垫、采精杯、显微镜、天平、数显干燥箱、数显恒温箱、恒温载物台、双重蒸馏水器、数显恒温水浴锅、17℃恒温冰箱、精液运输箱等。另外还有载玻片、盖玻片、塑料量杯、玻璃烧杯、三角烧杯、温度计、玻璃棒、移液管、吸液球、染色剂、采精杯、集水瓶、塑料采精杯、塑料采精袋、精液过滤纸、一次性塑料手套、乳胶手套、一次性输精管、输精瓶、润滑剂、稀释粉、移液吸头等。

二、公猪的调教

第一次用假台猪采精前必须先调教好种公猪,使之习惯于爬跨假台猪。公猪在 7.5 月龄开始调教,一般不早于 7 月龄,不晚于 10 月龄。公猪的调教要求每天训练时间短且经常,每次训练时间一般不超过 15～20 min,每周训练不少于 3～4 次,一般 3～5 次即可调教成功。

调教时可用发情母猪的尿和黏液土在假台猪的后躯上,引诱公猪爬跨。

对于性欲差的公猪,将发情旺盛的母猪赶到假台猪旁,让被调教的公猪爬跨,待公猪达到性欲高潮时把母猪赶走,再引诱公猪爬跨假台猪,或直接把公猪由母猪身上抬到假台猪身上。

一般经 3～5 次调教即可成功,对于爬跨成功的公猪一定要采精,并力求采净,以增强公猪下次爬跨的兴趣。调教成功后 1 周内每隔一天采精一次,以增强记忆,以后每周采精一次,12～18 月龄 2 周 3 次,18 月龄后每周 2～3 次。

三、精液的采集

(一)采精前的准备

采精室必须清洁无尘,安静无干扰;夏季采精宜在早上进行,冬季室内温度要保持在15～25℃。采精前集精杯应放在35～37℃的恒温箱中，防止采集时精液因冷却或多次重复升温降低精液的质量。准备好精液处理的一切设施设备，并将稀释液放入水浴锅中升温。

(二)采精过程

首先诱导公猪爬跨假母猪，待公猪爬跨假母猪后，采精员用戴双层手套的手排净公猪包皮腔中积液，并用纸巾擦干。然后脱去外层手套，另一手持37℃保温杯(内衬1次性食品袋，上口盖4层纱布)。

公猪爬上假母猪并逐步伸出阴茎后，采精员脱去外层手套，右手握成空拳，将龟头导入空拳中，用中指、无名指和小指锁定龟头，然后顺其向前冲力，将阴茎的"S"状弯曲尽可能地拉直，握紧阴茎龟头防止其旋转，公猪即开始射精。

最初的精液为精子前液，只含少量精子，可以废除，只采集二三阶段的精液。射精一般持续5～7 min。待公猪射精完毕退下假台猪时，采精员应顺势用左(右)手将阴茎送入包皮中。切忌粗暴推下或抽打。

采精员在采精过程中，要随时注意安全，防止公猪突然倒下压伤或踩伤。

四、精液的处理

精液处理包括精液品质评定、精液稀释、精液保存和运输。

(一)精液品质评定

采精结束后，应将精液迅速放于37℃恒温箱中或水浴锅中，并尽快进行品质评定。精液品质评定包括精液量、气味、颜色、精子密度、形态和活力6项指标。

1.精液量　精液量可直接从集精瓶刻度上观察到，如无刻度可通过称重换算。精液量一般为150～500 mL，多数为150～

350 mL。

2.颜色与气味 猪的精液正常色为乳白色或灰白色，略有腥味。如果精液呈红褐色，可能混有血液；如呈黄、绿色并有臭味，则可能混有尿液或脓汁。这样的精液不能使用，应立即寻找原因。如属公猪生殖器官炎症引起的，应及时进行治疗。

3.精子密度 精子密度在显微镜下用估测法可分为密、中、稀和无4级。精子间的空隙小于1个精子的精液为密级，小于1～2个精子的为中级，小于2～3个精子的为稀级，无精子的精液应废弃。通常认为，每毫升猪精液约含3亿精子以上为密，1亿～3亿为中，1亿以下为稀。

精子密度还可在400～600倍显微镜下，通过血球计数器精确计算，也可用分光光度计测定精子密度。

4.形态 正常精子在显微镜下呈蝌蚪形，如看到双头、双尾、无尾等畸形精子超过20%，所采精液应废弃。

5.活力 精子活力是以直线前进运动的精子占总精子数的比率来确定的。一般用“十级评分法”进行评定。检查时，先用灭菌的细玻璃棒蘸取滤过后的原精液1滴（高粱粒大小），点在清洁的载玻片上，盖上盖玻片，在250～400倍显微镜下检查，检查时光线不宜太强，室温保持18～20℃，载物台、载玻片和精液局部温度应保持在35℃左右。直线前进运动的精子占100%则评定为1分；90%评定为0.9分；80%评定为0.8分，依此类推。正常情况下用于输精的精子活力不低于0.7分，活力低于0.5分的精液应废弃。

（二）精液稀释

精液稀释是在精液中加入适宜于精子存活并保持其授精能力的稀释液。其目的是增加精液的容量，扩大可配种母猪头数；延长精子存活时间，便于保存和长途运输。精子直接吸收葡萄糖，减少自身的营养消耗，从而延长存活时间。精液黏附性腺分泌物对精子有一定不良影响，稀释后冲淡了分泌物的浓度，也有利于精子存活。稀释液必须对精子无害，与精液渗透压相等，呈中性或微碱性。

稀释精液时，凡与精液直接接触的器材和容器，都必须经过消毒处理，其温度与精液温度保持一致。使用前用少量同温的稀释液先冲洗一遍，或者是用一次性容器或内衬一次性食品袋。采集的新鲜精液应在 10 min 之内（最好在 5 min 之内）加入稀释液。加稀释液时，应分两步，第一步先按 1∶1(1∶(0.8～1.5))的比例将与原精液温度相同（温差不超过 1℃）的稀释液沿瓶壁徐徐倒入原精液中，第二步稀释在 10～40 min 进行，稀释到所需要的倍数。

稀释的倍数应根据原精液的密度、活力、输精量与所需输入有效精子数来确定，多数为 50～100 mL（一般 80 mL），有效精子数为 20 亿～35 亿，精液稀释倍数多为 10～15 倍。

（三）精液保存和运输

稀释后的精液应分装在一个输精量的小瓶内，要注意装满不留空气，瓶口封严。自然降温，放在 17℃（10～20℃）的环境中保存（恒温箱、旱井等）。通常保存时间为 48 h，如原精液质量好，稀释得当可保存 72 h 或更长。

按以上保存的精液可直接运输，在运输过程中要避免振荡。冬、夏季的精液运输应用保温箱，以装冷水或热水的水瓶来调节箱内温度，防止精液温度突然升高或降低，尽可能一直在 17℃的温度下。

五、输精

输精是人工授精的最后一个技术环节，也是人工授精成败的关键。能否达到输精的预期目的，应掌握输精的适宜时间（与本交相同）；保证优质精液；采用得当的输精方法。

精液的质量是影响人工授精受胎率的重要因素之一。输精前，对经过贮存和长途运输的精液要再次检查其精子活力，以便根据精子活力确定输精剂量。

输精前，从17℃保存箱取出的精液，轻轻摇匀，用已灭菌的滴管取1滴放于预热的载玻片，置于37℃的恒温板上片刻，用显微镜检查活力，精液活力≥0.7，才可用于输精。输精前可以每分钟升温1℃的速度把精液升温到20～25℃，不宜超过30℃，也可不升温直接用于输精。输精管最好用一次性输精管，后备母猪一般选择螺旋头输精管，经产母猪选择泡沫头输精管，在一次性输精管上涂上专用润滑剂。用纸巾将母猪外阴及阴门裂内擦干净，然后以斜角30°～45°向上插入阴道中，要注意避开尿道开口，在输精管进入10～15 cm之后，转成水平插入，当插入25～30 cm到达子宫颈时，会感到输精管前端稍有阻力，此时可逆时针方向转动输精管，推入4～5 cm，然后轻轻外拉输精管，感到有一定阻力，放手时输精管弹回，说明输精管头锁定在子宫颈内，即可将装有精液的塑料瓶尖头接到输精管上，开始输精。输精时抚摸母猪的乳房或外阴、压背刺激母猪，使其子宫收缩产生负压，将精液吸进；输精时勿将精液挤入母猪生殖道内。输精时间至少要3～5 min，一般5～10 min。当塑料瓶里的精液全部输入后，要让输精管保持原状3～5 min，慢慢转动拔出输精管或让输精管继续停留于阴道内，由阴道括约肌收缩使其自行退出。输精管出来后，应检查输精管头是否有血迹，以判断是否插错位置和插入力度太大，并采取相应措施。输精最好在限位栏或配种栏内进行，以便于操作。

第三节　妊　娠

母猪的妊娠期平均114 d(111～117 d)，这个时期应根据胚胎生长发育规律，母猪新陈代谢特点和营养需要，采取相应的有效措施，以保证胚胎在母体内得到正常生长发育，减少中死，防止流产，以获得健壮、出生窝重大的仔猪，并保证母猪在断乳时仍保持中上等膘情。

一、胚胎的生长发育与死亡规律

胚胎的生长发育特点是前期形成器官，后期增加体重。器官在21 d左右形成，体重的60%以上是在怀孕最后20～30 d内增长的。

母猪每个情期排卵20个左右，卵子的受精率大多在95%以上，但每胎产活仔仅10头左右，说明约有一半的受精卵在发育过程中死亡。胚胎在发育中的死亡并不均衡，而是有3个死亡高峰。第一个死亡高峰是在怀孕后第9～13天，死亡胚胎占胚胎总数的20%～25%；第二个死亡高峰是在怀孕后第18～23天，死亡胚胎占胚胎总数的10%～15%；第三个死亡高峰是在怀孕后第60～70天，死亡胚胎占胚胎总数的5%～10%；妊娠后期和临产前的死亡也占5%～10%。

二、妊娠母猪的新陈代谢特点

妊娠母猪合成代谢效率高，特别是妊娠前期，据测定，母猪在妊娠期的增重远高于喂同等日粮的空怀母猪(表3-21)。根据这一特点，妊娠母猪宜采用低营养水平饲养。

表3-21　妊娠与空怀母猪的体重变化　kg

项目	采食量	配种体重	临产体重	产后体重	净增重	相差
试1妊娠	418	230	308	284	54	
试1空怀	419	231	270	270	39	15
试2妊娠	225	230	274	250	20	
试2空怀	224	231	235	235	4	16

妊娠期增重的内容包括母体本身组织增长和子宫及其内容物(胎儿、胎膜、胎水)的增长，在妊娠前期的妊娠增重中，母体本身组

织增长占绝大部分，子宫内容物的增长随妊娠期的延长而加速，到妊娠后期，子宫内容物的增重占一半以上(表 3-22)。据此，母猪在妊娠后期宜提高营养水平。

表 3-22　妊娠各阶段母猪及其子宫内容物的变化　　g

项目	妊娠期			
	0～30 d	31～60 d	61～90 d	91～114 d
日增重	647	622	456	408
骨与肌肉	290	278	253	239
皮下脂肪	160	122	−23	−69
板油	10	−4	−6	−22
子宫	33	30	38	39
子宫内容物	62	148	156	217

并且妊娠母猪对能量敏感，高能量水平降低母猪的产仔数；妊娠期高营养水平还影响泌乳期母猪的食欲与采食量。

三、妊娠母猪的营养与饲养

根据妊娠母猪的营养利用特点和增重规律，通常把整个妊娠期划分为前期和后期(0～80 d,80～114 d)或前期、中期和后期(0～40 d,40～80 d,80～114 d)。母猪在妊娠前期对营养的需要主要是用于自身生命的维持和复膘，初产母猪还要用于自身的发育，胚胎发育所需极少。妊娠后期胎儿生长发育迅速，对营养要求需要增加。因此，饲养妊娠母猪的原则是：前期营养要全面，保证胎儿器官的形成；后期营养水平要高，保证胎儿的增重，全期应控制能量水平不要过高。

青年母猪在妊娠期前期每天喂 1.8～2.5 kg 饲料，(含消化能 20～28 MJ)，经产母猪每天喂 1.6～2.3 kg 饲料(含消化能 17.6～25.5 MJ)，妊娠后 1/3 阶段，日给量在原基础上增加 0.3～0.4 kg。在整个妊娠期的总增重，青年母猪应为 40～45 kg，经产母猪应为 30～35 kg。如果妊娠期间母猪采食能量过高，则会使母猪变肥，子宫周围沉积大量脂肪，影响胎儿发育，增加死胎数，据测定，膘肥母猪较膘情较差母猪死胎率高 8 个百分点；妊娠期间采食能量过高还会使母猪在泌乳期食欲降低，采食量减少，母猪失重过多，推迟下次发情配种的时间（表 3-23）。据测定，在维持需要基础上，每提高 6.28 kJ 消化能，产仔数减少 0.5 头（表 3-24）。能量水平过低则减小出生重。

表 3-23　母猪在妊娠期的采食量与泌乳期采食的关系　kg

项目	妊娠期采食量				
	0.9	1.4	1.9	2.4	3.0
妊娠期共增重	5.9	30.3	51.2	62.8	74.4
泌乳期日采食量	4.3	4.3	2.6	3.9	3.4
泌乳期体重变化	+6.1	+0.9	−4.4	−7.6	−8.5

表 3-24　初配母猪在妊娠初期能量水平对胚胎存活的影响

试验次数	配种后饲养天数	活胚数		活胚率/%	
		限食 (20.9 MJ)	不限 (38.1 MJ)	限食 (20.9 MJ)	不限 (38.1 MJ)
13	25	9.7	9.9	77	74
12	28～31	11.6	11.8	78	74
15	37～43	9.3	8.8	80	69

粗蛋白水平一般 13%～15%，过高增加饲料成本，过低也会影响仔猪存活力与初生重（表 3-25），并降低以后各胎的繁殖性能。同时应注意钙、磷、微量元素和多种维生素的充分供应。

为了合理饲养妊娠母猪，生产上应具体情况具体对待。对于体况较好的成年母猪，宜采用前粗后精的饲养方式，即前期胎儿增重少，母猪胃肠容积也大，可多喂些青粗饲料，尤其是青绿饲料，这样既可完善营养，又可节约饲料；而后期则加喂精料，提高营养水平。对于带仔多、泌乳力高、膘情较差的母猪，为恢复体况，宜采用抓两头带中间的饲养方式，即在前期应适当加喂精料，待体况恢复后，再减少精料量，到妊娠后期再增加精料喂量。对于正在生长的青年母猪，应采用步步登高的饲养方式，即开始可喂些青粗饲料，以后随胎儿的增长逐步增加精料比例，以保证胎儿及母猪本身的生长发育。

表 3-25　母猪在妊娠初期蛋白水平对繁殖性能的影响

试验次数	蛋白质/(g/d)		产活仔数/头		初生重/kg	
	限制	足够	限制	足够	限制	足够
6	2	225	8.8	9.39	0.93	1.15
10	83	354	11.0	10.6	1.18	1.22
17	156	350	9.5	9.5	1.29	1.29
10	306	480	11.4	11.5	1.32	1.32

生产上判断母猪体况可用五级分进行评定：

1 分为消瘦，皮下腰角（髂骨外角）及脊椎背部突出，肉眼观察明显可见。2 分为瘦，腰角及脊椎背部用手摸得出。3 分为理想，腰角及脊椎背部用手重压可感觉到。4 分为肥，腰角及脊椎背部无法感觉。5 分为过肥，腰角及脊椎背部完全被脂肪覆盖，腹部底线中间部位肥胖突出，后侧观两腿间脂肪下垂。

母猪的饲养必须注意到体况，在怀孕后期可以容许 3.5 分，在断乳时可以容许 2.5 分，其他阶段均以保持 3 分为宜。如果猪场配有猪活体测膘仪，可在母猪第 10 肋骨上方，距背中线 4 cm 位置测量背膘厚度，3 分母猪背膘在 16～20 mm，3.5 分时在 25 mm，2.5 分时在 12 mm。其背膘厚度与品种及该品种的瘦肉率有一定关系，实际中应给予考虑。

根据母猪体况，可参考表 3-26 调整饲喂量。

母猪饲喂量还应考虑母猪体格大小和所处的环境温度。母猪体格越大，其维持需要量越大，对饲料要求的数量越多。一般母猪体重每增加 10 kg，能量需求增加 5%，表 3-27 为妊娠母猪推荐了一个饲喂量参考表。猪只所处环境温度如果低于临界温度，由于寒冷产热维持体温而增加猪对饲料需求量，一般每比临界温度下限低1℃，每天每千克代谢体重产热量增加15.48～18.83 kJ，一头体重200 kg的猪每天至少需增加90～110 g饲料。

表3-26 根据母猪体况评分确定的饲喂量调整值 kg

体况评分	饲喂量调整值
1.0	+0.60
1.5	+0.40
2.0	+0.30
2.5	+0.20
3.0	0.00
3.5	-0.20
4.0	-0.30
4.5	-0.40
5.0	-0.60

引自 Wittemore,C. ,Alberta Pork Congress Proceedings. 1984.

表3-27 妊娠母猪体重与推荐喂量

母猪体重/kg	饲料/(kg/d)	预计母猪体重增加/kg
120	2.0	30
140	2.1	25
160	2.2	25
180	2.3	20
200	2.4	20
220	2.5	20
240	2.6	15

引自 Aherne,1990.

为防止产后不食或高烧，对于膘情正常的母猪，在分娩前3～5 d开始减料，减料量为正常喂量的1/3左右。

饲喂妊娠母猪还要注意日粮体积，一是应保证预定的日粮营养水平，二是妊娠母猪不感到过分饥饿，三是不压迫胎儿。其方法是根据胎儿发育的不同阶段，适时调整精粗料比例，后期适当增加饲喂次数。母猪不应喂给发霉变质的饲料，未经脱毒的棉籽饼、菜籽饼、农药残毒饲料、酸性过大的青贮饲料、粉浆和粉渣、含酒精过多的酒糟不能喂给怀孕母猪，必要时可少量搭配。

为了防止母猪发生便秘，分娩前应适当加喂轻泻剂，Richard 的研究证明，加喂日粮 1.65% 的氯化钾具有明显的轻泻作用，0.55%～1.1%水平可提高泌乳母猪的采食量。

四、妊娠母猪的管理

妊娠母猪可采用限位栏饲养，也可每 4～6 头一圈群饲，每头占圈面积不低于 1.6～1.7 m^2，后期宜单圈饲养。注意防止相互拥挤、咬架、滑倒、鞭打、惊吓、追赶，以免机械性流产。

气温超过 32℃就会引起胚胎的大量死亡，所以夏季应注意防暑降温，减少中死。

第四节　分　　娩

一、分娩前的准备

根据母猪的预产期推算(114 d)，产前 7 d 应准备好产房。产房要求温暖、干燥、卫生、通气、安静、舒适。产房温度一般要求 15～22℃，最好在 18～20℃，并配备仔猪保温箱，箱内温度 25～32℃；进猪前应对产房进行彻底消毒，地面用 2%火碱水喷洒，墙壁用 20%石灰乳粉刷，器具用 2%～5%的来苏儿或 0.5%的过氧乙酸消毒；产前 3～5 d 将猪赶入产房。产前还应准备好接产用具，包括消毒液、毛巾、碘酒、耳号钳、剪刀、台秤、产仔记录等。

二、分娩预兆

根据产前表现可以大致预测分娩时间(表 3-28),以便做好接产准备。

表 3-28 产前表现与产仔时间

产前表现	距产仔时间
乳房胀大	15 d 左右
阴户红肿,尾根两侧下陷	3～5 d
挤出透明乳汁	1～2 d
叼草做窝	8～16 h
挤出乳白色乳汁	6 h 左右
呼吸 90 次/min	4 h
躺下、四肢伸直、阵缩间隔缩短	10～90 min(产前 1 d 50 次/min)
羊水流出	1～20 min

母猪正常分娩多在夜间,给管理带来诸多不便。为了调控母猪,使其在白天分娩,生产上有时采用前列腺素处理,如陆海平(1998)用氯前列腺烯醇诱发母猪同期分娩的效果见表 3-29。

表 3-29 氯前列腺烯醇诱发母猪同期分娩的效果

项目	妊娠 112～113 d 每天早 7～8 点 注射氯前列腺烯醇 2 mL (0.2 mg)	对照
处理头数	64	36
注射至开始产仔时间/h	23.9	63.8
10～20 h 内的产仔率/%	15.6	—
20～30 h 内的产仔率/%	84.4	—
产仔持续时间/h	4	4.1
窝均产仔数	9.43	9.92
窝均产死仔数	0.59	0.64
白天分娩头数	48	18
白天分娩率/%	75	50

陆海平.养猪.1998,3.

据报道，母猪产前注射氯前列腺烯醇可以控制分娩时间和产程；产后注射可以清洁子宫，防止子宫炎等（表 3-30）。

表 3-30　注射氯前列腺烯醇对母猪繁殖行为的影响

项目	产前 48 h 注射氯前列腺烯醇 1 mL	产后 36～48 h 注射氯前列腺烯醇 1 mL	产前 48 h 注射氯前列腺烯醇 1 mL；产后 36～48 h 注射氯前列腺烯醇 1 mL	对照
处理头数	25	25	25	25
白天分娩头数	16	7	22	6
白天分娩率/%	64	28	88	24
3 h 以内分娩头数	23	11	22	9
3 h 以内分娩率/%	92	44	88	36
3.5 h 以内分娩头数	25	21	25	21
3.5 h 以内分娩率/%	100	84	100	84
平均持续时间/h	140	180	138	188
产后恶露持续时间/min	141.4	202.6	141.5	211.0

陆海平. 养猪. 1998,3.

三、接产

（一）接产步骤

1. 清洗　母猪出现阵缩后，要清洗掉乳房及臀部污物，用 2%～5%的来苏儿消毒，然后再洗净擦干。

2. 擦净黏液　仔猪出生后，立即掏出口鼻黏液，用毛巾将全身顺毛擦净，红外线灯下烤干。

3. 断脐　擦净黏液后，将脐带内血液向仔猪腹部方向挤压，然后距腹部 4 cm 左右将脐带用手掐断，碘酒消毒。

4. 仔猪编号、称重、记录卡片　打耳号有剪口法和耳标法。剪口法是用耳号钳在猪耳上剪上缺口，每一缺口代表一个数字，一般是1、3、5、10、30、100、200、400、800，把缺口的数字相加，即为该仔猪号。耳标法是把诸多号数写在购买的耳标上，用专门耳号铅将其固定在猪耳上。然后称重，登记卡片。

5. 给奶　做完上述工作，立即让仔猪吃奶。

(二)假死猪的急救

有的仔猪因黏液堵塞气管或脐带在产道内过早拉断等原因，出生后停止呼吸，但心脏还在跳动，称为"假死"，急救办法是将仔猪四肢朝上，一手托肩，一手托臀，一屈一伸反复进行，直到仔猪叫出声为止。对于救活的仔猪应特殊护理2～3 d，使其尽快恢复健康。

(三)难产处理

猪是多胎动物，胎儿较小，一般很少难产，但个别母猪应因过肥或过瘦、气温过高、有病、初产母猪体重过小等原因，有可能造成难产。母猪分娩间歇5～25 min，平均10 min，产仔持续1～4 h，一般1～2 h。如果产仔间隔过长，母猪长时间阵痛或努责，仍不见胎儿产出，即可判定为难产。这时可注射垂体后叶激素15～25 IU、强心剂2～3 mL，并按摩乳房，一般10～20 min即可产出。如不能奏效，可人工助产，方法是先将指甲剪平磨光，将手及手臂洗净消毒，涂润滑剂，然后五指并拢，在母猪阵缩间歇轻轻旋转深入产道，当摸到仔猪后，随母猪阵缩轻轻拉出胎儿，以后的胎儿有可能顺产，有时全窝仔猪都要靠人工掏出。产完后，给母猪注射抗菌素或其消炎药物，以免产道感染。

(四)胎盘的排出与产圈的清理

胎盘于产后10～30 min可自行排出，否则应注射催产素促其排出。胎盘排出之后应及时将产圈清理干净。

第五节　泌　乳

一、母猪的泌乳特点与规律

乳房结构与乳汁的排放：母猪有 7 对左右的乳头，每个乳头由 2～3 个乳腺团组成，每个乳腺团又以乳腺管汇集成一根乳头管通向乳头外端，没有乳池；各乳头间相互没有联系。

(一)乳汁的成分

母猪的乳汁按营养成分和生理作用分为初乳和常乳，初乳是母猪分娩后 3 d 内分泌的淡黄色乳汁，此后的乳汁称常乳。初乳和常乳营养成分见表 3-31。

表 3-31　母猪初乳和常乳营养成分　　%

项目	干物质	蛋白质	脂肪	乳糖	灰分	铁/(μg/100 g)	生长素/(mg/100 g)
初乳	25.16	17.77	4.43	3.46	0.63	26.5	5.3
常乳	19.89	5.59	8.25	4.81	0.94	179.0	1.4

初乳中干物质、蛋白质、铁、生长素含量高，维生素 A、维生素 C、维生素 B_1、维生素 B_2 含量高，营养丰富。镁盐含量高，具有轻泻作用，可促使胎粪排出；酸度高，具有抑菌和助消化的作用；生长素含量高，可有效促进胃肠的发育，第一天便可增加 30%。初乳最大的特点是含有免疫抗体，是初生仔猪获得免疫力的唯一途径，仔猪吃不到初乳很难成活。

(二)乳汁的排放

猪的乳房没有乳池贮积乳汁，所以，只有在分娩后的前一二天，在催产素的作用下，乳汁可随时排出。随后变为定时放乳，其放乳过程首先是仔猪发出尖叫或母猪主动发出喂奶信号，经仔猪 1～2 min 的拱揉，母猪才开始放乳。母猪放乳时间很短，一般

10～20 s,放乳间隔地方品种一般 50～60 min,引入品种 60～90 min。在一个泌乳期,前期泌乳时间长,间隔时间短,后期泌乳时间短,间隔时间长。

(三)泌乳量

母猪乳房间相互独立,其泌乳量依位置不同而不同,位于前部的乳房泌乳量一般高于后部(表 3-32)。

表 3-32 哈白猪乳头乳导管数及泌乳量

项目	乳头位置						
	第一对	第二对	第三对	第四对	第五对	第六对	第七对
乳导管数/根	2.25	2.07	2.04	2.04	2.05	2.02	2.00
相对泌乳量/%	100	96.8	93.4	97.2	96.0	95.3	74.1

整个泌乳期的泌乳量也不平衡,产后呈增长趋势,至 3～4 周达高峰,以后逐渐下降(表 3-33)。

表 3-33 母猪泌乳期各阶段泌乳量

泌乳周次	1	2	3	4	5	6	7	8
泌乳量/kg	5	6.5	7.1	7.2	7.0	6.6	5.7	4.9

初产母猪乳腺发育不完全,缺乏哺育经验,泌乳量较低,2～3 胎泌乳量上升,3～6 胎保持一定水平,以后下降。

母猪的泌乳量与带仔多少有关,带仔数越多,泌乳量越高。

母猪的泌乳量还与饲养管理水平有关,充足的营养,合理的饲养、安静、凉爽、舒适的环境可提高泌乳量。

二、泌乳母猪的饲养管理

饲养泌乳母猪的中心任务是提高母猪泌乳量,保证仔猪的健康与增重,防止母猪失重过多,以免降低下一胎的繁殖性能。

分娩后,母猪日产乳量 4～8 kg,在整个泌乳期负担都很重,所以应加强营养,控制母猪失重不宜过高(表 3-34)。

表 3-34　饲养水平对泌乳母猪繁殖力的影响

项目	试验次数	高	低
母猪泌乳期失重/kg	1	5.1	30.0
仔猪断乳窝重/kg	1	68.7	62.3
母猪断乳至下次配种间隔/d	16	11.5	16.3
早期胚胎存活率/%	3	78	64
窝活仔数/头	4	10.7	9.8

Hughes,1989,1993.

母猪分娩过程中一般不喂料，产后 12 h 只给 0.5～1 kg 料，但必须保证充足的饮水，以后每日增加 0.5～1 kg，直至泌乳期正常喂量。泌乳期喂量一般为每天 4～5.5 kg，折合消化能 58～78 MJ。生产上还应根据猪的品种、体重大小、带仔多少、泌乳力高低适当调整喂量。母猪日粮粗蛋白水平应保持在 13%～16%，并注意矿物质、微量元素和多种维生素的供给。

母猪产后应密切注意其吃食、排泄、呼吸、体温、乳房等的变化，发现异常及时处理，防止乳房炎、子宫炎、无乳综合征候群的出现。为了保证猪的采食量，每日应喂 3～4 次，泌乳高峰期夜晚加喂一次。对于泌乳不足的母猪，尤其是初产母猪，应及时进行人工催乳，其方法是加喂动物蛋白饲料或青绿多汁饲料。

生产上最好应专门设有产房(带仔母猪舍)，每头母猪一圈或一个产床，并经常保持舍内温暖、干燥、安静、舒适、卫生。

第六节　后备猪的选留与种母猪的淘汰

一、种猪选留的一般原则

(一)种公猪的选择

1. 体型外貌　体型外貌复合品种特征，体质结实，肌肉发达，结构匀称，四肢健壮，生殖器官发育正常，乳头 7 对以上。

2. 繁殖性能　性欲良好，配种能力强，精液检查品质优良。

3. 生长肥育与胴体性状（重点）　要求增重快，饲料利用率高，背膘薄，瘦肉率高。

（二）种母猪的选择

1. 体型外貌　体型外貌复合品种特征，体质结实，结构匀称，四肢健壮，生殖器官发育正常，乳头 7 对以上，排列整齐，无瞎乳头和副乳头。

2. 繁殖性能（重点）　发情明显，易受孕，产仔数多，泌乳力强，断奶窝重大。

3. 生长肥育性状　要求增重快，饲料利用率高，背膘薄，瘦肉率高。

二、后备种猪的选留

后备猪的选择一般经过 4 个阶段。

（一）断奶时

在商品猪场，断奶时选留数量应为终选数量的 3～10 倍。

要求符合品种特征，没有遗传缺陷；有效乳头 7 对以上，生殖器官发育正常；来自产仔数高、断奶窝重大的母猪；并注重父母性能。

（二）5～6 月龄时

体型外貌及肥育性状已经表现出来，是选种的关键时期。选留量应为终选数量的 110％～130％。

体型外貌符合品种特征，体质结实，肌肉发达，结构匀称，四肢健壮，生殖器官发育正常，无瞎乳头和副乳头。不符合个体应先行淘汰。

其余多数个体应按生长速度和背膘厚等经济性状构成综合选择指数进行选留或淘汰。

(三)配种时

淘汰7.5月龄尚无发情征兆个体;淘汰2个情期配种仍返情个体。

(四)一或二胎仔猪断奶后(终选阶段)

主要根据产仔数、断奶窝重、母猪泌乳性能、母性等进行选留或淘汰。

三、基础母猪的淘汰

(一)母猪的淘汰率

在育种场,为了遗传改良,主要淘汰遗传性能低下个体;在商品猪场,主要淘汰老弱病残及生产性能低下个体,为的是保证种猪群的壮龄化、健康化和高性能化。

在商品猪场,母猪一般利用到7胎上下,年更新率在30%左右。母猪利用胎次(或年限)与母猪年更新率的关系见表3-35。

表3-35　母猪利用胎次(或年限)与母猪年更新率的关系

每头母猪分娩窝数	按155 d的产仔间隔,母猪在群年数*	每年的更新率/%
3	1.27	79
4	1.70	59
5	2.13	47
6	2.55	39
7	2.98	33
8	3.40	29
9	3.83	26
10	4.25	23

注:*年数等于从第一窝到最后一窝的时间。

(二)母猪淘汰的一般原则(或标准)

1. *老弱病残母猪*　肢蹄有问题的母猪;子宫流脓的母猪;病弱

母猪；老龄母猪；淘汰过于肥胖和过于瘦弱的母猪。

2. 生产性能异常的母猪　两个情期配种不孕的母猪；连续两胎产仔少的母猪。

3. 生产性能低下的母猪　泌乳力低，断奶窝重小的母猪；后代增重慢、背膘厚、胴体品质差的母猪。

(三)母猪的淘汰计划

500 头基础母猪的猪场，淘汰率 30%，则年更新 150 头，每周 3 头，则每周应配种后备猪 5 头，85%受胎率，受胎 4 头，根据 1～2 胎繁殖成绩，淘汰 1 头，留 3 头转入基础群，按以上原则进行淘汰。健康水平差的猪群，淘汰率还应提高。

每周配种的母猪数按 85%受胎率算，20 张产床应保证有 21 头以上的母猪配种保证 20 头母猪产仔上产床，到配后 21 d 妊检后，淘汰多余的受胎母猪。

第四章 仔猪的饲养管理

仔猪是猪一生的开始阶段，生长最快、饲料利用率最高，也是适应性最差、生产性能最容易受影响的阶段。充分了解仔猪的生理特点，合理提供仔猪所需各种营养，加强仔猪的饲养管理，对于提高养猪的整体生产水平、提高肉猪质量至关重要。仔猪阶段一般分为 2 个时期，即靠吸食母乳为主要养分来源的哺乳期和离开母乳靠饲料为养分来源的断乳期。因此，仔猪阶段分为哺乳仔猪阶段和断乳仔猪阶段。这两个阶段的仔猪各有不同的特点和生产管理要求。

第一节 哺乳仔猪的养育

哺乳仔猪（又称乳猪）饲养管理的目的，是根据仔猪的生长发育和生理特点，采取相应的饲养管理措施，提高哺育成活率和最大断奶窝重和断奶个体重，使仔猪安全渡过断奶关，以利于育成和育肥期正常生长发育。

一、仔猪的生理特点

仔猪的生理特点是生长发育快和生理上的不成熟，造成仔猪饲养难度大，成活率低。

（一）生长发育快，物质代谢旺盛

仔猪出生时体重小，仅 1 kg 左右，不到成年体重的 1%，出生后生长发育非常迅速，30 日龄可达出生时的 4～7 倍，60 日龄为 30 日龄时的 2.5～3 倍。笹崎龙雄对长白猪 56 窝 592 头哺乳仔

猪资料统计，其生长发育结果列于表 4-1。仔猪这种强烈的生长是以旺盛的物质代谢为基础的，20 日龄的仔猪，每千克体重沉积的蛋白质相当于成年猪的 30～35 倍，代谢能为 3 倍。可见仔猪对各种营养物质的需要非常迫切，必须设法保证，以免影响其性能的正常发挥。

表 4-1 仔猪的发育

项目	日龄						
	出生	10	20	30	40	50	60
平均体重/kg	1.5	3.24	5.72	7.25	10.56	14.54	18.65
体重范围/kg	0.9～2.2	2.0～4.8	3.1～7.8	4.2～10.8	5.4～15.3	8.9～22.4	11.0～27.2
增长倍数	1.0	2.16	3.81	4.83	7.04	9.71	12.43

猪体内水分、蛋白质和矿物质含量随年龄的增长而降低，而沉积脂肪能力则随年龄的增长而提高。形成蛋白质所需要的能量比形成脂肪所需要的能量约少 40%，所以小猪比大猪长得快，更能经济有效地利用饲料，这是其他家畜不可比拟的。

(二)消化器官不发达，消化腺机能不完善

在出生时，仔猪消化器官的重量与容积都很小，胃重只有 4～8 g，容积 25～50 mL。20 日龄时胃重增加 4～7 倍，容积扩大 3～4 倍，60 日龄时胃容积扩大 20 倍，肠容积扩大 50 倍，消化器官的强烈生长一直保持到 6～8 月龄，此后才开使降低，13～15 月龄接近成年猪的水平。猪的体重与消化器官的增长速度如表 4-2 所示。可见幼猪的消化器官不发达，决定其每次的采食量相对较小。

幼猪的消化特点还表现在饲料通过消化道的速度快。食物进入胃后，到完全排空的时间，15 日龄时为 1.5 h，30 日龄为 3～5 h，60 日龄为 16～19 h；常规日粮通过消化道的时间，30 日龄时为 24 h，70 日龄时为 35 h。由此决定幼猪应采用自由采食或多次饲喂。

表 4-2　猪的体重与消化器官的增长速度

项目	0 周龄	4 周龄	8 周龄	16 周龄	20 周龄	22 周龄	24 周龄
体重/kg	1.34	5.90	13.20	36.10	52.10	71.40	100.00
胃重/g	5.9	38.9	137.3	368.2	448.1	570.0	599.8
胃重占体重/%	0.44	0.66	1.04	1.02	0.86	0.80	0.70
小肠重/g	21.4	218.3	316.8	1 010.8	1 302.5	1 400.0	1 570.8
小肠重占体重/%	1.60	3.70	2.40	2.80	2.50	1.96	1.57
大肠重/g	7.5	40.1	188.8	617.3	880.5	889.6	1 020.0
大肠重占体重/%	0.56	0.68	1.43	1.71	1.69	1.26	1.02

仔猪出生后凝乳酶、乳糖酶、胰蛋白酶和脂肪酶就有较高的活性。凝乳酶随年龄而增长，随固体食物食入的增多而下降，凝乳酶的作用是凝固乳汁，延长乳汁在消化道的停留时间，有利于乳汁的消化和吸收；乳糖酶 1 周龄时达高峰，以后逐渐下降，7 周龄时降至成年水平；胰蛋白酶 3 周龄后进一步提高；脂肪酶一直保持一定水平。这几种酶的活性就决定幼龄猪能很好地利用乳汁中几乎所有的干物质成分，包括乳糖、乳脂和乳蛋白。

仔猪胃和神经系统之间的联系还没有完全建立，缺乏条件反射性的胃液分泌，只有当食物进入胃内直接刺激胃壁后，才分泌少量胃液。仔猪出生后胃蛋白酶以胃蛋白酶原形式存在，没有活性，不能消化蛋白质，只有在胃内游离盐酸的作用下才能将其激活，而初生仔猪胃底腺不发达，不能制造盐酸，胃液中的游离盐酸，一般在 20 日龄时才开始出现，35 日龄左右才能使胃蛋白酶表现出活性，70～90 日龄盐酸浓度才接近成年水平。所以幼猪对植物性蛋白利用能力较差；初生仔猪胰淀粉酶、麦芽糖酶、蔗糖酶活性很低，随后迅速增长，3 周龄时就已达较高水平，5 周龄以后已增长很缓慢。葡萄糖不需消化，适于任何日龄的仔猪；乳糖适于幼猪，不适于 5 周龄以后的猪；仔猪出生后很快就能消化利用麦芽糖，但不及葡萄糖；蔗糖极不适于幼猪，渐进到 9 周龄适宜；果糖不适于极幼猪；木聚糖不适于2周龄前的仔猪；淀粉不适于幼猪，熟食同蔗糖。初生仔猪脂肪酶活性虽然较高，但胆汁分泌不足，缺乏对脂肪的乳化作用，从而限制了仔猪对植物油脂和动物脂肪的利用。3周龄后随着胆汁分泌量的增加，仔猪对脂肪的消化吸收能力才逐步提高。但仔猪的断奶又可使脂肪酶活性显著降低，在生产上应予以注意。

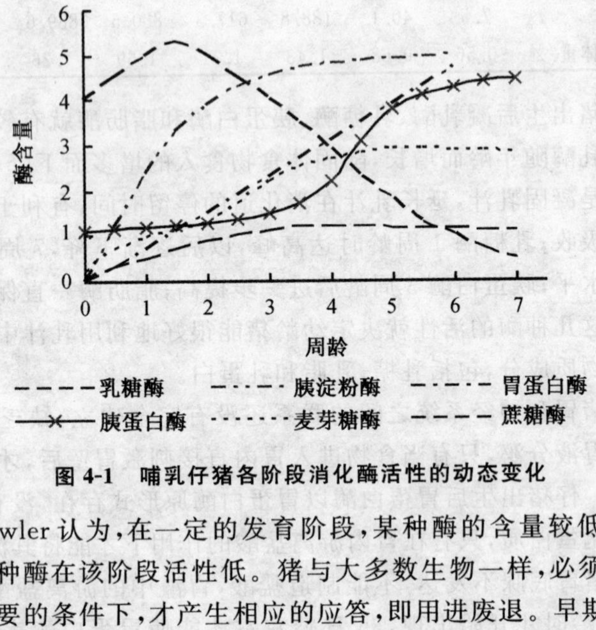

图 4-1 哺乳仔猪各阶段消化酶活性的动态变化

Fowler认为，在一定的发育阶段，某种酶的含量较低并不意味着该种酶在该阶段活性低。猪与大多数生物一样，必须在感到实际需要的条件下，才产生相应的应答，即用进废退。早期给仔猪补料，就可促进胃肠发育，诱导某些相应消化酶分泌量增加，缩短胃肠机能不全期。Rerat和Aumaitre曾用一组35日龄的仔猪，研究了由以乳汁为主转换为富含淀粉的饲料对胰淀粉酶的影响，在转换后5 d内，其影响很小，但在这一诱导期后，胰液中的淀粉酶急剧增长(图4-2)，从而证明了仔猪早期补料的重要性。

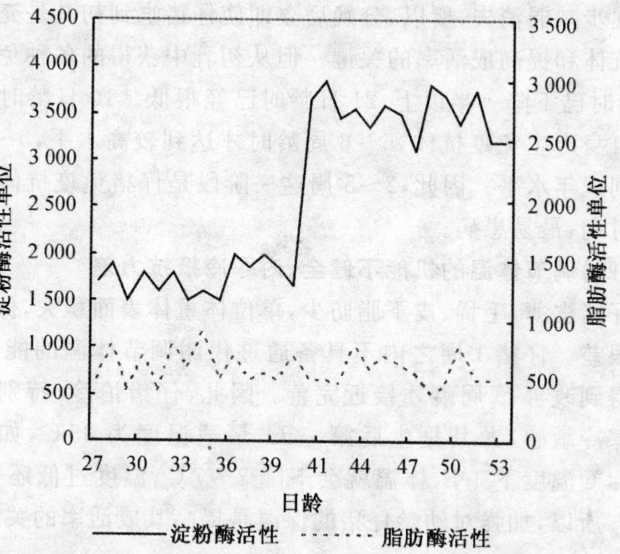

图 4-2 乳汁转换为以淀粉为主的饲料前后胰酶活性变化

(三)缺乏免疫力,容易得病

免疫抗体是一种大分子球蛋白,在猪体内起杀灭病毒、细菌,保证猪体健康的作用。胚胎期由于母体血管与胎儿脐带血管之间被 6～7 层组织隔开,限制了母体抗体通过血液向胎儿转移。所以仔猪出生前不能从母体获得免疫抗体,自身也不能产生。

出生后仔猪可通过吃初乳获得免疫抗体。母猪分娩时初乳中免疫抗体含量最高,以后随时间的延长而逐渐降低,分娩开始时每 100 mL 初乳中含有免疫球蛋白 20 g,分娩后 4 h 下降到 10 g,以后还要逐渐减少;初乳中的抗蛋白分解酶可以保护免疫球蛋白不被分解,这种酶存在的时间比较短,如果没有这种酶存在,仔猪就不能原样吸收免疫抗体;仔猪出生后 24～36 h,小肠有吸收大分子蛋白质的能力。不论是免疫球蛋白,还是细菌等大分子蛋白质都能无保留地吸收。当小肠内通过一定的乳汁后,这种吸收能力就会逐步减弱消失，所以，分娩后立即使仔猪吃到初乳是充分获得母源抗体和提高成活率的关键。但从初乳中获得的各种免疫抗体2周龄时已下降一半以上，21日龄时已经很低。10日龄时仔猪才开始自身产生免疫抗体，5～6周龄时才达到较高水平，5～6月龄时达到成年水平。因此，2～5周这一阶段是仔猪免疫抗体青黄不接的时期，最易患病。

(四)调节体温的机能不健全，对寒冷抵抗力差

仔猪皮薄、毛稀、皮下脂肪少，单位体重体表面积大，保温隔热能力很差。仔猪1周之内不具备通过代谢调节体温的能力，1周后才得到改善，3周龄才接近完善。因此，仔猪怕冷，特别1周龄内对寒冷敏感，尤其是生后第一天，最适温度为35℃，如果处于13～24℃温度下1 h，体温就会下降2～7℃，温度过低还会冻僵、冻死。所以，加强对幼龄仔猪的保温是提高其成活率的关键措施。

二、哺乳仔猪死亡分析

仔猪出生时死胎率4%～8%，仔猪出生到断奶，死亡率10%～25%(表4-3)，不仅影响了猪群的发展，而且造成较大经济损失。

表4-3　死胎率及断奶前死亡率

资料来源	产仔数/头	活产仔数/头	断乳仔猪数/头	死胎率/%	断奶前死亡率/%
1	11.2	10.7	8.4	4.2	21.4
2	11.7	10.8	8.1	7.9	24.4
3	8.9	8.3	6.3	7.2	23.6
4	9.8	9.1	7.3	7.1	19.5
5	10.2	9.6	7.9	5.9	17.8
6	10.4	9.8	8.4	5.8	14.3
7	10.2	9.3	8.3	8.3	11.3
8	11.1	10.7	9.5	5.4	11.1

引自 Hughes(1992)。

(一)死亡原因

有关资料表明,压死或冻死的仔猪占死亡总数的12.75%,下痢死亡占31.16%,肺炎死亡占14.73%,发育不良死亡占8.12%,贫血死亡占8.50%,寄生虫致死占5.19%。又据赵武文的分析,哺乳仔猪非病因死亡占死亡总数的75.9%,病死的占24.1%。非病因死亡中,踩压、弱小致死的占非病因死亡总数的67%,病因死亡中白痢致死占病死总数的57%。以上死亡原因与仔猪的生理特点有密切关系。仔猪消化机能调节的能力差,怕冷,常因环境温度不适患感冒而引发肺炎死亡。另外,刚出生的仔猪,身体软弱,活动能力差,如果护理不当,常会被母猪踩压而死。如能改善饲养管理条件,加强护理,消灭大肠杆菌等肠道传染性病菌,可减少死亡(表4-4)。

表4-4 某种猪场仔猪死亡分析

死因	日龄								合计	死亡率
	3	7	15	20	25	35	45	60	/头	/%
压死冻死	60	50	10	8	5	0	0	2	135	12.82
发育不良	62	15	5	4	0	0	0	0	86	8.16
贫血	0	12	70	8	0	0	0	0	90	8.54
肺炎	20	55	26	35	6	7	7	0	150	14.24
白痢	80	120	90	25	15	0	0	0	330	31.33
寄生虫	0	0	0	0	35	0	0	20	55	5.23
畸形	45	26	9	0	0	0	0	0	80	7.59
心脏病	15	32	2	18	4	1	3	0	75	7.14
白肌,脑炎	0	0	2	7	12	15	6	10	52	4.95
合计	282	310	208	105	77	23	16	32	1 053	100
%	26.6	29.4	19.8	10	7.6	2.1	1.5	3.1	100	

(二)死亡时间

据统计,哺乳仔猪在出生后早期死亡率很高,许多报道3日龄内死亡头数占总死亡头数的50%以上,7日龄内死亡头数占总死亡头数的80%左右(表4-5)。

表4-5 仔猪死亡日龄与死亡率

资料来源	各期死亡头数占死亡总数的百分数		
	1周龄内	1～2周龄	2～3周龄
1	92	5	3
2	79	15	6
3	84	7	9
4	87	9	4

引自Hughes(1992).

(三)死亡体重

仔猪初生重大小既影响增重,又影响成活率。据山西大同市某种猪场资料,初生重0.5 kg以下的仔猪,哺乳期间死亡达80%以上,初生重0.6～1.0 kg的仔猪,哺乳期间死亡占13%,初生重1.1 kg以上的仔猪死亡仅占6%。又据美国依阿华州V. C. Spear等对17 613头仔猪的分析,初生重0.9 kg以上的仔猪成活率为42%,1.35 kg以上的仔猪成活率达82%以上(表4-6)。

表4-6 仔猪初生重与成活率的关系

体重/kg	统计头数	占总头数比例/%	成活率/%
0.9以下	1 035	6	42
0.9～1.08	2 367	13	68
1.13～1.31	4 197	24	75
1.35～1.53	5 012	28	82
1.58～1.76	3 268	19	86
1.80以上	1 734	10	88
总计或平均	17 613	100	77

三、哺乳仔猪的护理

(一)尽早吃足初乳

初乳是母猪分娩后3 d内分娩的淡黄色乳汁。初乳含有丰富的营养物质和免疫抗体，对初生仔猪较常乳有特殊的生理作用，可增强体质和抗病能力，提高对环境的适应能力，初乳中含有较多的镁盐，具有倾泻性，可促进胎便的排出；初乳的酸度较高，可促进消化道的活动。

在一般情况下，如果初生仔猪吃不到初乳，很难成活，即使勉强活下来，往往发育不良，甚至形成僵猪。所以，使仔猪早吃初乳，是仔猪培育过程中至关重要的技术措施。初乳的特殊生理作用，除含免疫球蛋白外，化学成分也有其特殊性。初乳与常乳的化学成分见表 4-7。

表 4-7 母猪初乳与常乳的化学成分

项目	初乳	常乳	初乳/常乳
干物质/%	25.16	19.89	1.26
脂肪/(g/100 g)	4.43	8.25	0.54
蛋白质/(g/100 g)	17.77	5.59	3.07
乳糖/(g/100 g)	3.46	4.81	0.72
灰分/(g/100 g)	0.63	0.94	0.67
钙/(g/100 g)	0.053	0.25	0.21
磷/(g/100 g)	0.21	0.083	0.166
铁/(μg/100 g)	256.0	179.0	1.48
铜/(μg/100 g)	—	20～134	—
维生素 A/(IU/g)	17.1	11.0	1.55
维生素 D/(IU/g)	—	0.55	—
维生素 C/(mg/100 mL)	30.06	13.00	2.31
维生素 B_1/(mg/100 mL)	96.8	61.1	1.58
维生素 B_2/(mg/100 mL)	135.0	137.0	0.99
烟酸/(mg/100 mL)	165.0	836.0	0.20
泛酸/(mg/100 mL)	130.0	427.0	0.30
维生素 B_4/(mg/100 mL)	2.50	20.0	0.13
生物素/(mg/100 mL)	5.3	1.4	3.97
维生素 B_{12}/(mg/100 mL)	0.15	0.17	0.88

(二)固定乳头

母猪乳房的构造和特性与其他家畜不同,每个乳房由2~3个乳腺团组成,没有乳池贮存乳汁,各乳房互不相通,自成一个功能单位。各乳头的泌乳量和品质有所不同,前面乳头泌乳量较高。仔猪因哺乳位置不同其增重也有差异(表4-8)。

表4-8 乳头的乳量与仔猪生长

项目	乳头位次/对						
	1	2	3	4	5	6	7
泌乳量分布/%	23	24	20	11	9	9	4
20日龄仔猪重/kg	5.8	5.9	5.1	5.1	5.1	4.0	3.2
20日龄内增长系数	4.1	4.0	3.4	3.4	3.4	3.1	2.5

猪乳的分泌除分娩后2~3 d是连续的以外,以后则定时排放,一般每隔40~60 min放乳一次,每次放乳时间10~20 s(表4-9)。

表4-9 仔猪哺乳次数

项目	日龄									
	1	2	3	平均	10	17	24	31	38	45
观察窝数	2	2	2	2	5	5	5	5	5	5
哺乳次数	27.5	34.5	42.5	44.8	33.5	34.5	28.0	31.0	29.0	24.0
间隔/min	25.0	41.7	33.9	33.5	40.6	41.7	51.4	46.5	49.7	60.0

仔猪有固定乳头吸乳的特性,一经认定至断奶不变。在仔猪出生后结合自选加以人工辅助,尽快让仔猪选定乳头。一般让弱小仔猪固定在中等泌乳量的乳头上哺乳,既能吃饱又不浪费,较强的乳猪固定在乳量较差的两个乳头上以满足需要,中强乳猪固定在靠前边的乳量多的乳头上,这样可使全窝乳猪都能充分发育。控制个别好抢乳头的强壮仔猪,可把它先放在一边,待其他仔猪都已找好乳头,母猪放乳时,再立即把它放在指定的乳头上吃乳。这

样经 3～4 d 即可建立起吃乳的位次，固定乳头吃乳。如果乳头数量不足时，可将较强的乳猪寄养出去。

(三)保暖防冻

寒冷季节产仔造成仔猪死亡的主要原因是被母猪压死或冻死，尤其在出生后 3 d 以内。在寒冷环境中仔猪行动不灵敏，钻草堆或卧在母猪腋下，易被母猪压死。寒冷易使仔猪发生口僵，不会吸乳，导致冻饿而死。

仔猪的适应温度：1～3 日龄 30～32℃，4～7 日龄 28～30℃，15～30 日龄 22～28℃，2～3 月龄为 22℃。

工厂化养猪实行全年均衡产仔，专门设有产房，产房内设有保温防寒设备如热风炉、暖气、火墙等，产房环境温度最好保持在 18～22℃(哺乳母猪最适合的温度)。在产栏一角设置仔猪保温箱，为仔猪创造一个温暖舒适的小环境。仔猪保温箱有木制、水泥制或玻璃钢制等多种，长 100 cm，宽 60 cm，高 60 cm，箱的上盖有 1/3～1/2 是活动的，人可随时观察仔猪。在箱的一侧靠地面处留一个高 30 cm、宽 20 cm 的仔猪出入口。

在仔猪保温箱内，最常用的局部环境供热设备是采用红外线灯。设备简单，安装灵活方便，只要安上电源插座即可使用。在目前养猪行业中使用最为普遍。红外线灯本身的发热量和温度不能调节，但可以调整灯具的吊挂高度来调节小猪群的受热量。红外线灯泡使用寿命不长，常常由于猪舍内潮湿或清洁猪栏时水滴溅上而提前损坏。吊挂式红外线加热器也是供热设备的一种，其使用方法与红外线灯相似，寿命较长，比较安全可靠，但设备费用较高。还有一种供暖设备是电热保温板，这类保温板的外壳采用机械强度高、耐酸碱、耐老化、不变形的工程塑料制成。保温板可放在猪栏地面的适当位置，也可放在保温箱的地板上。

(四)防压防踩

防压措施有以下几个方面：第一，设母猪限位架。母猪产房内设有排列整齐的分娩栏,在栏内的中间部分是母猪限位架,供母猪分娩和哺乳仔猪用,两侧是仔猪吃乳、自由活动和吃补料的地方。母猪限位架的两侧是用钢管制成的栏杆,用于拦隔仔猪,栏杆长2.0～2.2 m,宽60～65 cm,高90～100 cm。由于母猪限位架限制了母猪大范围的运动和躺卧方式,使母猪不能"放偏"倒下,而只能先腹卧,然后伸展四肢侧卧,这样使仔猪有躲避机会,以免被母猪压死。第二,保持环境安静。产房内防止突然的声响,防止闲杂人员进入。去掉仔猪的獠牙,固定好乳头,防止因仔猪乱抢乳头造成母猪烦躁不安,起卧不定,可减少压踩仔猪的机会。第三,加强护理。产后1～2 d内可将仔猪关入保温箱中,定时放出吃奶,可减少仔猪与母猪接触机会,减少压死仔猪。2日龄后仔猪吃完奶自动到保温箱中休息。另外,产房要日夜有人值班,一旦发现仔猪被压,立即哄起母猪,救出仔猪。

(五)仔猪补饲

1. *矿物质的补充* 哺乳仔猪生长发育不仅需要常量元素如钙、磷、钾、钠、氯等,也需要微量元素如铁、铜、锰、锌、碘、硒等。当仔猪学会吃料以后,通过饲料可补充一部分矿物质,断乳仔猪则完全从饲料中获得。

补铁 铁是形成血红蛋白和肌红蛋白所必需的微量元素,如得不到补充,一般于7日龄左右出现缺铁性贫血,仔猪缺铁程度可根据每100 mL血液中的血红蛋白克数进行判断(表4-10)。

土壤中含有铁,农村土圈或放牧饲养的仔猪可以得到铁的补充。水泥地面或网床饲养的仔猪容易出现缺铁现象。为防止仔猪贫血给生产造成损失,仔猪生后3～4日龄时补铁。补铁方法有口服和肌肉注射两种。

铁铜合剂补饲法:仔猪生后3日龄起补饲铁铜合剂。把2.5 g的硫酸亚铁和1 g硫酸铜溶于1 000 mL水中配成溶液,装于奶瓶中,每日1～2次,每头每日10 mL。

表 4-10　仔猪不同程度缺铁的表现

100 mL 血液中的血红蛋白克数	仔猪表现
10 以上	生长良好
9	符合最低需要量
8	贫血临界线
7	贫血，生长受阻
6	严重贫血，生长显著缓慢
4 以下	严重贫血，死亡率提高

肌肉注射：肌肉注射生产上应用较普遍。目前市售的补铁针剂有英国的血多素、加拿大的富血素、广西生产的牲血素、上海的右旋糖苷铁和温州的右旋糖苷铁钴合剂等。一般于 3 日龄注射 100～150 mg 剂量的铁，2 周龄时再注射一次。据广西西江农场试验，仔猪 2 日龄注射培亚铁针剂（主要成分为葡聚糖铁）1 mL（含铁 100 mg/mL），10 日龄再注射 2 mL，结果育成率提高 7.7%，增重提高 37%，白痢发生率降低 24.6%。

补铜　铜的缺乏会减少仔猪对铁的吸收和血红素的形成，同样会发生贫血。仔猪对铜的需要量不大，在通常情况下不会缺乏。用高铜$(0.5\sim2.5)\times10^{-4}$作抗菌剂喂猪，有促进仔猪增重的作用。据试验，在饲料中添加 2.5×10^{-4} 铜的试验组日增重比对照组（不添加铜）提高 13.4%，差异显著。但铜的添加量过高，会引起中毒，而且长期使用，会污染环境，使土壤含铜量提高。高铜与抗生素同时添加饲喂仔猪效果更好。

补硒　硒是谷胱甘肽过氧化物酶的主要组成部分，能防止细胞线粒体的脂类被氧化，保护细胞内膜不受脂类代谢副产物的破坏。硒和维生素 E 具有相似的抗氧化作用，它与维生素 E 的吸收利用有关。硒缺乏时，仔猪突然发病，病猪多为营养状况中上等的或生长较快的仔猪。体温正常或偏低，叫声嘶哑，行走摇摆，进而后肢瘫痪。

仔猪对硒的日需要量，根据体重不同为 0.03～0.23 mg。我国大部分地区土壤中缺硒。对缺硒仔猪，可于出生后 3～5 d 肌肉注射 0.1％亚硒酸钠生理盐水。3 日龄时注射 0.5 mL，断奶时再注射 1 mL。硒是剧毒元素，过量极易引起中毒，加入饲料中饲喂，应充分搅拌，否则会引起中毒。

2. 饲料的补充　初生仔猪完全依靠吃母乳生活。随着仔猪日龄的增加，其体重和所需要的营养物质与日俱增，而母猪的泌乳量在分娩后先是逐日增加，到产后 3 周龄达到泌乳高峰，以后逐渐下降。据测定，从产后 3 周龄开始，母乳便不能满足仔猪正常生长发育的需要（图 4-3），如不及时给仔猪补料，容易造成仔猪增重缓慢、瘦弱、患病或死亡。补料时间应在产后 5～7 日龄开始。哺乳仔猪提早认料，可促进消化器官的发育和消化机能的完善，为断奶后的饲养打下良好基础。

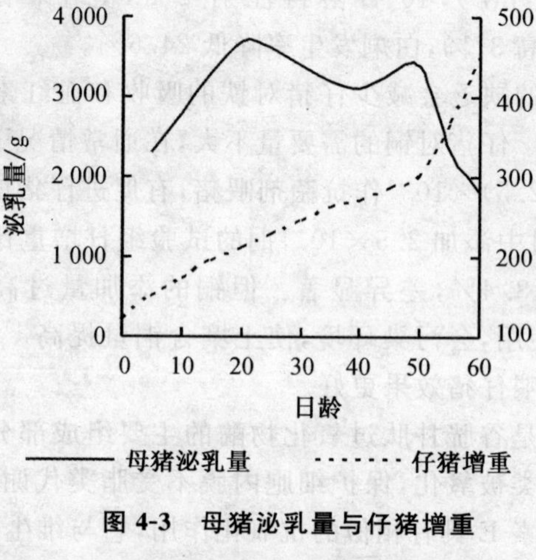

图 4-3　母猪泌乳量与仔猪增重

给仔猪补料，可分调教期和适应期两个阶段。

调教期：从开始训练到仔猪认料一般需 1 周左右，即仔猪 7 日龄开始。这时仔猪消化器官处于强烈生长发育阶段，母乳基本上能满足仔猪营养需要。但仔猪此时开始出牙，牙床发痒，喜欢四处活动，啃食异物，此时补料容易成功。补料的目的在于训练仔猪认料，锻炼仔猪咀嚼和消化能力，避免仔猪啃食异物，防止下痢。训练采取强制的办法，每天数次将仔猪关进补料栏，限制吃乳，强制吃饲料，装设自动饮水器，自动饮用清洁水。

适应期：从仔猪认料到能正式吃料的过程一般需要 10 d 左右，即仔猪生后 15～30 日龄。这时仔猪对植物性饲料已有一定的消化能力，母乳不能满足仔猪的需要。补料的目的，一是提供仔猪部分营养物质，二是进一步促进消化器官能适应植物性饲料。训练仍有一定强迫性，即可短时间将仔猪赶入补料栏，关闭限制仔猪的自由出入，让其采食补料。平时仔猪可随意出入，日夜都能吃到饲料。

仔猪开食料应是高营养水平的全价饲料，尽量选择营养丰富、容易消化、适口性强的原料配制。原料组分选择既要与仔猪消化能力相适应，也要为断奶后仔猪饲养作准备。初期尽量选用消化率高、品质好的动物蛋白质饲料，如奶粉、乳清粉、面粉等，少用豆粕等植物蛋白质饲料，以后逐渐增加植物豆饼饲料的比例，以利于断奶后的平稳过渡。目前市售的乳猪料有多种，现介绍一些饲料配方，供参考。

由许振英教授按我国中型和地方品种饲养标准研制的饲料配方列于表 4-11 中。

表 4-11　哺乳仔猪饲料配方　　%

饲料种类	体重 1～5 kg			体重 5～10 kg	
	1	2	3	4	5(30 日龄后)
全脂奶粉	20.0		20.0		
脱脂奶粉				10.0	
玉米	15.0	43.0	11.0	43.6	46.3
小麦	28.0		20.0		
高粱			9.0	10.0	18.0
小麦麸				5.0	

续表 4-11 %

饲料种类	体重 1～5 kg			体重 5～10 kg	
	1	2	3	4	5(30 日龄后)
豆饼	22.0	25.0	18.0	20.0	27.8
鱼粉	8.0	12.0	12.0	7.0	7.4
饲料酵母		4.0	4.0	2.0	
白糖		5.0	3.0		
炒黄豆		10.0			
碳酸钙	1.0		1.0	1.0	
骨粉		0.4			0.4
食盐	0.4		0.4	0.4	0.4
预混料	1.0		1.0	1.0	
淀粉酶	0.4		0.2		
胃蛋白酶		0.1	0.2		
胰蛋白酶	0.2				
乳酶生		0.5			
消化能/(MJ/kg)	15.272	14.874	15.564	13.598	14.435
粗蛋白	25.2	25.6	26.3	22.0	20.3

美国大豆协会建议的哺乳仔猪饲料配方如表 4-12 所示。

表 4-12 哺乳仔猪饲料配方

饲料配比	仔猪体重(4.5～11 kg)	
	1	2
黄玉米	48.75	38.4
脱壳燕麦粉		10.0
黄豆粉(44%)	28.5	31.0
乳清粉	20.2	10.1
糖		5.0
油脂		2.5
碳酸钙	0.65	0.75
磷酸二钙	1.5	1.75
食盐	0.35	0.35
预混剂	0.25	0.25

(六)供给清洁饮水

水是动物血液和体液的主要成分,它是消化、吸收、运输养分和带走废物的溶剂,可调节体液电解质的平衡。由于仔猪生长迅速,代谢旺盛,母乳较浓(含脂肪7%～11%),故需水量较多。如不及时给仔猪补水,会因喝污水或尿液而引起下痢。目前一些工厂化猪场都给产房或产床上安装专门供仔猪饮水的自动饮水器,保证哺乳仔猪随时饮水。如果没有自动饮水装置,一般生后3 d开始补给清洁的水。水槽要经常刷洗,水要勤更换,冬季可供给温热水。

(七)仔猪寄养

在猪场同期有一定数量母猪产仔的情况下,将多产或无乳吃的仔猪寄养给产仔少的母猪,是提高成活率的有效措施之一。当母猪产仔头数过少时需要并窝合养,以使部分母猪尽早发情配种。同时进行仔猪寄养工作。仔猪寄养时要注意以下几方面的问题:

1. 实行寄养时,母猪产期应尽量接近,主要考虑初乳的特殊作用,最好不超过3 d。后产的仔猪向先产的窝里寄养时,要挑体重大的寄养;而先产的仔猪向后产的窝里寄养时,要挑体重小的寄养,以避免体重相差太大,影响体重小的仔猪发育。

2. 被寄养的仔猪要尽量吃到初乳,以提高成活率。

3. 寄母必须是泌乳量高、性情温顺、哺育性能好的母猪,只有这样的母猪才能哺育好多头仔猪。

4. 注意寄养乳猪的气味。猪的嗅觉特别灵敏,母子相认主要靠嗅觉来识别。多数母猪追咬别窝仔猪,不给哺乳。为了顺利寄养,可将被寄养仔猪与养母所生仔猪关在同一仔猪箱内,经过一定时间后同时放到母猪身边,使母猪分辨不出被寄养仔猪的气味,才能寄养成功。

第二节 断乳仔猪的饲养管理

断乳仔猪是指3～5周龄断奶到10周龄阶段的仔猪。断奶使仔猪生活条件发生第二次巨大转变，首先是由吃母乳和采食部分固体生干饲料到完全采食固体的生干饲料；二是由依附母猪的生活变成完全独立的生活；三是其他生活环境也发生了变化。如饲养和护理不当，常会导致增重显著下降，甚至患病和死亡。所以，生产上应根据断乳仔猪肠道结构功能变化的原因，确定适宜断奶日龄，采取适当的断奶方法，完善营养，加强饲养管理，保证仔猪的健康与增重。

一、仔猪的断奶

（一）断奶方法

1. 一次断奶法　当仔猪达到预定的断奶日期，断然将母猪与仔猪分开。由于断奶突然，仔猪因食物和环境的突然改变，极易引起消化不良、增重缓慢或生长受阻、腹泻、脱水甚至死亡。突然断奶也易使母猪烦躁不安、乳房胀痛或引起乳房炎。但这种断奶方法省工省时，操作简单，所以很多规模化养猪场都采用此种方法。使用时应于断奶前3 d左右适当减少母猪的饲喂量。为减少仔猪的环境应激，很多猪场仔猪断奶时将母猪转走，仔猪在原产床继续饲养1周，然后再转移至仔培舍。

2. 分批断奶法　根据仔猪食量、体重大小和体质强弱，分别先后断奶。一般是发育好、食欲强、体重大、体格健壮的仔猪先断奶，发育差、食量小、体重轻、体质弱的仔猪适当延长哺乳期。但此种方法会延长哺乳期，影响母猪年产仔窝数，而且先断乳仔猪所吸吮的乳头称为空乳头，易患乳房炎，但该法对弱小仔猪有利。

3. 逐渐断奶法　在仔猪预期断奶前的 3～4 d，把母猪赶到离原圈较远的圈里，定时赶回让仔猪吃乳，逐日减少哺乳次数，到预定日期停止哺乳。这种方法可减少对仔猪和母猪的断奶应激，但比较麻烦，不适于产床上饲养的母猪和仔猪。

（二）断奶日龄

仔猪的断奶分为常规、早期和超早期断奶。常规断奶是指 5 周龄以上的断奶；早期断奶是指 2～5 周龄断奶；超早期断奶是指早于 2 周龄的断奶。传统养猪仔猪哺乳期较长，一般 2 月龄，近年来，随着猪的营养和人工乳研究的发展，为提高母猪的利用强度和年生产力，仔猪早期断奶已广泛用于生产。超早期断奶一般仅用于培育无特定病原体猪群，有时也用于早期隔离断奶。

1. 早期断奶　2～5 周龄的断奶称为早期断奶，它是提高母猪繁殖力，降低养猪成本的有效措施。

（1）早期断奶的优点

①提高母猪利用强度：母猪的繁殖周期包括断奶至再配种的空怀期（3～8 d）、妊娠期（114 d）和泌乳期（14～60 d），共计 131～182 d。除妊娠期基本不变外，空怀期尤其是泌乳期是可变的。仔猪早期断奶，可以缩短母猪的哺乳期，从而缩短母猪的繁殖周期，增加年产仔窝数，提高母猪利用强度。8 周龄断奶，母猪繁殖周期 174 d 左右，一头母猪年产 2.1 窝，3 周龄断奶，繁殖周期为 141 d 左右，一头母猪年产 2.5 窝。另外，泌乳期短，母猪哺乳期体重消耗少，断奶后能较快发情配种，这样就缩短了空怀期，进而缩短繁殖周期。按一年的天数和母猪产奶后生殖系统恢复时间推算，不同断奶日龄对母猪繁殖力也有影响（表 4-13）。

表 4-13 仔猪断奶时间对母猪繁殖力的影响

断奶周龄	断奶至发情天数	受胎率/%	年产窝数	产活仔数	断奶头数	母猪年产仔猪数
1	9	80	2.70	9.4	8.93	24.1
2	8	90	2.62	10.0	9.50	24.9
3	6	95	2.50	10.5	9.98	25.4
4	6	96	2.44	10.8	10.26	25.0
5	5	97	2.35	11.0	10.45	24.6
6	5	97	2.22	11.0	10.45	22.5
7	5	97	2.17	11.0	10.45	22.5
8	4	97	2.15	11.0	10.45	21.6

李炳坦.养猪生产技术手册.

②提高饲料利用效率:在哺乳期间,仔猪对饲料的利用是通过母猪将其转化成乳汁后再利用,经过两次转化,饲料利用率仅20%～30%。仔猪早期断奶,可直接利用饲料中的营养,减少了转化次数,饲料利用率可提高到50%～60%。另外,由于仔猪早期断奶,增加了母猪年产仔数,从而使生产同样多的育肥猪的母猪饲养数量减少,节约了饲料。不同日龄断奶节省饲料情况见表4-14和表4-15。据国外报道,30日龄与60日龄断奶相比,每千克增重节省31%～39%的饲料和20%～32%的可消化粗蛋白。

表 4-14 不同日龄断乳仔猪头均耗料情况

断奶日龄	母猪耗料/kg	仔猪摊料/kg	仔猪耗料/kg	料重比	
				不含母猪料	含母猪料
60	330.0	33.0	20.0	1.00	2.65
35	192.5	19.2	23.0	1.15	2.06
28	154.0	15.4	25.0	1.20	1.97
21	115.0	11.5	27.0	1.25	1.82

表 4-15　不同日龄断乳仔猪头均饲料成本

断奶日龄	母猪料		仔猪料		仔猪料成本/元
	重量/kg	成本/元	重量/kg	成本/元	
60	33.0	29.70	20.0	26.00	55.70
35	19.2	17.30	23.0	29.90	47.20
28	15.4	13.86	25.0	32.50	46.40
21	11.5	10.35	27.0	36.50	46.90

纪孙瑞.浙江农大学报.

③有利于仔猪的生长发育:早期断奶的仔猪,虽然在刚断奶时由于断奶应激的影响增重较慢,一旦适应后增重变快,可以得到生长补偿。早期断奶的仔猪能自由采食营养水平较高的全价饲料,得到本身生长发育所需的各种营养物质。在人为控制环境中养育,可促进断乳仔猪生长发育,使仔猪发育均匀一致,减少患病和死亡。

④提高分娩猪舍和设备的利用率:早期断奶可减少母子占用产床的时间,从而提高每个产床的年产窝数和断乳仔猪头数,相应降低了生产一头断乳仔猪占用产床和设备的生产成本。

(2)早期断奶的适宜日龄　在我国一般认为早期断奶应在仔猪体重达 5 kg 以上,或 3～5 周龄时为宜。但最终还取决于母猪综合生产力的高低,更确切一点讲是综合经济效益的高低,而这由母猪一生提供的断乳仔猪数或商品肉猪数或是销售利润来衡量较为适宜。它又由多项指标决定,包括断奶后成活率、增重、饲料效率以及母猪以后胎次的繁殖性能(如断奶至再发情的天数、受胎率、产活仔数、泌乳力及母猪寿命等)。

对于母猪来讲,产后有一个子宫复原的过程,一般需 20 d 左右,如果在子宫复原前断奶,断奶后再发情时间延长,受胎率降低,妊娠期胚胎死亡率增高,产活仔数减少(表 4-13)。法国“德查萨斯”研究所分析几百窝不同泌乳期的母猪资料后认为,比较理想的哺乳期为 21 d;罗马尼亚罗尔姆什齐养猪工厂研究不同哺乳期(18 d、22 d、25 d、38 d)对母猪繁殖性能及仔猪以后发育的影响认为,25 d 哺乳期最好、最经济;中国农业科学院畜牧研究所的研究证明,仔猪适宜早期断奶,对母猪断奶后发情、配种、产仔数均无影响,由于早期断奶(21 d)增加了母猪年产窝数,因而比常规断奶(42 d)每年每头母猪多提供 20 kg 断乳仔猪 6.65 头(表 4-16)。

表 4-16 早期断奶母猪各胎繁殖力表现

组别	胎次	断奶至发情天数	情期受胎率/%	断奶至受胎天数	繁殖周期/d	平均年产窝数	产活仔数	7 日龄头数	20 kg 时头数	每头母猪年提供 20 kg 仔猪头数
21 日龄断奶	1	4.2	100	5.0	140.0		9.1	8.9	8.5	
	2	4.2	80	16.0	151.0		8.9	8.9	8.6	
	3	4.2	100	4.7	139.7		9.9	9.8	9.4	
	4	5.3	100	5.5	140.5		9.6	9.4	8.8	
	5	8.1	95	14.0	147.0		9.3	9.3	9.0	
	平均	5.2	95	9.0	144.0	2.5	9.4	9.3	8.9	22.25
42 日龄断奶	1	4.2	100	5.0	161.0		8.9	8.9	8.8	
	2	4.8	80	37.5	193.5		9.3	9.3	8.1	
	3	3.3	83	14.5	170.5		9.3	7.7	6.9	
	4	4.7	100	51.2	207.0		8.3	7.8	7.8	
	平均	4.3	91	27.0	183.0	2.0	9.0	8.4	7.8	15.6

仔猪断奶越早,遭受的应激越大,日增重下降的幅度也越大,恢复到正常日增重所需时间也越长。据统计,断奶后第一周减重者,21 日龄断乳仔猪有 40%左右,28 日龄断乳仔猪有 17%左右,35 日龄断乳仔猪尚无不增重者;断奶后 1 周,35 日龄断乳仔猪日增重上升最快,达 60 日龄时,各日龄断乳仔猪体重差异不显著。但仔猪断奶日龄对断乳仔猪的影响与圈舍温度、卫生条件、设备条件以及饲粮组成、营养水平等有重要关系,以上各种条件较差的宜

28～35日龄断奶，条件较好的宜21～28日龄断奶。

2. 早期隔离断奶(Segregated early weaning，SEW) 疾病是影响密集群养猪群生产力的重要因素。疾病的传播可从母猪到仔猪；也可在不同猪群之间传播。新生仔猪一般无病，但生后通过与母猪接触和吸吮母乳而感染病原体，母猪也能把肺炎支原体、萎缩性鼻炎等病传染给其他猪群。为了减少或杜绝疾病由母猪传播给仔猪，人们曾先后采取了剖腹取胎培育无特定病原体猪群、药物早期断奶、改良药物早期断奶和隔离早期断奶等方法，并收到了显著成效。

Young和Vaderdahl(1962)采用剖腹产或子宫切除术获得仔猪，然后转移至一个无传染病的新猪场进行培育，以获得无特定病原体猪群(SPF)。但它需要很高的设备和技术费用，另外就是仔猪不能吮吸初乳，成活率较低。

英国的Alexander(1980)创立了药物早期断奶法(medicated early weaning，MEW)，其具体做法是将仔猪于幼龄时即从母猪处取走，并给以高浓度的抗生素和充分的免疫接种。这种方法成功地获得了高健康状况的仔猪而对母体无任何伤害。但由于该法断奶过早(5日龄左右)，用药量大，成活率低，无法在生产单位采用。

Harrcs(1988)对MEW法进行改进，创立了改良药物早期断奶法(modified medicated early weaning，MMEW)。该法推迟了断奶日龄(可10日龄)，降低预防接种密度和用药量。

Clark和Knox(1994)进一步减少MMEW的疫苗及用药量，提出了早期隔离断奶(SEW)。该法的成功不是对母猪和仔猪大量使用药物和免疫接种，而是有3个关键，即断奶日龄、移入洁净的环境和实施严格的隔离。第一是断奶日龄。断奶日龄是SEW系统的首要限制因素，因为初乳中的抗体影响疾病传播。仔猪从初乳中可以获得免疫抗体，从而避免环境和母体的病原菌在体内定居。仔猪体内抗体水平下降后，仔猪就容易感染病菌并在体内定居，而早期隔离断奶就是要使仔猪在其还受到母源抗体保护期间离开感染源而移入无病原菌的环境中去，仔猪一旦处在隔离的洁净环境之中，体内抗体水平即使下降，仔猪也不会遭受感染的危险，因为病原体的来源已被切断。断奶日龄一般根据本场要杜绝的传染病种类有关，一般来说，最大的断奶日龄不应超过16日龄，对于某些病原菌来说，如胸膜肺炎放线杆菌，断奶日龄应提早到10～14日龄。仔猪断奶体重过小，(3.5 kg)存活率很低，断奶日龄过早，有时影响母猪下一胎的受胎率和产仔数，应予以注意。第二是将仔猪移入洁净无病原菌的环境。早期隔离断奶的中心概念就是将仔猪移入一个隔离、洁净的无病原菌的环境中去。为了保证环境洁净，应实行全进全出制，以便出净猪后彻底清洗消毒，防止循环感染。第三是实行严格的隔离。许多早期隔离断奶方案都要求具备相互隔离的多点设施，有一处专饲养配种、妊娠和分娩带仔猪，一处专饲养断乳仔猪，一处专饲养生长育肥猪，即所谓多点养猪。各处距离至少应有2 km的距离。如果做不到这一点，断奶舍和育肥舍应坐落在种猪场和邻近猪场的上风处，距离至少不低于100 m。猪场间应杜绝人员、设备、物品的交流、混用。

另外，还应注意保证适宜的圈舍环境，实行阶段饲喂，喂以专门配制、适应该阶段仔猪消化能力的日粮。

采用早期隔离断奶，可使仔猪免受肺炎支原体、支气管败血波氏杆菌、多杀性巴氏杆菌和胸膜肺炎放线杆菌等引起的猪地方性肺炎、萎缩性鼻炎、放线杆菌胸膜肺炎等病；有些情况下，上述微生物完全排除了猪群，在种猪群中依然需实施对螺旋体、细小病毒、猪丹毒等病的免疫注射；药物仅被用来预防或治疗未能被早期隔离断奶排除的疾病，如链球菌感染、猪附嗜血杆菌感染和葡萄球菌感染以及大肠杆菌性下痢等病。一般仅在过渡日粮和1阶段日粮中添加抗生素或药物。

早期隔离断奶减少了仔猪感染疾病的机会，因而可有效提高仔猪生产性能，据美国的一些报告称，早期隔离断奶可使仔猪达标准上市体重(112～114 kg)时间比常规断奶猪少1～2周。Walker和Wiseman(1994)比较了早期隔离断奶与常规断乳仔猪的生产性能，其结果见表4-17。

表 4-17 早期隔离断奶与常规断乳仔猪的生产性能比较

项目	阉公猪		小母猪	
	常规断奶	早期隔离断奶	常规断奶	早期隔离断奶
初生重/kg	1.56	1.50	1.54	1.52
10日龄重/kg	3.19	2.89	3.17	3.10
4周龄重/kg	7.24	7.67	7.45	8.08
5周龄重/kg	8.88	10.53	8.89	10.90
6龄重/kg	11.67	13.38	11.67	13.50
7周龄重/kg	14.69	17.60	14.76	17.79
日增重/g	277	331	272	336
105 kg天数	152.60	148.55	160.35	155.10
肥育期饲料/增重	2.96	2.92	2.887	2.96
背膘厚/mm	22.86	25.65	20.83	22.61

二、断乳仔猪的饲养管理

断乳仔猪是指2～5周龄断奶到10周龄阶段的仔猪。仔猪断奶是继出生以来又一次强烈的刺激。首先是营养的改变，由吃温热的液体母乳为主改为吃固体的生干饲料；二是由依附母猪的生活变成完全独立的生活；三是生活环境也发生了变化，由产房转移到仔猪培育舍，并伴随重新编群；四是易受病原微生物感染而患病。以上诸多因素的变更会引起仔猪的应激反应，影响仔猪正常生长发育甚至造成疾病。加强仔猪饲养管理会减轻断奶应激带来的损失。

1. 饲料与饲喂方法过渡　为了使断乳仔猪能尽快适应断奶后的饲料，减少断奶应激，除对哺乳仔猪进行早期强制性补料和断奶前减少母乳（断奶前给母猪减料）的供给，迫使仔猪在断奶前就能采食较多补料外，还要使仔猪进行饲料过渡和饲喂方法过渡。饲料过渡就是仔猪断奶2周以内应保持饲料不变（仍然饲喂哺乳期补料），2周以后逐渐过渡到吃断乳仔猪饲料，以减轻应激反应。饲喂方法的过渡指仔猪断奶后3～5 d最好限量饲喂，平均日采食量160 g，5 d以后实行自由采食。否则仔猪往往因过食而引起腹泻，生产上应引起特别注意。

稳定的生活制度和适宜的饲料调制是提高仔猪食欲、增加采食量、促进仔猪增重的保证。仔猪断奶后15 d内，应按哺乳期的饲喂方法和次数进行饲喂，夜间应加喂一顿，以免停食过长而使仔猪饥饿不安。每次喂量不宜过多。以后可适当减少饲喂次数。

饲料的适口性是增进仔猪采食量的一个重要因素，仔猪对颗粒料和粗粉料的喜好超过细粉料。仔猪采食饲料后经常感到口渴，应经常供给清洁的饮水。仔猪网上饲养应注意自动饮水器是否通畅。对仔猪饲养管理是否适宜，可以从粪便和体况加以判断。断乳仔猪的粪便软而表面有光泽，长度8～12 cm，直径2～2.5 cm，呈串状，4月龄时呈块状。饲养不当则粪便的形状、稀稠、色泽不同。如饲喂不足，则粪成粒、干硬而小，精料过多则粪稀软或不成块；青草过多则粪便稀，色泽绿且有草味；如粪便过稀且有未消化的颗粒料，则为消化不良之症，遇此情况可减少进食量，经1 d后如仍不改变，则可药物治疗。

2. 环境过渡　仔猪断奶后头几天很不安定，经常嘶叫寻找母猪。为减轻应激，最好在原圈原窝饲养一段时间，待仔猪适应后再转入仔猪培育舍。此法的缺点是降低了产房的利用率，建场时需加大产房产栏数量。断乳仔猪转群时一般采取原窝培育，即将原窝仔猪（剔除个别发育不良的个体）转入仔猪培育舍，关入同一栏内饲养。如果原窝仔猪过多或过少时，需重新分群，可按体重大小、强弱进行分群分栏，同栏仔猪体重差异不应超过 1～2 kg。每群的头数，视圈舍面积大小而定，一般可 4～6 头或 10～12 头一圈。

3. 断乳仔猪阶段饲养方案

(1)阶段饲养计划　为给早期断乳仔猪提供最适营养，促进增重，并尽快降低饲料成本，堪萨斯州立大学等单位研究了断乳仔猪阶段饲养方案。早期断奶(5～21 日龄)仔猪多采用四阶段饲养方案；传统断奶(超过 21 日龄)仔猪多采用三阶段饲养方案(表 4-18)，并给出了每头断乳仔猪(断奶至 22.7 kg)每种日粮推荐量及适宜赖氨酸水平(表 4-19 和表 4-20)。

表 4-18　早期及传统断乳仔猪的阶段饲养计划顺序

早期断奶 (5～21 日龄)/kg	阶段	传统断奶 (超过 21 日龄)/kg	阶段
2.27～4.994	SEW		
4.994～6.81	过渡期	4.994～6.81	阶段 1
6.81～11.35	阶段 2	6.81～11.35	阶段 2
11.35～22.7	阶段 3	11.35～22.7	阶段 3

表 4-19　每头猪(断奶至 22.7 kg)每种日粮推荐量　kg

阶段	断奶体重								
	3.632	4.086	4.540	4.994	5.448	5.902	6.356	6.810	7.264
SEW	1.36	0.918	0.68	0.45	0.23	0.23	0	0	0
过渡期	2.27	2.27	2.27	2.27	1.82	1.36	0.91	0.91	0.91
阶段 2	6.81	6.81	6.81	6.81	6.81	6.81	6.81	6.81	6.81
阶段 3	22.7	22.7	22.7	22.7	22.7	22.7	22.7	22.7	22.7

表 4-20　早期隔离断乳仔猪赖氨酸推荐水平

日粮	体重阶段/kg	赖氨酸总量/%	可消化赖氨酸/%
SEW	2.27～4.994	1.70～1.80	1.40～1.50
过渡期	4.994～6.81	1.50～1.60	1.25～1.35
阶段 2	6.81～11.35	1.35～1.45	1.10～1.20
阶段 3	11.35～22.7	1.25～1.35	1.05～1.15

(2)早期断奶(5～21 日龄)四阶段饲粮特点

①SEW 日粮(2.27～4.994 kg)(表 4-21):SEW(早期隔离断奶)日粮氨基酸强化程度高,需要多种蛋白源满足幼猪的营养需要。这些蛋白源主要包括喷雾干燥动物血浆蛋白粉、鱼粉、脱脂奶粉、浓缩乳清蛋白、喷雾干燥血粉、大豆粕和深加工的大豆产品。该日粮中绝对必需的唯一蛋白源是喷雾干燥动物血浆蛋白粉,添加水平从 0 增加到 15%,可使猪的生产性能线性提高,最明显的反应是第一个 5%的血浆蛋白粉加入量,故在 SEW 日粮中多数加 5%～7%;优质鱼粉或浓缩乳清蛋白作为另一种蛋白源使用,主要是获得理想的氨基酸水平和促进饲料采食量;SEW 日粮还包括 18%～25%的乳糖,高水平的乳糖对仔猪是有益的;添加脂肪有利于制粒,5%～6%的脂肪即可有效润滑压模;SEW 日粮中一般添加抗生素和高锌。

②过渡期日粮(4.994～6.81 kg)(表 4-21):过渡期日粮是 SEW 日粮的一种自然延伸,包括与 SEW 日粮几乎相同的原料,但其含量降低了,复杂程度下降了。过渡日粮与 SEW 日粮的主要区别在于降低了喷雾干燥动物血浆蛋白粉水平,同时降低了乳糖的水平,增加了豆粕含量。

③阶段 2 日粮 (6.81～11.35 kg) (表 4-22):猪达到 6.81 kg 体重之前已消耗了 2.27～3.632 kg 饲料,胃肠已得到一定程度锻炼,因此阶段 2 的日粮是降低复杂程度和饲料成本,以玉米、豆粕为主,适当加入干乳清和干燥血粉或鱼粉,并多以粉状饲料的形式

提供。

④阶段 3 日粮(11.35～22.71 kg)(表 4-23):该阶段是配制简单谷物-豆粕日粮,并以粉料形式提供,以降低成本为主要目的。

(3)传统断奶(超过 21 日龄)三阶段饲粮特点

①传统断奶(21 日龄)阶段 1 期日粮(4.994～6.81 kg)(表 4-21):该阶段属于高营养密度日粮,本阶段较早期断乳仔猪断奶日龄晚,故复杂程度较 SEW 日粮低;仔猪体重阶段虽与过渡日粮仔猪体重阶段相同,但 4.994 kg 前采食饲料量小,故复杂程度较早期断奶的过渡日粮高,即该日粮的复杂程度介于 SEW 日粮和过渡日粮之间。

②阶段 2 日粮(6.81～11.35 kg)(表 4-22)和阶段 3 日粮(11.35～22.71 kg)(表 4-23):这两个阶段的日粮同于早期断奶的阶段 2 和阶段 3 日粮。

表 4-21　SEW 日粮、过渡日粮和阶段 1 日粮　　%

饲料配比	日粮及其应用的体重阶段		
	SEW 日粮	过渡日粮	阶段 1 日粮
玉米或高粱	33.375	39.875	45.025
大豆粕(46.5% CP)	12.8	23.25	16.0
喷雾干燥血浆粉	6.7	2.5	5.0
喷雾干燥血粉	1.65	2.5	1.65
精选油鲱鱼粉	6	2.5	2.5
喷雾干燥乳清	25	20	20.0
乳糖	5	—	—
精选白动物油脂	6	5	5.0
盐酸赖氨酸	0.15	0.15	0.15
DL-蛋氨酸	0.15	0.125	0.125
磷酸一钙(21%磷)	0.75	1.3	1.275
石灰石	0.45	0.725	0.75

续表 4-21　　%

饲料配比	日粮及其应用的体重阶段		
	SEW 日粮	过渡日粮	阶段 1 日粮
氧化锌	0.375	0.375	0.375
盐	0.2	0.3	0.25
维生素预混剂	0.25	0.25	0.45
微量元素预混剂	0.15	0.15	0.45
抗生素	1	1	1.0
合计	100	100	100
营养计算值			
赖氨酸	1.70	1.60	
蛋氨酸：赖氨酸	30	30	
(蛋氨酸＋胱氨酸)：赖氨酸	57	57	
苏氨酸：赖氨酸	65	65	
色氨酸：赖氨酸	18	19	
代谢能/(Kcal/kg)	3 513	3 433	
粗蛋白质	22.4	22.5	
钙	0.90	0.90	
磷	0.80	0.80	
可利用磷	0.66	0.59	
赖氨酸：能量/(g/Mcal)	4.83	4.66	

表 4-22　体重 6.81～11.35 kg 断乳仔猪阶段 2 日粮　　%

饲料配比	日　粮			
	鱼粉	血粉	脂肪＋鱼粉	脂肪＋血粉
玉米或高粱	54.89	55.6	47.87	48.585
大豆粕(46.5%CP)	27	27	29	29
喷雾干燥血粉	—	2.5	—	2.5
精选油鲱鱼粉	4	—	4	—
喷雾干燥乳清	10	10	10	10

续表 4-22　　　　　　　　　　　　　　　　　　　　　%

饲料配比	日　粮			
	鱼粉	血粉	脂肪＋鱼粉	脂肪＋血粉
精选白动物油脂	—	—	5	5
盐酸赖氨酸	0.15	0.15	0.15	0.15
DL-蛋氨酸	0.01	0.05	0.02	0.065
磷酸一钙(21%磷)	1.35	1.85	1.35	1.85
石灰石	0.7	0.95	0.7	0.95
氧化锌	0.25	0.25	0.25	0.25
盐	0.25	0.25	0.25	0.25
维生素预混剂	0.25	0.25	0.25	0.25
微量矿物质预混剂	0.15	0.15	0.15	0.15
抗生素	1	1	1	1
合计	100	100	100	100
营养计算值				
赖氨酸	1.70	1.60	1.70	1.60
蛋氨酸：赖氨酸	30	30	30	30
(蛋氨酸＋胱氨酸)：赖氨酸	57	57	57	57
苏氨酸：赖氨酸	65	65	65	65
色氨酸：赖氨酸	18	19	18	19
代谢能/Kcal/kg	3 513	3 433	3 513	3 433
粗蛋白质	22.4	22.5	22.4	22.5
钙	0.90	0.90	0.90	0.90
磷	0.80	0.80	0.80	0.80
可利用磷	0.66	0.59	0.66	0.59
赖氨酸：能量/(g/Mcal)	4.83	4.66	4.83	4.66

表 4-23 体重 11.35～22.7 kg 断乳仔猪阶段 3 日粮 %

饲料配比	日粮			
	鱼粉	血粉	脂肪＋鱼粉	脂肪＋血粉
玉米或高粱	63.83	62.125	56.565	54.81
大豆粕(46.5%CP)	32.25	34	34.5	36.25
精选白动物油脂	—	—	5	5
盐酸赖氨酸	0.15	0.15	0.15	0.15
DL-蛋氨酸	0.02	0.025	0.035	0.04
磷酸一钙(21%磷)	1.5	1.45	1.5	1.5
石灰石	1	1	1	1
盐	0.35	0.35	0.35	0.35
维生素预混剂	0.25	0.25	0.25	0.25
微量矿物质预混剂	0.15	0.15	0.15	0.15
抗生素	0.5	0.5	0.5	0.5
合计	100	100	100	100
营养计算值				
赖氨酸	1.70	1.60	1.70	1.60
蛋氨酸：赖氨酸	30	30	30	30
(蛋氨酸＋胱氨酸)：赖氨酸	57	57	57	57
苏氨酸：赖氨酸	65	65	65	65
色氨酸：赖氨酸	18	19	18	19
代谢能/(Kcal/kg)	3 513	3 433	3 513	3 433
粗蛋白质	22.4	22.5	22.4	22.5
钙	0.90	0.90	0.90	0.90
磷	0.80	0.80	0.80	0.80
可利用磷	0.66	0.59	0.66	0.59
赖氨酸：能量/(g/Mcal)	4.83	4.66	4.83	4.66

三、仔猪断奶综合征及其原因

（一）仔猪断奶综合征

虽然早期断乳仔猪胃肠道生长发育迅速，但其结构与机能及生长和健康却常发生不利变化，表现为肠绒毛萎缩、隐窝增生、血糖降低、消化吸收机能下降、采食量减少、腹泻、生长受阻等一系列症状，我们称其为仔猪断奶综合征。它是由多种原因引起的一种常见症。

各种营养物质的吸收发生在肠绒毛，细、长、完整而致密的肠绒毛有利于营养物质的消化与吸收，断奶尤其是早期断奶常导致肠绒毛萎缩、损伤，变短、变窄，这一过程一般持续1～2周；饲料抗原、微生物刺激，使细胞有丝分裂率提高，隐窝加深，绒毛顶部有吸收能力的细胞脱落加速，使腺窝基部的细胞迅速向绒毛上部迁移，并逐步分化，形成具有吸收能力的细胞以补充绒毛上皮的正常脱落细胞。如果此过程加速，则基部的细胞生成率提高，使隐窝加深。此外，隐窝细胞本身具有将水和电解质分泌入肠腔的功能。因此，隐窝增深也表明细胞成熟率下降（吸收功能下降）和分泌功能增加。用绒毛高度/隐窝深度的比值则可综合反应小肠的功能状况，比值下降，表示黏膜受损，消化吸收功能下降。

虽然仔猪断奶后采食固体饲料可促进胃组织的发育，但胃酸分泌能力较差，加上母乳的断绝减少了乳酸发酵和植物蛋白质不易酸化，致使胃pH值升高。

仔猪断奶后绒毛高度降低和隐窝深度增加，常伴有乳糖酶、蔗糖酶、异麦芽糖酶等酶的活性降低，消化能力下降。但麦芽糖酶、淀粉酶等则依断奶日龄不变或迅速提高，这与底物诱导有关（Rerat）。同时成熟绒毛细胞中的杯状细胞是双糖酶的分泌场所，黏膜双糖酶浓度或比活力也能灵敏地反应了肠黏膜结构与功能状态。

在仔猪断奶后绒毛高度降低、隐窝深度增加和消化酶活性下降的同时，碱性磷酸酶(AKP) 活性降低，木糖(陈代文，1994)葡萄糖电解质溶液(Nabuurs，1994)吸收率下降。

仔猪断奶后常表现腹泻。据美国的调查表明，在31万多头仔猪中，腹泻率占57%，腹泻造成的死亡数占总头数的10.8%(Muirhead，1992)。工厂化养猪时，仔猪断奶后头7 d腹泻率为0.6%，8～13 d增加到32%，14～17 d为41.4%，到22～28 d时降为8.4%，死亡率达20%～30%，耐过仔猪生长发育不良，总增重约下降33%。Balll等(1982)研究表明，腹泻使21～35日龄断乳仔猪生长明显下降，单位增重耗料比健康猪高65%～72%。据英国报道，仔猪腹泻造成的经济损失每年可达1 800万美元，而英国的养猪数量仅为我国的2%。

由于以上各种原因，仔猪断奶后常出现生长停滞甚至减重。如有人统计，21日龄断乳仔猪断奶后第一周减重者有40%左右。

(二)仔猪断奶综合征发生的原因

产生仔猪断奶综合征的原因是多方面的，包括断奶日龄、断奶体重、哺乳期饲料摄入量、断奶日粮营养水平、断奶日粮组成、断奶后仔猪饲料采食量、圈舍卫生状况、空气质量、温湿度高低、社会心理应激程度、圈养密度等。

1. *母乳的断绝* 乳汁所含营养丰富，易于消化，并含有多种生长因子，有利于仔猪的健康和生长发育。仔猪断乳后饲料由液体的乳汁转为以植物性饲料为主的固体饲料，适口性、营养及可消化性都不及乳汁，造成营养上的应激，导致断乳综合征的出现。同时，乳汁中含有多种促生长因子和激素等，对仔猪肠道的分化与发育具有重要作用，断奶时这些因子的突然消失对肠细胞生长、分化及细胞功能的发育产生深刻的影响。如猪乳汁中的表皮生长因子，多胺(腐胺、亚精胺、精氨)对肠道细胞增生和分化具有重要作用，饲喂多胺也可改善猪肠道结构和功能(Grant，1990b)；猪乳中含有大量的类胰岛素生长因子，给妊娠后期母猪注射类胰岛素生长因子类似物可促进仔猪小肠、脾脏生长和仔猪增重，代乳料中添加类胰岛素生长因子可使小肠重量增加 28%；猪乳汁中含有丰富的谷氨酰胺，*L*-谷氨酰胺是肠细胞的主要供能物质，并为核苷酸生物合成提供胺氮，为肠绒毛细胞代谢所必需，对维持其正常结构和功能具有重要作用。

2. 断奶日龄　断奶日龄是影响仔猪断奶综合征表现程度的一个重要因子。

断奶日龄越早，仔猪肠道受到的损伤越严重，小肠绒毛越短，隐窝越深，恢复正常所需要的时间越长。Cera(1988)的研究证明，21 日龄和 35 日龄断奶后 3～7 d 空肠中段绒毛高度显著下降，35 日龄断乳仔猪空肠绒毛于断奶后 1 周即可恢复到 21 日龄断乳仔猪断奶后 3～4 周的程度。顾宪红(2000)的研究证明，断奶日龄对仔猪小肠各段形态都有显著影响，断奶越早，仔猪小肠黏膜形态变化越大，恢复时间越长，一般在断奶后 8～12 d 降至最低，受影响程度以十二指肠和空肠前段最大。断奶日龄对十二指肠黏膜形态的影响见表 4-24。

碱性磷酸酶(AKP)存在于许多组织中，肠型 AKP 分布在肠上皮刷状缘细胞表面，与许多营养物质的吸收有关，当肠黏膜破损时，肠 AKP 可进入血液循环，使肠道吸收能力下降。顾宪红(2000)的研究证明，17、21 日龄断乳仔猪小肠黏膜 AKP 活性低于 28、35 日龄断奶猪。

断乳可导致仔猪血糖下降，断乳越早，仔猪开始下降的时间越早，下降幅度越大，17、21、28 日龄断乳仔猪血糖浓度显著低于 35 日龄断乳仔猪(顾宪红，2000)。

表 4-24　断奶日龄对十二指肠黏膜形态的影响

μm

项　目	日龄	断奶日龄			
		17	21	28	35
绒毛高度	18	426	—	—	444
	22	279	466	—	452
	29	292	312	430	340
	36	442	407	341	400
	43	—	418	347	471
	50	—	—	309	453
	平均	360	401	357	427
隐窝深度	18	226	—	—	269
	22	151	324	—	247
	29	222	338	297	298
	36	309	372	328	403
	43	—	402	377	432
	50	—	—	379	455
	平均	227	359	345	351
绒毛宽度	18	131	—	—	139
	22	113	152	—	117
	29	112	126	143	89
	36	175	126	128	146
	43	—	158	161	153
	50	—	—	156	126
	平均	133	141	147	128

断奶越早，仔猪生长受阻程度越严重，时间越长，腹泻、死亡率或僵猪率越高(Okai，1981)；Campbell，1976；顾宪红，2000 等）表 4-24)。陈代文(1994)的研究证明，断奶日龄从 45、35 到 25，随时间的提早，采食量、70 日龄体重及饲料利用率下降幅度增大(表 4-25 和表 4-26)。3 周龄断奶受阻时间为 2 周，5 周龄断奶 1 周，7 周龄以后断奶无明显生长受阻期(陈代文，1988)。

表 4-25 断乳日龄对断乳后仔猪日增重的影响

断乳日龄	断乳后 1 周日增重较断乳前 1 周日增重下降的百分率/%	断乳后 1 周日增重较未断乳仔猪日增重下降的百分率/%	断乳后日增重恢复到断乳前 1 周日增重所需大约周数
17	117.36	128.76	3.6
21	89.69	90.38	3
28	84.91	76.64	3
35	27.74	63.86	1.2

表 4-26 断乳日龄对仔猪生产性能的影响

项目	断奶日龄		
	45	35	25
70 日龄重/kg	16.07	11.51	10.50
总采食量/kg	12.13	9.77	10.62
饲料增重比	1.89	2.18	2.34

3. *日粮抗原与仔猪迟发性过敏反应* 病原菌、日粮中的部分蛋白具有抗原性,进入机体可诱发免疫反应。胃肠道是猪与环境进行物质交换的主要场所,胃肠黏膜具有两种保护性屏障作用,一是机械性屏障,二是免疫性屏障。胃肠黏膜含有大量淋巴组织,通过体液和细胞免疫对抗进入胃肠道的抗原物质。IgA 是肠道分泌物中主要免疫球蛋白,其中 70%～90%的 IgA 是由黏膜固有层中的抗体形成细胞产生的。在胃肠黏膜表面发生的抗原抗体反应主要是由 IgA 介导的(王台,1991)。IgA 与抗原物质结合形成复合物,在黏膜层受到蛋白水解酶和抗菌酶的降解,防止抗原物质附着并穿透肠上皮,降低进入系统免疫的抗原量,而通过该屏障的少量抗原进入血液,刺激机体产生分泌型 IgA、血清 IgA、IgM、IgG 和 IgE。血清 IgA 与吸收的抗原结合,迅速通过肝胆系统排出(Russell,1982)。当这种机制不能有效地发挥作用时,血清 IgM、IgG

和 IgE 则和抗原结合,形成的复合物可导致免疫损伤,其中 IgE 介导的免疫反应可能是损伤的主要原因。然而这种体液免疫反应并不能导致肠道结构损伤(Perdue,1984)。小肠黏膜的结构变化主要是由于发生于肠黏膜上的局部细胞免疫反应引起的。肠道在日粮抗原刺激下,T 淋巴细胞被致敏,当再次与同种抗原接触时,致敏 T 细胞迅速分化增殖,并释放多种淋巴因子,导致一系列变化:细胞有丝分裂速度加快,腺窝加深;绒毛顶部细胞脱落,绒毛变短;黏膜双糖酶活性下降,养分消化吸收率降低(Stokes,1984)。上述一系列变化直接导致仔猪腹泻和生长受阻,同时对大肠杆菌附着、增殖的抵抗力下降,对肠毒素的敏感度提高,从而加剧腹泻和生长受阻,是断奶综合征产生的重要原因。

发生于肠道黏膜的局部细胞免疫反应一般为迟发型过敏反应(Ⅳ型过敏反应),即引入抗原后并不立即发生,而是须经若干小时或若干天后才发生反应(Tizard,1987)。过敏损伤的程度和持续时间取决于抗原物质种类和数量(Miller,1984a,b)用营养价值相同而抗原性不同的两种饲粮(一种天然酪蛋白,一种水解酪蛋白),饲喂 3 周龄断乳仔猪,结果表明,喂天然酪蛋白时,仔猪出现轻度腹泻,下段小肠形态结构及蔗糖酶发生改变,而喂水解酪蛋白时,仔猪没有腹泻,小肠结构没有变化。3 周龄仔猪喂豆饼饲粮时,与水解酪蛋白比较,绒毛变短、畸形、腺窝加深。用玉米代替部分豆饼后可减轻高豆饼日粮对小肠的损伤作用(Dunsford,1989)。仔猪喂豆饼饲粮后 1 周左右发生腹泻,且无继发病原菌存在,断奶后 2~3 周粪样变干,腹泻消失(Sissons,1989)。Li(1990,1991a,b)的研究也证实,断乳仔猪饲喂大豆蛋白造成肠道过敏性损伤,包括小肠绒毛萎缩、腺窝增生、刷状缘双糖酶酶活下降、木糖吸收量下降,表明肠道损伤和腹泻是肠道迟发型过敏反应的结果。

用胃管每天给小鼠引入 2×10^9 个绵羊血细胞,5 d 后脚底皮肤厚度增加,再持续喂 5 d,皮肤厚度仍未降低,持续喂到第 14 d,

才恢复正常厚度，表明过敏反应持续了 9 d(Stokes，1988)。用大豆蛋白喂 3 周龄断乳仔猪，5 d 以后发生过敏反应，13 d 后才消失，木糖吸收试验及小肠组织学检查结果与此一致，表明过敏期达 8 d(Stokes，1988)。动物对再次经口引入抗原不再发生免疫反应，说明对该种抗原产生了耐受力。耐受力的产生对动物适应日粮中大量抗原非常重要。1988 年 Stokes 的试验证明，3 周龄断乳仔猪喂大豆蛋白后，血清大豆蛋白浓度增加，20 d 后恢复到断奶前水平。用 I^{125} 标记大豆蛋白的清除试验表明，血清大豆蛋白浓度的下降是由于肠道吸收量下降而不是血液清除率增加，此时肠细胞已可合成 IgA 和 IgG 抗大豆抗体，表明 20 d 后获得了免疫耐受力。

根据肠道免疫特性可以推测，断奶前通过补饲接触食物蛋白可以影响断奶后同种蛋白食入后的反应。如果断奶前采食大量补料，免疫系统可能产生耐受力，断奶后就不会发生过敏反应或程度较轻。如果补料量小，免疫系统可能被激活而处于待发状态，断奶后可能发生比不补料更严重的肠道免疫损伤。Milleer(1984a)证明了这一推测。断奶前喂 3 d 补料的仔猪断奶(14 d)后 0～14 d 的腹泻率达 100%；断奶前喂 2 周补料(从 7 日龄开始)，则与未断奶组一样，没有腹泻；不补饲突然断奶组腹泻率居中(33%)，而 5 周龄断奶时，7 日龄开始补料组和突然断奶组断奶后 0～14 d 无腹泻，而只喂 3 d 补料组腹泻率达 83%。Milleer(1984b)还证明，断奶前采食少量补料的仔猪不仅腹泻率高于突然断乳仔猪，而且腹泻暴发时间更早，持续时间更长。可见，早期断乳仔猪补料的意义取决于是否能使仔猪获得达到免疫耐受水平的饲料采食量，这一采食量可能为 600 g(English，1988)，21 日粮断乳仔猪很难达到这一采食量。达不到足够采食量时，不补饲比补饲好；达到足够采食量时，补饲比不补饲好；断奶越晚，补饲对腹泻的影响就越小。但这与仔猪断奶前和断奶后日粮组成、蛋白质种类与水平、营养水平、抗原性强度等有关。

日粮豆粕中的大豆球蛋白、大豆β-聚球蛋白和少量γ-聚球蛋白及α-聚球蛋白等具有较强的抗原性，它们对一般的热处理稳定，100℃条件下蒸或炒对抗原活性没有影响（Kishaw，1979），至少需145℃才能使其失活，但用65％～70％的热（78℃）乙醇处理可大大降低其活性。陈代文（1994）用乙醇处理豆饼日粮喂断乳（21日龄）前后的仔猪，其结果见表4-27。

表4-27 乙醇处理豆饼日粮对断乳仔猪的影响

指标	对照	乙醇处理豆饼日粮
28日龄空肠绒毛长度/μm	260	297
28日龄空肠腺窝深度/μm	227	204
28日龄空肠绒毛/腺窝深度	1.15	1.44
28日龄血清木糖量/(mmol/L)	0.296	0.686
35日龄血清木糖量/(mmol/L)	0.526	0.734
皮褶厚度/mm	1.54	0.73
腹泻持续时间/d	10.3	7.5
腹泻指数	1.43	0.79
干物质消化率/％	79.5	87.2
粗蛋白消化率/％	71.7	84.8

减少日粮中的豆饼含量（用玉米蛋白粉代替豆饼），可以减轻仔猪的过敏反应程度（陈代文，1994，表4-28）。

表4-28 日粮豆饼比例对仔猪腹泻及木糖吸收量的影响

项目	100％豆饼组	60％豆饼组	20％豆饼组
血清木糖量/(mmol/L)	0.247	0.378	0.407
腹泻指数	69	38	10
血清尿素氮/(mg/100mL)	18.8	15.2	16.8

4. 日粮蛋白质水平　日粮蛋白质对仔猪具有重要的营养作用，过低的蛋白水平满足不了仔猪的生长发育需要，过高也产生一

些不良作用。

蛋白质不但是保证仔猪正常生产性能的营养因子，而且对于保证仔猪肠道正常结构和功能具有重要作用。Nunez(1996)对5～35日龄仔猪限饲40%，使仔猪能量、蛋白质营养缺乏，结果肠道黏膜DNA、蛋白质水平、二糖酶、亮氨酸氨肽酶显著下降；绒毛高度和宽度、绒毛面积、杯状细胞数量显著下降；腺窝深度、上皮间淋巴细胞数、浸润细胞数显著升高；电镜结果显示上皮细胞微绒毛变短、线粒体水肿、基质变稀。顾宪红(2000)的研究证明，6.3%的蛋白水平导致小肠绒毛变短，腺窝变浅，绒毛宽度变窄，绒毛高度/腺窝深度较高，对生产水平也有显著影响(表4-29)。

表4-29 日粮蛋白质水平对仔猪十二指肠形态及体重的影响

项目	日粮粗蛋白质水平/%				
	6.3	10.3	15.1	20.8	24.9
绒毛高度/μm	445	545	549	514	476
腺窝深度/μm	195	263	232	249	241
绒毛高度/腺窝深度	2.34	2.31	2.58	2.12	2.03
绒毛宽度/μm	268	288	229	285	300
21日龄体重/kg	5.64	5.06	5.38	5.73	4.9
42日龄体重/kg	6.69	6.46	8.28	8.92	9.13

蛋白水平过高对仔猪也产生不利影响，24.9%蛋白水平组绒毛高度/腺窝深度值较低，绒毛高度低于20.8%、15.1%和10.3%组，小肠黏膜碱性磷酸酶(AKP)活性较低(表4-30)，说明高蛋白水平对肠道黏膜损伤较严重，对小肠吸收能力影响较大。

日粮蛋白水平是影响腹泻程度的重要因素，高蛋白可诱发腹泻(董国忠，1995，表4-31；陈代文，1994，表4-32)。

表 4-30　日粮蛋白质水平对仔猪小肠黏膜 AKP 活性的影响

项目	日粮粗蛋白质水平/%				
	6.3	10.3	15.1	20.8	24.9
十二指肠	2.0	2.4	2.4	2.2	1.4
空肠前段	1.6	2.2	1.4	3.2	2.2
空肠后段	2.6	2.0	2.4	2.6	1.4
回肠	1.6	2.5	2.6	2.4	1.0
小肠	2.0	2.3	2.2	2.6	1.5

表 4-31　日粮蛋白水平对仔猪生产性能及腹泻的影响

项目	日粮粗蛋白质水平/%			
	14	17	18	22
日增重/g	98	143	208	166
日采食量/g	250	288	321	244
饲料/增重	2.64	2.10	1.53	1.56
腹泻指数	2.00	3.00	3.50	5.50
血浆尿素氮/(mg/100 mL)	6.9	7.9	8.4	10.3

表 4-32　日粮蛋白水平对仔猪生产性能及腹泻的影响

项目	日粮粗蛋白质水平/%		
	16.5	20	23.5
日增重/g	289	231	250
日采食量/g	375	347	360
饲料/增重	1.30	1.50	1.44
腹泻指数	27	69	94
血浆尿素氮/(mg/100 mL)	8.2	18.8	33
木糖吸收量/(mmol/L)	0.269	0.247	0.214

5. 日粮组成　根据日粮原料组成的不同将其分为简单日粮和复合日粮。简单日粮是以基本不含动物性饲料的以植物性饲料(玉米豆粕)为主的日粮,复合日粮是指除含有玉米豆粕等植物性

饲料外，还含有鱼粉、乳清粉或奶粉等动物性饲料的日粮。

Lepine(1991)认为，玉米豆粕日粮对早期断乳仔猪来说，主要限制因素是碳水化合物的消化率低，加入25%的乳清粉可克服这一缺点。许多研究证明，加入乳制品，不但提高简单日粮的干物质和能量消化率，而且提高氮的消化率(Cline，1991)。加乳清粉后，胰腺重增加（Lindermann，1986)，消化道内容物中消化酶总活性提高(Graham，1981；Owsley，1986)。

与脱脂奶粉和酪蛋白的水解产物比较，大豆粕(饼)等植物性饲料具有较强的抗原作用，这种抗原作用导致肠道黏膜损伤和腹泻，大豆粕在日粮中比例高时，仔猪的生产性能受到影响(Dunsford，1989)。在仔猪日粮中使用奶产品和其他动物蛋白质饲料，可使植物蛋白饲料的比例降低，从而使植物蛋白质对于早期断乳仔猪的不良作用降低。

植物蛋白质通常含有各种抗营养因子，其中某些抗营养因子在加工过程中不易被热处理破坏，因而仔猪对植物蛋白质的消化、吸收和利用性都受到限制和影响(Pusztai，1985)。植物蛋白质本身的结构和性质也使仔猪对其消化和利用受到限制和影响(Silano，1982)。

植物蛋白质的消化和利用还受仔猪消化生理的制约，早期断乳仔猪由于消化道及其蛋白酶的发育不健全，胃酸分泌不足，因此不能较好地消化利用植物蛋白质。

植物性蛋白质的品质也较动物性蛋白质差，仔猪对其的利用率也较差。

与简单日粮相比，动物性饲料抗原性较低，蛋白质品质好，消化利用率高，乳糖及乳清蛋白更适于仔猪消化，乳糖还可在胃内转化成乳酸，降低胃内pH值，适口性也好，故有利于仔猪的生长发育，可有效减轻断奶综合征的发生。

不同日粮类型对仔猪生产性能和腹泻的影响见表4-33和表4-34。

表 4-33 日粮类型对仔猪生产性能和腹泻的影响

项目	日粮粗蛋白质水平/%	
	简单日粮	复合日粮
日增重/g	119	187
日采食量/g	227	324
饲料/增重	2.03	1.88
腹泻指数	3.42	3.58
血浆尿素氮/(mg/100 mL)	8.9	7.9

董国忠.养猪.1995,3.

表 4-34 日粮类型对仔猪生产性能的影响

项目	日粮粗蛋白质水平/%	
	简单日粮	复合日粮
70 日龄重/kg	11.24	14.35
总采食量/kg	8.58	13.24
饲料/增重	2.36	1.89
血浆尿素氮/(mg/100 mL)	21.15	18.00

陈代文.博士论文.1994.

6.心理应激　断奶后离开母猪、混群、转群造成仔猪的心理应激。心理应激常导致断乳仔猪胃肠道结构功能的变化和生产性能的下降,加重断奶综合征的严重程度。

Albinsson(1990)的试验证明,5 周龄断乳仔猪在 10 周龄诊断为“消瘦综合征”的仔猪绒毛高度、回肠黏膜碱性磷酸酶活性均比健康同伴低,给患猪喂 Amperozide(一种神经生理性调节药物,可减弱猪的攻击行为)可使绒毛高度、回肠黏膜碱性磷酸酶活性正常化,生产性能提高。但这是由于药物的直接作用还是由于采食量提高而产生的结果,尚不能定论。Pluske(1996)认为,断奶引起的心理应激造成的胃肠道结构和功能的改变常与因采食量减少引起的胃肠道结构和功能的改变混在一起。

余云高(1999)试验证明,仔猪断奶后留栏 3～7 d,可减轻仔猪早期断奶应激，提高增重（表 4-35）。但 Gary 认为：仔猪断奶后继续饲养在产仔栏内几天能否减少断奶应激尚需探讨，因大多数研究表明仔猪在断奶后 1 周内，马上转出产房，或是在产房内继续留养 4 d，仔猪的生长速度无差别。其试验结果的差异可能与仔猪的断奶日龄、健康状况、产房与仔培舍的环境卫生差异程度等有关。

表 4-35　仔猪断奶后留栏天数对以后增重的影响

项目	断乳仔猪在产栏内留养日数/d			
	0	3	4	7
哺乳天数	20.5	20.3	20.5	18.5
断奶体重/kg	5.24	5.50	5.18	4.84
转入保育舍头数	45	46	48	44
体重/kg	5.24	5.58	5.26	5.04
第一周头数	45	46	47	44
增重/kg	0.02	0.55	0.55	1.18
第二周头数	45	46	47	43
增重/kg	1.37	1.36	1.70	1.68
第三周头数	43	46	47	43
增重/kg	3.06	2.89	2.51	2.76
保育舍三周头均增重/kg	4.45	4.80	4.76	5.62

养猪．1999，3.

仔猪断奶后混群并窝将加剧仔猪的断奶应激，降低生产性能（表 4-36）。

表 4-36　断奶后混群并窝对仔猪生产性能的影响

断奶后天数	处理	体重/kg	
		小于 5	大于 5
0	混群	4.3	6.1
	不混群	4.4	5.9
21	混群	7.7	10.4
	不混群	8.9	11.2

Aherne，1976.

7. 环境应激　猪舍环境温度、气流、饲养空间、卫生状况对早期断乳仔猪，特别是早期断奶后第一周的仔猪的健康和增重具有显著的影响，不利的环境条件加剧断奶应激。

环境温度是影响早期断乳仔猪增重与腹泻的重要因素，梁显锡(1995)于仔猪 30 日龄断奶后 10 d 内给仔猪用白炽灯泡升温，热源垂直地板处较环境温度高 2℃，其效果见表 4-37。

表 4-37　仔猪断奶后升温对仔猪增重及腹泻的影响

项目	升温组	对照组
日增重/g	354	306
饲料/增重	1.81	1.89
腹泻头次	38	55

养猪. 1995,4.

在临界温度以下，气流速度加大会影响仔猪的健康与增重，据测定，在 18℃ 时，气流速度从 0 增加到 5 cm/s，可使 21～25 日龄断乳仔猪生长率下降 15%，肉料比下降 23%，气流速度加大还会造成咳嗽、打喷嚏和腹泻增加。

猪舍的卫生状况对仔猪的采食、消化道形态发育等有显著影响。不卫生的环境中存在较多的病原微生物，数量大或毒力强时可导致仔猪发病，数量小或毒力弱时也会使猪的免疫系统受到刺激，免疫系统的激活可使免疫细胞释放间细胞素 IL-1、间白细胞素-6(IL-6)和 α-瘤坏死因子，导致猪只厌食，减少采食量，降低增重。Mecarthy(1984)的研究证明，注射大肠杆菌(E. coli)内毒素引起采食量减少 60%。Miler(1986)将饲养在不接触母猪粪便、厩草的干净环境中的仔猪与饲养在传统厚垫草环境下的仔猪相比，小肠绒毛显著较长，二糖酶活性较高。Madec(2000)进行一个试验，在仔猪到达断奶日龄(27 d)时，从断奶后严重腹泻的农场随机选取断乳仔猪，一部分继续留在农场培育，另一部分被送到卫生环境条件好的试验猪舍中饲养 28 d,其结果转移走的猪生产性能较高,腹泻率与死亡率明显下降(表 4-38)。采用全进全出的管理制度,以减少或隔断上批猪可能留下的病原病菌对下批猪造成的威胁,可以提高生产性能(表 4-39)。

表 4-38 不同卫生环境条件对断乳仔猪健康和生产性能的影响

项目	优良卫生环境条件	农场条件
断乳仔猪数/头	148	631
日增重/g	466	325
腹泻天数/d	2.8	65
死亡率/%	0	3.3

引自 PIG INTERNATIONAL-JANUARY 2000.8.30. NUMBER 1-37.

表 4-39 管理制度对 3 周龄断乳仔猪生产性能的影响

项目	连续饲养	全进全出
日增重/g	400	503
饲料/增重	1.89	1.74

Le Dividich. 1978.

四、控制仔猪断奶综合征的营养措施

仔猪生长速度快,但消化器官不发达,消化机能不完善,抗病力差,容易受各种因素的影响而导致生长迟缓、发病甚至死亡,为了降低发病率与死亡率,提高仔猪生产性能,除采取以上谈到的各种措施外,还要采取各种营养措施,主要包括减轻仔猪对抗原的过敏反应;选择与使用适宜的能量原料;合理应用非营养性添加剂等。

(一)减轻仔猪对抗原的过敏反应

断奶后腹泻是仔猪断奶综合征的主要表现之一,而饲粮抗原的短期过敏是仔猪断奶后腹泻的主要原发病因,而微生物感染和增殖往往是腹泻加剧的继发原因。因而，控制断乳仔猪腹泻的有效措施是尽量减轻断乳仔猪对饲粮抗原的过敏反应。其主要措施包括合理选择蛋白源；对饲料原料进行适当加工；降低蛋白水平；合理补饲等。

1. 选择蛋白源　大豆蛋白含有较高可引起仔猪过敏反应的大豆球蛋白和β-大豆聚球蛋白；抗营养因子；氨基酸利用率较动物性蛋白低。因此，仔猪不能很好地利用它。奶粉适于仔猪消化，可有效提高仔猪生产性能，但由于价格昂贵，应用也受到限制。因而，人们研究了多种蛋白源以代替奶蛋白，目前能替代奶蛋白的蛋白源主要有喷雾干燥血浆蛋白粉（SDPP）、喷雾干燥血粉（SDBM）、大豆分离蛋白（ISP）、大豆浓缩蛋白（SPC）、小麦谷蛋白（WG）等。

Drietz 等（1988）和 Geurin 等（1988）报道，处理后的大豆蛋白（大豆分离蛋白和大豆浓缩蛋白）对早期断乳仔猪具有同样的作用。Maxwell（1990）报道处理后的大豆蛋白能显著提高 21～35 日龄仔猪的日增重、日采食量和饲料利用率，与脱脂奶粉具有相近的效果。

总结 8 次喷雾干燥血浆蛋白粉代替脱脂奶粉的日粮喂早期断乳仔猪的试验表明，2 周内日增重提高 33%，饲料采食量提高 28%。Bergstrom 等（1995）推荐，日粮中加入 2.5%喷雾干燥血浆蛋白粉、2.5%喷雾干燥血粉和 2.5%精选鲱鱼粉，将有利于断奶后 7～14 d 断乳仔猪（5～7 kg）发育。Chae 等（1996）测定了不同蛋白源对早期断乳仔猪（14 日龄）生长性能的影响，结果见表 4-40。

2. 适当加工　大豆粕经膨化处理，可降低其中蛋白质的过敏原性，减轻对仔猪肠道黏膜的损伤程度，提高仔猪生长速度（谯仕彦，1996）。膨化全脂大豆可改善仔猪生产性能（Jurgens，1983）提高饲料利用效率（Hancock 等，1990a、b）。

表 4-40 不同蛋白源对早期断乳仔猪生长性能的影响

项目	日粮				
	豆粕	脱脂奶粉	大豆分离蛋白	血浆粉	小麦谷蛋白
0～7 d					
日增重/g	103	160	113	255	180
采食量/g	178	217	208	313	248
增重/耗料	0.57	0.77	0.55	0.81	0.72
8～21 d					
日增重/g	383	510	468	475	443
采食量/g	575	700	645	655	465
增重/耗料	0.67	0.73	0.74	0.73	0.69
0～21 d					
日增重/g	293	393	350	403	355
采食量/g	443	537	500	540	510
增重/耗料	0.67	0.74	0.73	0.74	0.69
22～35 d					
日增重/g	685	707	635	655	645
采食量/g	1 065	1 166	993	1 023	1 073
增重/耗料	0.64	0.61	0.64	0.61	0.60
0～35 d					
日增重/g	440	510	487	503	475
采食量/g	693	790	698	733	733
增重/耗料	0.64	0.65	0.70	0.69	0.65

3. 降低蛋白水平 以玉米豆粕为基础的饲粮，适当降低蛋白水平，可减少豆粕用量，从而使日粮免疫原含量下降，以减轻仔猪过敏反应引起的肠道损伤及腹泻。仔猪日粮中添加合成氨基酸后，粗蛋白质可比标准推荐量下降 2～3 个百分点。Papdopoulo(1987)将 5 周龄断奶、体重 9.4 kg 仔猪日粮蛋白水平从 22%下降到 19%，添加赖氨酸，结果表明，生长速度和饲料效率显著提高，仔猪腹泻率下降 40%。Phelps(1988)将断乳仔猪饲粮蛋白质水

平从21.4%降至16%，也添加必需氨基酸，结果对仔猪生产性能无影响，腹泻率大大下降。

4.合理补饲　仔猪的补料量非常重要，断奶前至少应补给每头仔猪600 g饲料，以使其产生免疫耐受力。如果达不到这一补料量，宁可不补，以免免疫系统被激活而处于待发状态，使仔猪断奶后发生比不补料更严重的肠道免疫损伤；或者在仔猪第一次接触日粮抗原的同时，喂给免疫佐剂，以加速耐受过程的建立，将抗原的过敏剂量转化为耐受剂量。

(二)选择与使用适宜的能量原料

1.油脂的添加　早期断乳仔猪断奶初期常出现体重下降。采食量低、能量不足是体重下降的主要因素，而常规玉米-豆粕型日粮含能量较低(13.5～14.0 MJ/kg)，饲粮添加油脂可提高日粮的能量浓度，增进仔猪能量摄取量。但也有研究表明断奶后第一周添加油脂的效果不明显，甚至影响生长(Howard 等)，因为断奶后胰脏和消化道胰脂酶活性分别下降30%和60%(Linemann 等，1986)，限制了脂类的利用，几天后可恢复到断奶前的水平。但为了有利于制粒和减少粉尘，也在仔猪料中添加油脂，其添加量一般以3%～6%为宜。

仔猪对含短链饱和及长链不饱和脂肪酸的油脂比含长链饱和脂肪酸的油脂消化率高(Cera 等，1988，表4-41)，因短链脂肪酸更容易和胆汁形成微团，并被迅速吸收入血液。

表4-41　脂肪酸链的长度对其消化率的影响

油脂	3周龄	7周龄
短链(<14C)	86	96
中链(14C～18C)	70	90
长链(>18C)	37	78

植物油含不饱和脂肪酸高，断奶后1周仔猪对其消化吸收利用率高，断奶2周后二者差异不大(Cera 等，1988，表4-42)。

表 4-42　断乳仔猪对不同来源油脂的消化率　%

断奶后(周)	玉米油	猪油	牛油
1	79	68	65
2	80	72	72
3	89	84	83
4	89	85	82

Jin(1997)测定了不同来源油脂对断乳仔猪(21 日龄)生长性能的影响,结果表明,可可油、玉米油、豆油、牛油、牛油＋卵磷脂,5 组,以加可可油效果最好,牛油最差,但补加卵磷脂的情况下植物油可由动物油来代替(表 4-43)。

表 4-43　不同来源油脂对断乳仔猪(21 日龄)生长性能的影响

项目	日粮				
	可可油	玉米油	豆油	牛油	牛油＋卵磷脂
0～7 d					
日增重/g	247	239	234	215	230
采食量/g	271	264	261	246	261
耗料/增重	1.09	1.10	1.11	1.14	1.13
8～14 d					
日增重/g	411	399	412	380	397
采食量/g	475	463	476	459	467
耗料/增重	1.15	1.16	1.15	1.20	1.17
0～14 d					
日增重/g	329	319	323	297	314
采食量/g	373	364	368	352	364
耗料/增重	1.13	1.14	1.14	1.18	1.16
15～21 d					
日增重/g	497	499	500	479	499
采食量/g	703	703	701	680	701
耗料/增重	1.41	1.40	1.39	1.42	1.40
0～21 d					
日增重/g	385	378	382	358	375
采食量/g	483	477	479	462	476
耗料/增重	1.25	1.25	1.25	1.28	1.27

2. 碳水化合物原料的选择　Jin 等(1998)研究了不同碳水化合物对早期断乳仔猪(21 日龄)生产性能的影响,结果证明乳糖组饲料利用率明显高于蔗糖组,显著提高断乳仔猪的日增重,第二周蔗糖能很好地替代乳糖(表 4-44);乳糖、乳清粉和蔗糖都可提高仔猪的日增重,尤其是断奶后前 2 周。因此,乳糖和乳清粉在国外仔猪日粮中应用广泛。

表 4-44　不同碳水化合物对早期断乳仔猪生产性能的影响　g

项目	日粮				
	淀粉	乳糖	葡萄糖	蔗糖	干乳清粉
0～7 d					
日增重	241	294	259	292	286
采食量	298	329	316	339	334
耗料/增重	1.22	1.11	1.21	1.15	1.16
8～14 d					
日增重	391	422	399	424	418
采食量	535	552	530	557	549
耗料/增重	1.36	1.31	1.32	1.31	1.31
0～14 d					
日增重	316	376	329	358	352
采食量	416	441	423	448	441
耗料/增重	1.31	1.23	1.28	1.24	1.25
15～21 d					
日增重	524	538	527	529	530
采食量	787	785	784	782	785
耗料/增重	1.50	1.48	1.49	1.48	1.48
0～21 d					
日增重	386	415	395	415	411
采食量	540	556	543	559	556
耗料/增重	1.40	1.33	1.37	1.34	1.35

乳清粉一般含乳糖65%～75%，含粗蛋白12%(NRC1998)，部分乳糖结晶出来的乳清粉含粗蛋白17%左右，其优点是含有乳糖和以乳球蛋白为主的蛋白质，只是盐分较高，应予以注意。由于价格原因，在国外仔猪阶段饲养中，在SEW阶段乳清粉用量为15%～30%，过渡阶段为10%～20%，第二阶段降到10%以下，第三阶段一般不再使用(Shueson 等，1995)。

一些乳品的乳糖含量见表4-45。

表4-45　一些乳品的乳糖含量　　%

乳制品	乳糖含量	乳制品	乳糖含量
牛奶	4.8	甜乳清	4.8
猪奶	5.0	硬质干酪乳清	4.9
绵羊奶	4.8	鲜干酪乳清	3.4
山羊奶	4.1	全乳清粉	69.0～72.0
马奶	6.2	去乳糖乳清液	15.0～17.0
人奶	7.0	去乳糖乳清粉	37.0～42.0
脱脂奶液	4.9	去矿物质乳清粉	80.5
脱脂奶粉	49.0	乳清蛋白浓缩物	50.2

为了测定含有血浆蛋白粉的高营养浓度日粮中乳糖的适宜添加水平，Owen 等(1993)做了一项试验，以20%乳清粉含量的高营养浓度日粮为对照组，然后以10%乳清粉含量的日粮分别添加4%、8%、12%和16%乳糖为试验组(相对于乳糖为11%、15%、19%、23%)，结果表明，随着乳糖的增加，仔猪生产性能呈直线上升(表4-46)。乳糖(乳清粉透过物、去蛋白乳清粉、可食乳糖)通常比乳清粉便宜，Shueson 等 1995 推荐日粮用量为：SEW日粮为18%～25%，过渡阶段为15%～20%，第二阶段为10%。

表 4-46 不同量乳糖对断乳仔猪生产性能的影响

项目	日粮乳糖/%					
	对照	7	11	15	19	23
0～7 d						
日增重/g	159	133	151	165	172	192
饲料/增重	1.20	1.50	1.18	1.18	1.16	1.11
0～14 d						
日增重/g	231	200	209	245	236	263
饲料/增重	1.14	1.25	1 23	1.11	1.15	1.10

(三)合理应用非营养性添加剂

1. 酸制剂　胃肠道中 pH 值对于消化酶有重要影响，胃蛋白酶有活性的 pH 值是 4.0，而最高活性的 pH 值是 2.0，同时胃酸也是胃蛋白酶的激活剂，淀粉酶的最适 pH 值是 6.5，催化糊精分解的糖-淀粉酶的 pH 值为 4.4 时效率最高。计成(1995)在体外测定了 pH 值对胃蛋白酶活性的影响，结果见表 4-47。

表 4-47 pH 值对胃蛋白酶活性的影响

酶活单位/(IU/mL)	pH 值	消化率(鱼粉)/%	
		干物质	粗蛋白
11.4	1.0	90.6	90.6
11.4	1.25	90.4	91.5
11.4	1.5	89.4	93.4
11.4	2.0	78.1	84.3
11.4	3.0	73.1	74.2
11.4	5.0	45.8	37.3

仔猪消化道中，以胃内酸度变化最大，pH 值为 2～5，小肠为 4～6，盲肠为 5.5～6.5，回肠为 6.5～7.5，大肠为 6.5～7。仔猪胃酸分泌能力较差，pH 值常维持在 4 左右，3 月龄内的仔猪采食后 30 min，胃内 pH 值才降到 5～5.5，对于仔猪，pH 值低于 4 才

有利于乳蛋白的消化，如果喂大豆蛋白或鱼粉蛋白，则需要 pH 值低于 2～3。因此，降低仔猪胃内 pH 值是提高仔猪消化能力和生产性能的重要措施。

基于以上原因，仔猪日粮中常加入酸制剂。常用的酸制剂主要有富马酸(延胡羧酸)、柠檬酸、乳酸苹果酸等。其主要作用是降低胃内 pH 值，同时增加饲粮适口性及饲料对有害菌的抑制，增进仔猪健康，提高生产性能。

日粮中富马酸的适宜添加水平为 1.5%～3%，可提高仔猪日增重 7%左右，改善饲料利用率 6.5%左右，不同剂量富马酸的添加效果见表 4-48。

表 4-48　日粮中添加富马酸对仔猪生产性能的影响　%

富马酸添加量	试验次数	改善	
		日增重	饲料/增重
1.5	1	6.28	3.89
2.0	7	3.87	7.32
2.5	2	4.82	4.87
2.75	4	7.87	5.88
3.0	5	9.08	7.46
4.0	1	13.79	15.38

日粮中柠檬酸的适宜添加水平为 0.5%～2%，可提高仔猪日增重 7%左右，改善饲料利用率 6%左右，不同剂量柠檬酸的添加效果见表 4-49。

加酸的效果与饲粮组成有关，Burnell 等(1988)的研究表明，在含 15%乳清粉日粮中加有机酸仅提高日增重 1.5%，在玉米-豆粕饲粮中添加有机酸可提高日增重 11%，饲料利用效率改善幅度也较加酸的乳清粉日粮改善幅度为高。

表 4-49 日粮中添加柠檬酸对仔猪生产性能的影响 %

柠檬酸添加量	试验次数	改善	
		日增重	饲料/增重
0.5	2	6.59	7.41
0.75	4	9.24	3.15
1.0	9	4.94	4.50
1.5	3	13.61	10.61
2.0	2	5.27	9.45
2.5	1	5.45	0.34

仔猪饲喂酸化饲料应根据实际情况而定。酸化饲料受其类型、酸化剂浓度的影响。一些饲料如鱼粉、乳制品、高蛋白质饲料等与酸结合力强，谷类饲料结合力弱，由于结合力不同，酸化剂的作用(种类和剂量)应不同。仔猪胃内酸度随日龄增长而增加，酸化饲料的效果随日龄和体重的增加而降低。因此，酸化饲料对4～7周龄断奶的仔猪效果最明显。据报道，对7周龄以后的仔猪饲喂柠檬酸则无明显效果。

饲粮酸碱度是选择饲料原料时参考的另一方面。根据仔猪胃肠道酸性很低的特点，应尽量选用偏酸性或碱性低的饲料，因为胃蛋白酶在酸性环境下才能激活发挥作用。饲料的酸碱性用酸结合力(acid-binding capacity)表示。每100 g饲料原样物质使其pH达到4需消耗的盐酸毫摩尔数，即为该饲料的酸结合力。一些饲料的酸结合力见表4-50。矿物质饲料的碱性很强，酸结合力高，在日粮中的用量应受限制，以不超过1%为宜。正常仔猪料酸结合力为30，若能通过选择饲料原料，将酸结合力控制在30以下，则有较好的应用效果。

2.酶制剂　仔猪消化机能不完善，对饲料尤其是植物性饲料的消化能力低，因此，仔猪饲粮中添加酶制剂，可弥补其内源消化酶不足，促进营养物质的消化与吸收，减少乳制品用量，减轻消化不良或腹泻现象。

表 4-50 饲料的酸结合力

原料	酸结合力	原料	酸结合力
酸性脱脂乳	3.07	豆饼	50.68
新鲜脱脂乳	7.12	鱼粉	60.38
小麦	8.99	干脱脂乳粉	66.37
大麦	9.97	矿物质预混料	1 260.50
酵母	30.10	仔猪开食料	30

目前世界上研制和使用的饲用酶种类很多,主要有酸性蛋白酶、中性蛋白酶、α-淀粉酶、β-淀粉酶、异淀粉酶、纤维素酶、β-葡聚糖酶、戊聚糖酶、果胶酶、植酸酶等。为有效提高饲粮营养价值和消化率,应注意根据猪的生理特性、日粮组成及要帮助消化的组分,合理选择酶制剂的种类,妥善控制贮存、加工、饲喂等条件或环节。由于日粮成分多样,酶解过程复杂,因而有时使用单一酶作用十分有限,多采用复合酶,以发挥各种酶的协同作用,效果更好。Han(1990)报道,八宝威可提高仔猪日增重,改善饲料转化率,提高营养物质消化率,减少氮磷排泄。李同洲(1996)的研究证明,仔猪日粮中添加酶制剂,可提高营养物质消化率,促进增重,改善饲料报酬,降低仔猪腹泻发生率。

3. 调味剂 仔猪的嗅觉和味觉特别敏感,为了使哺乳仔猪提早开食和提高早期断乳仔猪的采食量,在仔猪饲料中添加调味剂,使饲料从味觉和嗅觉上拟母乳化。目前市场上的调味剂多为进口产品,如美国的乳猪宝、乳猪香、甜香精等。这些产品有的偏重于味觉(甜剂),有的偏重于嗅觉(乳油香)。由于香料是挥发性物质,控制其香味释放技术复杂,并易受加工和贮藏过程的影响,这类产品往往较贵,效果不稳定。相对来说,甜味剂较便宜,效果稳定,适于目前我国的生产条件。20 世纪 70 年代坎波彼尔教授成功地使用了这一技术，将特定的香味剂加到分娩前母猪料中，并延续到分娩后至断奶。这种香味剂通过乳腺在乳汁中分泌，让仔猪从乳汁中熟悉这种香味剂，然后，用同一种香味剂添加到代乳料及幼畜饲料中，这种饲料能使仔猪开食早，采食量增加。

4. 抗生素及抗菌药物　在补料和开食料中加入抗生素或抗菌药物，既可抑制病原微生物增殖，又可加速肠道免疫耐受过程，从而减轻肠道损伤，减轻腹泻。抗生素本身有促长作用。三种效应共同作用有助于仔猪轻松地渡过断奶关。

第五章　肉猪的饲养管理

肉猪是指 20～90 kg 这一阶段的育肥猪，其数量占总饲养量的 80％以上，饲养效果的好坏直接关系到整个养猪生产的效益。该阶段的中心任务，是用最少的劳动消耗，在尽可能短的时间内，生产数量多、质量好的猪肉。

第一节　肉猪生产性能评定指标与生长发育规律

一、评定肉猪生产性能的指标

生产上通常从 3 个方面评定肉猪生产性能，即生长速度、饲料利用效率和胴体性状。

(一)生长速度

生长速度通常以日增重或达 90～100 kg 日龄表示，日增重是指仔猪断乳后，肥育开始到出栏屠宰整个肥育期的平均日增重，用下列公式计算：

$$日增重(g)=\frac{始重-终重}{育肥天数}$$

我国目前开始体重为 20 或 25 kg，结束体重 90 kg，对于开始与结束体重不同的日增重不能相互比较。

达 90～100 kg 日龄是指肉猪从出生到 90～100 kg 出栏的天数。

(二)饲料利用效率

它是指肉猪整个肥育期平均每千克增重所消耗的饲料量，又称饲料利用率、饲料报酬、料肉比或饲料增重比。

$$饲料报酬=\frac{肥育期耗料量}{肥育期总增重}$$

(三)胴体性状

屠宰率 胴体重(切除头、蹄、尾，去内脏后的肉片重)占宰前活重的百分比。

$$屠宰率=\frac{胴体重}{宰前活重}\times 100\%$$

瘦肉率 胴体瘦肉占胴体皮、骨、肉、脂之和的百分数。

$$瘦肉率=\frac{瘦肉}{皮+骨+肉+脂}\times 100\%$$

二、肉猪生长发育的一般规律

猪的生长发育具有一定规律性，表现在体重、体组织以及化学成分的生长率不同，由此构成一定的生长模式。掌握猪的生长发育规律后，就可以在生长发育的不同阶段，调整营养水平和饲养方式，加速或抑制某些部位、组织、化学成分等的生长和发育程度，改变猪的产品结构，提高猪的生产性能，使其向人们需要的方向发展。

(一)生长速度与饲料利用效率的变化

猪的生长速度呈现先慢后快又慢的规律，由快到慢的转折点大致在 6 月龄上下或成年体重的 40%，转折点出现的早晚受品种、饲养管理条件等的影响，一般大型晚熟品种，饲养管理条件优越，转折点出现较晚；相反则早。如长白猪在 100 kg 左右。生产上应抓住转折点前这一阶段，充分发挥其生长优势。

猪在肥育期每千克增重的饲料消耗，随其日龄和体重的增加而成线性增长，2～3 月龄的猪，每千克增重耗料 2 kg 左右，5～6 月龄的猪，体重达 90 kg 左右时，上升到 4 kg 左右，以后随体重的增大上升幅度更大，同时日增重开始降低，经济相效益显著下降，因此，应注意适时出栏。

(二)猪体各组织的生长

猪骨骼、肌肉、脂肪虽然在同时生长，但生长顺序和强度是不同的。骨骼是体组织的支架，优先发育，在幼龄阶段生长最快，其后稳定；肌肉居中，4～7 月龄生长最快，60～70 kg 时达最高峰；脂肪是晚熟组织，幼龄时期沉积很少，但随年龄的增长而增加，到 6 月龄、90～110 kg 以后增加更快。

(三)猪体化学成分的变化

猪体化学成分也随猪体重及猪体组织的增长呈现规律性的变化。猪体内水分、蛋白质和矿物质随年龄和体重的增长而相对减少，脂肪则相对增加；45 kg 之后，蛋白质和灰分含量相对稳定，脂肪迅速增长，水分明显下降，这也是饲料报酬随年龄和体重的增长而变差的一个重要原因。

第二节　肉猪的营养与饲养

一、肉猪的营养需要

营养是发挥肉猪生产性能的重要保证，营养水平过低或不平衡就保证不了猪的正常生长发育，降低生产性能；营养水平过高也不能获得最佳的经济效益。因此，生产上应控制营养，确定适宜水平，保持最佳生产状态，获得最佳经济效益。同时，最好使用无公害饲料，避免使用违禁药品及添加剂，保证优质猪肉的生产。

(一)能量

在自由采食情况下,一定范围内,每千克饲粮所含能值越高,生长速度越快,饲料报酬越好,瘦肉率越低(表 5-1)。虽然能量浓度提高了肉猪生产性能,但由于高能日粮的价格也较高,所以最终效益不一定好。生产上应根据当地当时的具体情况,及时核算,灵活掌握。一般每千克日粮含消化能 12.5~13.5 MJ。

表 5-1 能量浓度对肉猪生产性能的影响

能量浓度 /(MJ/kg)	日采食量 /kg	日采食消化能 /MJ	日增重 /g	背膘厚 /cm
11.0	2.50	27.51	860	2.48
12.3	2.40	29.52	900	2.65
13.7	2.35	32.15	949	2.98
15.0	2.24	33.60	944	3.02

(二)蛋白质与氨基酸

在必需氨基酸平衡的基础上,在一定范围内,提高日粮粗蛋白水平,可以提高日增重、饲料报酬和瘦肉率。采用能量浓度相同而粗蛋白水平不同的日粮饲喂长白与大约克夏一代杂种猪的结果见表 5-2。

表 5-2 粗蛋白水平对肉猪生产性能的影响

项目	粗蛋白质/%					
	15.5	17.7	20.2	22.3	25.3	27.3
日增重/g	651	721	723	739	699	689
日沉积瘦肉/g	216	253	255	270	263	264
日沉积脂肪/g	166	164	155	122	130	117
瘦肉率/%	44.7	46.9	46.8	47.7	49.0	50.0

由表 5-2 可见,日增重随蛋白水平的提高而提高,17.7%的效果最好,超过 22.2%反而无益;若追求胴体收肉率,蛋白水平可喂到 25%~27%,但目前用高蛋白水平提高瘦肉率是不经济的。生产上应以获得最好的日增重、饲料报酬、较好的胴体品质、最高的

经济效益为目的来确定适宜的粗蛋白水平。一般在 20～50 kg 阶段的粗蛋白水平以 5%～17% 为宜，50 kg 以后以 13%～15% 为宜。

蛋白质是由氨基酸组成的，猪对蛋白质的需要实质上是对氨基酸的需要。猪容易缺乏的氨基酸有 10 种，其中最容易缺乏的有 4 种，即赖氨酸、蛋氨酸、色氨酸和苏氨酸。在配制日粮时除了考虑猪对蛋白质的需要外，还应注意氨基酸的平衡，实际中可通过饲料原料的多样搭配和补充商品氨基酸来实现。一般在 20～50 kg 阶段的赖氨酸水平 0.8%以上，50 kg 以后 0.65%以上。

（三）粗纤维

猪对粗纤维的利用能力很差，日粮中粗纤维水平越高，日增重越低，饲料报酬越差（表 5-3）。一般在 20～50 kg 阶段的粗纤维水平为 3%～4%，50 kg 以后为 4%～8%。

表 5-3　粗纤维水平对肉猪生产性能的影响

粗纤维/%	日增重/g	饲料报酬	瘦肉率/%
3	609	3.45	51.07
7	507	3.70	54.62

（四）矿物质和维生素

肉猪生长较快，对各种营养物质的需要相对较多，除能量和蛋白质外，应注意矿物质、微量元素和维生素的供给，供给不足时，对肥育效果影响很大（表 5-4）。

表 5-4　矿物质、微量元素和维生素对肉猪生产性能的影响

粗纤维/%	日增重/g	饲料报酬
平衡日粮	774	2.75
不添加微量元素	738	2.76
不添加维生素	680	2.95
不添加钙和磷	576	3.30

二、肉猪的饲养技术

(一)饲料调制

1. 原料选择与搭配　生产上应根据所养肉猪的生长潜力、猪场的饲养管理条件、不同年龄猪的消化生理特性、当地饲料资源、选择价格低、营养价值高、适口性好的原料。选好原料后还要注意多样合理搭配,包括青料、粗料和精料的合理搭配;能量饲料、蛋白质饲料、矿物质和维生素饲料的合理搭配以及同类饲料不同品种间的合理搭配,以取长补短,完善营养,使猪既能吃饱,又能吃好(营养满足需要)。

2. 饲料形态　饲料可加工调制成各种形态,包括全价颗粒料、湿拌料、稠粥料、干粉料和稀水料。饲喂效果以颗粒料最好,其次是湿拌料和稠粥料,再次是干粉料,稀水料饲喂效果最差。但每种饲料形态都有其优缺点,生产上应根据具体情况,选择适宜的饲料形态。

颗粒料饲喂效果最好,并且便于投食,损耗少,不易霉坏。但设备投资大,制粒成本高。因此,目前仅用于仔猪。

湿拌料料水比 1∶(0.5～2),稠粥料料水比 1∶(2～3),两者饲喂效果接近,该饲料形态的优点是适口性好,提前浸泡可软化饲料,有利于消化,缺点是稍费工,不适于机械化饲养,剩料易结冻、腐败变质。母猪和非机械化猪场常采用湿拌料喂猪。

干粉料适于机械化饲养,可大大提高劳动生产率,剩料不易霉坏变质,可保持舍内干燥,但适口性差,粉尘多。目前大规模猪场多采用此种饲料形态。

稀水料料水比 1∶4 以上,此种饲料形态喂猪,影响唾液分泌,冲淡胃液,降低饲料消化率,大量水分排出体外还增加生理负担,故生产上应杜绝稀水料喂猪。

3. 生喂与熟喂　熟料喂猪有一些优点,即可提高饲料适口性,可以消灭有害微生物和寄生虫，对某些饲料可起到去毒作用，因此部分饲料应熟喂，如大豆饼、棉籽饼、菜籽饼。而多数饲料如玉米、高粱、大麦、麸皮等经过煮熟反而降低饲喂效果，其原因是破坏其中的许多营养，而且浪费大量燃料、劳力、设备等，因此，应提倡生料喂猪。

(二)饲喂方式

猪的饲喂方式有自由采食和限量饲喂两种。自由采食是根据猪的营养需要，配制营养平衡的日粮，任猪自由采食或分次喂饱；限量饲喂是每日喂给自由采食量80%～90%的饲料，或降低营养浓度以达到限饲的目的。

自由采食的猪日增重高，饲料报酬略差，瘦肉率低。

限量饲喂按阶段又分为前期限量、后期限量和全期限量。其中前期限量效果最差，日增重低，饲料报酬差，瘦肉率低，一般不采用；全期限量猪的日增重较前者更低，饲料报酬与瘦肉率优于前者，一般也不宜采用；前期自由采食，保证一定的日增重，后期限量饲喂，提高饲料报酬和瘦肉率，该种饲喂方式是值得提倡的一种饲喂方式。

(三)饲喂次数

饲喂次数对生长肥育猪的影响，目前报道不一，据测定，定量饲喂时，同样多的饲料每日喂1次与分2次喂，日增重没有差别，但喂一次的胴体较瘦，喂两次的饲料报酬较高。

猪分次饲喂要注意定时、定量、定质。

定时就是每天喂猪的时间和次数要固定，这样可提高猪的食欲，促进消化腺定时活动，提高饲料消化率。如果饲喂次数忽多忽少，饲喂时间忽早忽晚，就会打乱猪的生活规律，降低食欲和消化机能，并易引起胃肠病，生产上一般采用日喂2～3次，每次饲喂的时间应均衡。

定量即掌握好每天每次的喂量，一般以不剩料、不舔槽为宜，不可忽多忽少，以免引起猪消化不良、拉稀。每日喂量可用下式大致估计：

日采食量＝系数×猪体重

50 kg 前系数为 0.045，50～80 kg 为 0.04，80 kg 以上为 0.035。

一天的早、午、晚三次喂猪，以傍晚食欲最旺盛，午间最差，早晨居中，夏季更明显。料的给量以早晨 35%，中午 25%，傍晚 40%为宜。

定质即饲料的品种和配合比例相对稳定，不可轻易变动，如需变换，新旧饲料必须逐步增减，让猪的消化机能有一个适应过程，突然变换易引起猪采食量下降或暴食、消化不良、生产性能下降。

第三节 肉猪的管理

一、合理分群

生长肥育猪一般采用群饲。为避免猪合群时争斗，最好以同一窝为一群最好；如果需要混群并窝，应按来源、体重、体质、性情、吃食快慢等方面相近的猪合群饲养，为减少合群时的争斗，可采用“留弱不留强，拆多不拆少，夜并昼不并”的办法。分群后，宜保持猪群相对稳定，一般不任意变动。但因疾病或体重差别太大、体质过弱，不宜在群内饲养的猪，则应及时加以调整。

分群时，还应注意猪群的大小和圈养密度。猪群大小是指每一圈（或栏）所养猪的头数，圈养密度是指每头猪所占猪圈（或栏）的面积。它们直接影响猪舍的温度、湿度、有害气体等的变化和含量，也影响猪的采食、饮水、排便、活动、休息、争斗等行为，从而影响猪的健康与生产性能。猪群过大，猪的争斗次数增多，休息睡眠时间缩短，降低猪的生产性能。所以猪群不宜过大，一般以 10～

20 头为宜。圈养密度过大,猪体散热增多,不利于防暑;冬季适当增大圈养密度,有力于提高圈舍温度;春秋密度过大,会因散发水汽太多,有害微生物易于繁衍,有害气体增多,使环境恶化,降低猪的生产性能。因此圈养密度也不宜过大,一般在 20～50 kg 阶段 0.6～1 m^2/头,50～100 kg 阶段 0.8～1.2 m^2/头。漏缝地板圈养密度可大一些,实体水泥地面圈养密度小一些。

二、及时调教

圈舍卫生条件的好坏,直接影响猪的健康与增重。因此,除每天清圈打扫、定期消毒外,饲养员还应及时做好猪的调教工作,使猪养成吃食、睡觉、排便三角定位的习惯以减轻饲养员劳动强度,保持圈舍清洁干燥。

调教要根据猪的生活习性进行。猪一般喜欢躺卧在高处、平处、圈角黑暗处、垫草及木板上,冬天喜睡温暖处,夏天喜睡风凉处;猪排便也有一定规律,一般多在低处、湿处、有粪便处以及圈角、洞口、门口等处,并多在喂食前后和睡觉刚起来时排便,在新的环境或受惊吓时排便较勤。掌握好这些习性是调教的基础,抓得及时是调教的关键。一般在猪刚调入新圈时要立即开始调教,可采用守候、勤赶、放猪粪引诱、加垫草等方法单独或交替使用。例如,在猪调入新圈前,要把圈舍打扫干净,在躺卧处铺上垫草,饲槽放入饲料,水槽加足饮水,并在指定排便地点堆放少量粪便,泼点水,然后把猪调入新圈。吃食、睡觉、排便三点的安排,应尽量考虑猪的生活习性。猪入圈后要加强看守,驱赶猪到指定地点排便,把排在其他处的粪便及时清到指定排便地点,一般经 3 d 左右猪就会养成吃食、睡觉、排便三角定位的习惯。

三、去势与驱虫

猪的公、母性别和去势与否,对生产性能和胴体品质影响很大,生产上必须根据具体情况,灵活掌握。

对于我国地方品种或含我国地方品种血液较多的杂交猪，由于性成熟较早，去势后猪的性机能消失，神经兴奋性降低，日增重、饲料报酬、屠宰率、沉积脂肪能力均提高，一般公、母猪应去势肥育；对于国外引进品种以及含引进品种血液较多的杂交猪，由于性成熟较晚，母猪可采用不去势肥育，瘦肉率和饲料报酬较高。在某些国家，公猪也采用不去势肥育，其肥育效果最佳。

小公猪一般在7日龄左右去势，操作方便，伤口愈合较快。小母猪一般在30日龄左右去势。

猪体内外寄生虫对猪危害很大，在相同饲养管理条件下，患蛔虫病的猪比健康猪增重低30%，严重时生长停滞。生产上必须根据寄生虫的生物学和流行病学特性，有计划地定期驱虫，以提高猪的增重和饲料报酬。整个肥育期最好驱虫两次，肥育前进行第一次驱虫，体重达50 kg左右时再驱虫一次。可用左旋咪唑，按每千克体重8 mg拌入饲料喂服；也可用伊维菌素，每千克体重0.3 mg左右口服。

四、建立管理制度

管理要制度化，按规定的时间与程序给料、给水、清扫粪便，及时观察猪群的食欲、精神、粪便有无异常，对不正常的猪及时诊治。要建立一套周转、出售、称重、饲料消耗、治疗等的记录。

第四节 影响育肥性能的其他因素

一、品种与杂交

现代养猪生产一般都用杂种猪肥育，利用杂种优势提高养猪经济效益。但杂种猪的生产性能决定于其亲本品种的生产性能高低、亲本的纯度、差异程度以及杂交组合和杂交方式等。为了充分利用杂种优势，应根据本场饲养管理水平选择与之相配套的杂交组合和杂交方式，以获得最佳的经济效益。

二、仔猪初生重与早期生长

仔猪初生重和早期生长与肥育期日增重呈正相关，初生重越大，断乳重越大，肥育期生长越快。据测定，初生重每差 100 g，肥育期延长 1 周。所以生产上应注意保证一定的初生重，并注重早期生长。

三、屠宰体重与肥育效果

肉猪何时出栏屠宰，应从经济效益出发，考虑仔猪成本、饲料报酬、增重速度、屠宰率、瘦肉率、肉质以及市场行情等，对这些指标及时进行投入产出分析，根据其综合经济效益来确定适宜出栏屠宰体重。

仔猪成本和饲料报酬是两个最主要的评定指标，肉猪单位体重所摊仔猪成本随肉猪体重的增长而减小，饲料报酬随肉猪体重的增长而变差，如果将仔猪成本折合成饲料，加到肉猪耗料上，则肉猪每千克增重的饲料投入呈先高后低再高的变化规律(表 5-5)。

表 5-5　肉猪单位增重的预计饲料投入

项目	体重/kg					
	20～30	20～50	20～70	20～90	20～100	20～110
饲料/增重	2.5	2.9	3.25	3.60	3.73	3.88
仔猪成本(折合饲料)	70	70	70	70	70	70
肉猪每千克增重所摊仔猪料成本	7.00	2.33	1.40	1.00	0.88	0.78
肉猪每千克增重饲料投入	9.50	5.23	4.65	4.60	4.61	4.66

由表 5-5 可见，肉猪每千克增重的饲料投入随体重的增长而减少，到 90 kg 时最低，以后又开始增高。据此表，肉猪适宜出栏屠宰体重应是 90 kg。

屠宰率、瘦肉率和肉质直接关系到肉猪的出售价格，也是决定经济效益的重要指标。一般猪的体重越大，屠宰率越高，瘦肉率越低。

可见，出栏体重过小，虽然饲料报酬高，瘦肉率高，但增重速度尚未充分发挥，单位体重所摊仔猪成本高，屠宰率低，肉质差，不经济；出栏体重过大，虽然屠宰率高，肉质好，单位体重所摊仔猪成本少，但日增重低，饲料报酬差，瘦肉率低，也不经济。因此，应对以上指标综合考虑，以最少的投入获得最大的经济收益为标准确定最适出栏屠宰体重，并根据具体情况及时调整。目前，在我国一般地方品种 70～80 kg 出栏合适，国内培育品种及我国猪种与引入品种杂交的一代猪，在体重 90～100 kg 出栏合适，国外引入的大型晚熟猪种以 100～110 kg 出栏合适。

第六章　工厂化养猪

我国的养猪生产正迅速由传统家庭散养方式向规模化、集约化、工厂化方向发展，专业化、商品化、社会化程度不断提高，技术含量不断增加，整个养猪业进入了一个崭新的发展阶段，为生产优质猪肉奠定了良好的物质基础和客观条件。本章就集约化养猪的有关概念、特征、工艺流程、生产组织等进行论述。

第一节　工厂化养猪的特征

一、工厂化养猪的概念

规模化养猪的高级阶段是集约化养猪，工厂化养猪是集约化养猪的最高级形式。

规模化养猪是指生产单位或专业户在一定的内外环境条件下，以商品生产为基本特征，合理组织与配置猪群、劳力、猪舍、设备、资金，使其达到一定的数量或规模（一般为100头基础母猪及相应的配套所需），取得规模经济效益的一种养猪生产经营形式。

集约化养猪是以“集中、密集、约制、节约”为前提，按照养猪生产的客观规律，根据各地区自然、经济条件而采取对猪群、劳力、猪舍、设备的合理配置和适度组合，取得养猪最佳经济效益的经营方式。集约化养猪要求具有先进的科学技术、优良的品种、全价的饲料、适宜的环境、现代化的猪舍、设备及工艺流程，并要求劳动者具有专项劳动素质。从而使养猪生产达到高水平、高效益。“集中、密集”具体体现为合理组织各类猪群，集中饲养管理，统一安排劳力、猪舍、设备，使各类猪群的饲养密度大大高于传统养猪；“约制、节约”则表现为各类猪群应按集约化生产要求而不同程度地受生活空间等方面的限制（如采用限位栏等），从而减少猪场占地面积和栏舍面积，提高猪舍、猪栏及设备的利用率；同时，由于新技术、新设备的应用和劳动者专项劳动熟练程度的提高，可节省劳动力，提高劳动生产率。

工厂化养猪是以工业生产方式安排生产，生产程序化、流水作业化、产品规格化；要求猪群、饲料、环境标准化；设备机械化、电气化、自动化，所以生产水平高，突出地表现在劳动生产率高，是集约化养猪的最高级形式。

二、工厂化养猪的特征

（一）饲养优良的品种

工厂化养猪要饲养优良的品种，并组建起完整的杂交繁育体系，保证高产、优质、整齐、稳定、一致，以满足严整工艺流程的需要，按期完成一定数量、合乎规格的产品，实现有计划、有节律的均衡生产，取得最佳的经济效益。

（二）喂以全价配合饲料

优良的猪种必须喂给优质全价配合饲料，满足各类猪群的营养需要，最大限度地发挥其生产潜力。

（三）为猪提供适宜的环境

猪舍内的适宜环境是保证发挥优良品种最大生产潜力的重要条件。所以，工厂化养猪必须有效控制或调节猪舍内的环境，使其达到最佳状态，避免猪只受到不利环境的影响。

（四）高生产水平

由于工厂化养猪饲养有优良的品种，喂以优质全价配合饲料，提供有适宜的环境条件，所以能达到最佳的生产水平。

(五)严整的工艺流程

工厂化养猪是按照养猪生产的生产环节,从配种→妊娠→分娩→保育→生长→育肥→出栏上市,组成一条连续流水式的生产线,按照一定的繁殖节律,有序地组织生产,工艺流程十分严整。

(六)有适合各类猪群生理和生产要求、便于实现流水工艺流程的专用猪舍及相应饲养管理设备

一般建有配种舍、妊娠舍、分娩舍、保育舍、生长舍和育肥舍,其大小和栏位数量与各工艺群相适应,以保证全进全出连续流水式生产。

(七)主要生产过程实现机械化、电气化、自动化,具有高的劳动生产率

如在饲喂上实现机械化,饮水上自动化,供暖、通风、降温机械化、自动化,粪便处理机械化。

(八)严密、严格、科学的兽医卫生防疫体系及污物、粪便处理系统

工厂化养猪的场址选择及猪舍建筑应符合防疫要求;制定有明确的防疫卫生制度,科学的免疫程序;并实行场长负责制,专门兽医具体负责,严格执行,保证猪具有较高的健康水平。工厂化养猪规模大,粪尿多,应配备科学合理的粪尿处理系统。

(九)具有明确的专业分工和合理的组织体系

工厂化养猪实行专业化生产,流水式生产工艺,因而分工细,要求各环节密切协作配合,以保证流程畅通。

(十)需要社会化服务体系与之配合

工厂化养猪是有计划、有节律的均衡生产,因而也要求猪源、饲料、药品、疫苗等也要均衡供应,产品如期销出。所以,社会化服务体系必须健全或有稳定的合同关系,以保证稳定的供、产、销。

(十一)配有自己专门的营销人员

由于工厂化养猪规模大,饲料、药品等的需要也多,产品量也大,并要求有稳定的供应和销路,所以,必须配备自己专门的营销人员。

(十二)需要一支高文化素质、高技术水平、高管理能力的职工队伍

工厂化养猪是一个复杂的系统工程,分工细,组织性强,技术含量高,因此对职工素质要求较高。

三、工厂化养猪与传统养猪的区别

工厂化养猪与传统养猪的区别见表 6-1。

表 6-1 工厂化养猪与传统养猪的区别

项 目	工厂化养猪	传统养猪
目的	追求最大经济效益	积肥、解决肉食
经营方式	专业化、商品化	家庭副业、自给自足
规模	规模较大,一般在 5 000～10 000 头或更大	头数少,分散饲养
生产方式	依赖于社会化服务体系,需要与种猪场、饲料厂、食品加工厂等有较稳定的合同关系	自给、半自给生产,对外部依赖程度低
生产过程	严整的流水式工艺流程,全进全出,均衡生产	混合连续饲养,不定期出栏
品种	瘦肉型猪,品种规格一致	含土种猪血液,生产性能低,整齐度差
饲料	全价配合料,饲养标准化	使用部分青粗饲料,营养低而不稳
操作和定额	机械化、自动化操作,定额比传统养猪高 5～10 倍	手工操作,饲养数量少
猪舍	适于不同种类和阶段的专用猪舍	通用混养猪舍
环境	人工控制环境条件	受自然环境条件影响很大

续表 6-1

项　目	工厂化养猪	传统养猪
饲养效果	增重快、饲料利用率高、瘦肉率高、效益好	生产性能低、效益差
技术含量与人员素质	技术含量高，对人员素质要求高	技术含量低，对人员素质要求低

第二节　工厂化养猪的生产工艺

工厂化养猪是根据猪的生产阶段，按照配种、妊娠、分娩、保育、生长、育肥、出栏上市有序地组织生产，实行阶段饲养，全进全出，各类猪舍（车间）间既分工明确，又紧密联系，互相配合，形成特定的生产工艺。显著提高了圈舍、设备等的利用率和劳动生产率。

一、工艺流程的组织

（一）猪群类别的划分

根据猪的年龄、性别、生理阶段等，将猪群划分为不同的类别。

哺乳仔猪——从初生到断乳之前的仔猪。

保育猪（断乳仔猪）——从断乳到 25 kg 的仔猪（9～10 周龄）。

生长猪——从 25 kg 到 60 kg 的猪（15～16 周龄）。

育肥猪——从 60 kg 到出栏的猪（23～24 周龄）。

后备母猪——留作种用的、5 月龄到配种以前的母猪。

后备公猪——留作种用的、5 月龄到配种以前的公猪。

基础母猪——配过种的所有母猪，包括初产母猪（从第一次配种到断乳后第二次配种前的母猪）和经产母猪（第一次产仔后再配种的母猪）。

基础公猪——配过种的所有公猪。

(二)确定猪场规模

猪场应根据产品销路、建场资金多少、技术力量、饲料供应、粪尿处理、应用机械化的程度等确定适度规模，并以能把各生产要素的潜力充分发挥出来、取得最佳的经济效益为衡量标准。规模过小，不便于实现全进全出的流水作业，生产效率低；规模过大，供料供水要考虑机械化，猪粪尿处理必须考虑排污系统。一般最小不小于 100 头基础母猪的规模，以 300～600 头基础母猪的规模较为适宜。

(三)确定繁殖节律

工厂化养猪要实现全进全出（或叫批进批出）、流水式工艺流程，必须采用母猪同期发情，以便实现同期配种、同期产仔、同期断乳、同期转群、同期出栏；同时要保证每批有固定数量的发情母猪，各批发情母猪间有固定的时间间隔，以便每批猪的数量一定，节律一致，实现均衡生产，提高猪舍、设备利用率和劳动生产率。我们把各批同期发情母猪间的时间间隔叫做繁殖节律。繁殖节律按间隔日数可分为 1、2、3、7、14、28、56 日等，间隔日数主要根据猪场的规模定。年产 3 万～5 万头商品猪的猪场多采用 7 日制，规模再大的猪场采用 1 或 2 日制，小规模猪场可采用 14、28、56 日制。其中 7 日制有较多的优点，原因是母猪发情周期是 21 d，恰好是 7 的倍数，有利于组织同期发情配种，减少空怀；母猪多在断乳后 4～6 d 发情，只要合理安排断乳时间，可使母猪的配种时间躲开周六和周日，照顾工人轮休。

(四)确定工艺参数

为了准确计算场内各类猪群及每批猪的头数，据此再计算各猪舍所需栏位数、饲料需要量和产品数量，必须根据猪场的技术水平、饲养管理水平及所养品种所能达到的生产水平，参考历年生产记录及有关信息资料，实事求是地确定生产工艺参数。现以某猪场为例，说明需要估计的参数（表 6-2）。

表 6-2　某万头商品猪场固定工艺参数

项目	参数	项目	参数
妊娠期/d	114	160 日龄重/kg	90
哺乳期/d	28	每头母猪年提供活猪数	
保育期/d	35	初生时/头	21.6
断乳至受胎/d	7～10	28 日龄时/头	19.9
繁殖周期/d	155	70 日龄时/头	19.5
母猪年产胎次	2.4	160 日龄时/头	19.3
窝产仔数/头	10	公、母猪年更新率/%	30
窝产活仔数/头	9	母猪情期受胎率/%	90
成活率		公、母比例	1∶25
哺乳仔猪	92	圈舍冲洗消毒时间/d	7
断乳仔猪	98	繁殖节律	7
生长育肥猪	99	周配种次数	2
初生重/kg	1.2	母猪产前进产房时间/d	7
28 日龄重/kg	7	母猪配后原圈观察时间/d	21
70 日龄重/kg	25		

$$母猪年产胎次=\frac{一年总天数}{(怀孕期+哺乳期+断乳至受胎天数)}=\frac{365}{(114+28+10)}\approx 2.4(胎)$$

$$\begin{aligned}每头母猪年提供肉猪数&=窝产活仔数\times各期成活率\\&=9\times 0.92\times 0.98\times 0.99\times 2.4\\&\approx 19.3(头/年)\end{aligned}$$

(五)计算各类猪群总头数、批次(单元)及每单元头数

为了确定各猪舍所需栏位数、饲料需要量和产品数量，并使猪群正常地从一个工序转到另一个工序，必须准确计算和掌握各类猪群总头数、单元数及每单元头数。以繁殖节律为 7 d，年出栏 1 万 头商品猪的猪场为例计算各类猪群的结构，工艺参数以表 6-2 为基础。

第一，首先根据年出栏商品猪的总数计算所需基础母猪总头数、母猪总单元数、每单元母猪头数。

$$年需母猪总头数=\frac{年计划出栏肉猪数}{每头母猪年提供肉猪总数}$$

$$=\frac{10\ 000}{19.3}=518(头)$$

母猪总单元数＝繁殖周期/繁殖节律＝155/7≈22

$$每单元母猪头数=\frac{母猪总数}{母猪总单元数}=\frac{518}{22}\approx 24(头/单元)$$

第二，根据以上数据计算各类猪群总头数、单元数、每单元猪头数。

1.公猪头数＝母猪总头数×公母比例＝518×1/25≈21(头)

2.后备母猪头数＝母猪总头数×年更新率

＝518×30％＝156(头/年)

3.分娩舍

分娩舍每单元母猪头数为 24 头/单元。

$$分娩舍单元数=\frac{(母猪临产前进产房时间+母猪泌乳期)}{繁殖节律}$$

$$=\frac{(7+28)}{7}=5$$

分娩舍母猪总数＝分娩舍单元数×分娩舍每单元母猪头数

＝5×24＝120(头)

4.妊娠舍

如果分娩率为 100％，则妊娠舍每单元母猪头数也为24 头/单元。

$$妊娠舍单元数=\frac{(母猪妊娠期-配种舍妊娠天数-临产前进产房天数)}{繁殖节律}$$

$$=\frac{(114-21-7)}{7}\approx 12$$

妊娠舍母猪总数＝妊娠舍单元数×妊娠舍每单元母猪头数

＝12×24＝288(头)

5.配种舍

$$配种舍每单元母猪头数=\frac{妊娠舍每单元母猪头数}{情期受胎率}$$

$$=24/90\%=27(头/单元)$$

$$配种舍单元数=\frac{(母猪断乳至受胎天数+配种后母猪原圈观察天数)}{繁殖节律}$$

$$=\frac{(10+21)}{7}\approx 4$$

配种舍母猪总数=配种舍单元数×配种舍每单元母猪头数
=4×24=288(头)

6.保育舍

保育舍每单元断乳仔猪头数=分娩舍每单元母猪头数×母猪窝产活仔数×哺乳仔猪成活率
=24×9×92%≈199(头/单元)

保育舍单元数=保育舍饲养天数/繁殖节律=35/7≈5

保育舍断乳仔猪总数=保育舍单元数×保育舍每单元断乳仔猪头数
=5×199=995(头)

7.生长舍

生长舍每单元生长猪头数=保育舍每单元断乳仔猪头数×断乳仔猪成活率=199×98%≈195(头/单元)

生长舍单元数=生长舍饲养天数/繁殖节律=49/7≈7

生长舍生长猪总数=生长舍单元数×生长舍每单元生长猪头数=7×195=1 365(头)

8.育肥舍

育肥舍每单元育肥猪头数=生长舍每单元生长猪头数×生长猪成活率
=195×99%≈193(头/单元)

育肥舍单元数＝育肥舍饲养天数/繁殖节律＝49/7≈7

育肥舍育肥猪总数＝育肥舍单元数×育肥舍每单元育肥猪头数

＝7×193＝1 351(头)

9.出栏肉猪

每周出栏肉猪193头/周

每年出栏肉猪数＝每周出栏肉猪数×每年周数

＝193×52＝10 036(头)≈10 000(头)

10.该万头猪场各生产群存栏头数见表6-3。

表6-3 该万头猪场各生产群存栏头数

猪群	饲养周数	繁殖节律	群数(单元)	每群(单元)头数	总头数
种公猪	52		1		21
后备公猪	17		1	7	7
待配后备母猪	4	7	4	3～4	16
配种舍母猪	4	7	4	27	108
妊娠舍母猪	12	7	12	24	288
泌乳母猪	5	7	5	24	120
哺乳仔猪	4	7	4	216	864
断乳仔猪	5	7	5	199	995
生长猪	7	7	7	195	1 365
育肥猪	7	7	7	193	1 351
全群总					5 135

11.不同规模猪场猪群结构

以每100头左右基础母猪为1个规模，每群猪数为大约数量，仅供读者参考(表6-4)。

表 6-4　不同规模猪场猪群结构

项目	规模(每 1 个规模 100 头左右基础母猪)					
	1	2	2.5	3	4	5
种公猪	4	8	10	12	16	21
后备公猪	1	2	3	4	4	7
待配后备母猪	3	6	8	9	12	16
配种舍母猪	20	40	54	60	80	108
妊娠舍母猪	60	120	144	180	240	288
泌乳母猪	25	50	60	75	100	120
哺乳仔猪	180	360	432	540	720	864
断乳仔猪	205	410	498	615	820	995
生长猪	280	560	682	840	1 120	1 365
育肥猪	277	554	676	831	1 108	1 351
全群存栏数	1 055	2 110	2 567	3 165	4 220	5 135
每周分娩窝数	5	10	12	15	20	24
基础母猪数	103	206	258	309	412	516
年上市肉猪	2 000	4 000	5 000	6 000	8 000	10 000

(六)计算栏位数需要量

为了保证流水式工艺流程的畅通运行,必须设置足够的栏位数。在计算栏位数时,不但要考虑各类猪的数量、饲养日数,还要考虑猪舍状况、消毒维修时间以及必要的机动备用期。下面以年出栏 1 万头商品肉猪的猪场为例加以说明。

1. 配种舍　饲养配种前的后备公、母猪,基础公猪和断乳至妊娠 21 d 的母猪。

公猪栏　公猪需单圈饲养,每头公猪一栏,需 21 栏,另外加设几个后备公猪栏,每栏面积 7 m^2 左右,最好有运动场。

母猪栏　每年需 156 头后备母猪用于更新基础母猪,每周3～4 头,饲养 4 周,共 12～16 头;每单元待配母猪 27 头,在配种舍呆 4 周,则 4×27＝108(头)。如果采用限位栏饲养,则需 124 个限位栏,再另加 1 个单元的限位栏(27 个)供消毒冲洗空闲 1 周用,共计需母猪限位栏151个；如果采用圈养，每圈4～6头，共需圈舍25～38个。

2. 妊娠舍　妊娠舍12个单元，288头猪，如果采用限位栏饲养，则需288个限位栏，再另加1个单元的限位栏（24个）供消毒冲洗空闲1周用，共计需母猪限位栏312个；如果采用圈养，每圈4～6头，共需圈舍52～78个。

3. 分娩舍　分娩舍5个单元，120头猪，每头猪1个产床，则需120个产床，再另加1个单元的产床（24个）供消毒冲洗空闲1周用，共计需母猪产床144个。

4. 保育舍　保育舍5个单元，每单元199头，每8～9头1个保育床，每单元需保育床24个，5个单元120个保育床，再另加1个单元的保育床（24个）供消毒冲洗空闲1周用，共计需断乳仔猪保育床144个。

5. 生长舍　生长舍7个单元，每单元195头，每8～9头1圈，每单元圈舍24个，7个单元168个圈舍，再另加1个单元的圈舍（24个）供消毒冲洗空闲1周用，共计需生长舍192个。

6. 育肥舍　育肥舍7个单元，每单元193头，每8～9头1圈，每单元圈舍24个，7个单元168个圈舍，再另加1个单元的圈舍（24个）供消毒冲洗空闲1周用，共计需育肥舍192个。

7. 某万头商品猪场各猪群栏圈需要量　表6-5供参考，生产上应根据具体情况留足备用栏。

表6-5　某万头商品猪场各猪群栏圈需要量

猪群	存栏数	饲养周	消毒周	合计周	单元数	单元猪数	单元栏数	栏圈数
后备公猪	5	16		16	1	5	5	5圈
种公猪	21	52		52	1	21	21	21圈
后备母猪	4	4	1	5	5	5	4	20限位栏
配种舍母猪	108	4	1	5	5	27	27	135限位栏
妊娠舍母猪	288	12	1	13	13	24	24	312限位栏

续表 6-5

猪群	存栏数	饲养周	消毒周	合计周	单元数	单元猪数	单元栏数	栏圈数
泌乳母猪	120	5	1	6	6	24	24	144 产床
哺乳仔猪	864	4	1	5	5	216	24	120 产床
断乳仔猪	995	5	1	6	6	199	24	144 保育网
生长猪	1 365	7	1	8	8	195	24	192 圈
育肥猪	1 351	7	1	8	8	193	24	192 圈

二、工厂化养猪的生产工艺流程

工厂化养猪普遍采用全进全出、流水式工艺流程，所谓全进全出是指同批猪同期进一个单元（一栋猪舍或一个猪场），同期出一个单元（一栋猪舍或一个猪场），经彻底消毒后空闲 1 周再进下一批猪。以消灭上批猪留下的病原体，给新进猪提供一个清洁阶段环境，避免循环感染和交叉感染，同时，同一批猪日龄接近或生理阶段一致，也便于饲养管理和各项技术的贯彻实施。所谓流水式工艺流程是指从猪的配种、妊娠、分娩、保育、生长、育肥到销售，形成一条龙的流水作业，各阶段都有计划、有节奏地进行。

根据生产规模、繁殖节律和设备条件等又分为六阶段工艺流程、五阶段工艺流程和四阶段工艺流程。

（一）六阶段工艺流程

六阶段工艺流程是将所有猪群划分为 6 个阶段，即配种、妊娠、分娩、保育、生长和育肥，分别饲养于配种舍、妊娠舍、分娩舍、保育舍、生长舍和育肥舍，完成整个流程需 5 次转群（图 6-1）。现以万头商品猪场为例说明其工艺流程。

1. 断乳后的 24 头母猪在配种舍饲养 1 周左右，开始发情配种，同时加上 3～4 头后备母猪，配种后 3 周进行妊娠检查，已妊娠的猪（24 头左右）调到妊娠舍。

2. 妊娠后 3 周 24 头母猪在妊娠舍饲养 12 周，于产前 1 周调到分娩舍。

3. 调到分娩舍的 24 头妊娠母猪 1 周后产仔，泌乳 4 周断乳，断乳后的 24 头母猪调回配种舍，开始下一轮循环，断乳后成活的 199 头仔猪调到保育舍。

4. 调到保育舍的 199 头仔猪在保育舍饲养 5 周，成活的 195 头仔猪调到生长舍。

5. 调到生长舍的 195 头仔猪在生长舍饲养 7 周，成活的 193 头生长猪调到育肥舍。

6. 调到育肥舍的 193 头生长猪在育肥舍饲养 7 周，体重达到 90 kg 以上出栏上市。

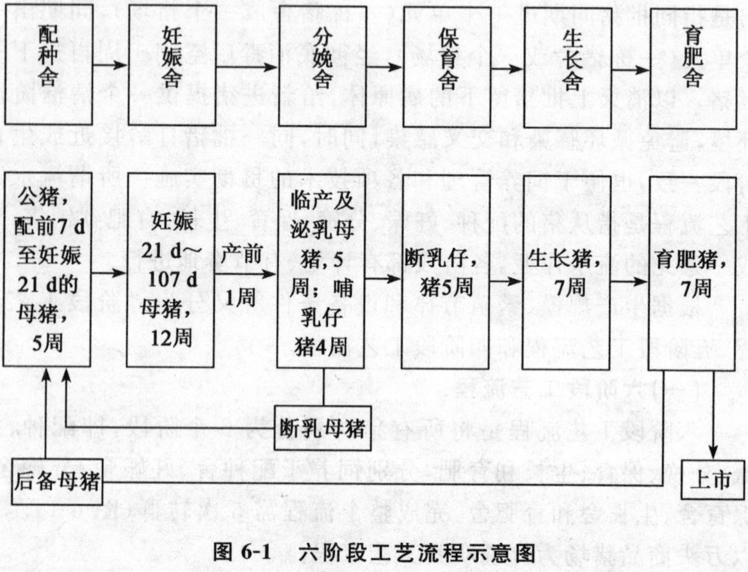

图 6-1　六阶段工艺流程示意图

六阶段工艺流程分工较细，对于种猪，便于发情鉴定与配种；对于生长育肥猪，可最大限度地满足不同生长发育阶段的营养、饲养、猪舍面积、结构、环境管理的不同需要，充分发挥其生长潜力，提高养猪效率，便于专业化管理，适于大规模猪场。缺点是转群次数较多，增加劳动强度和猪群的应激。

（二）五阶段工艺流程

五阶段工艺流程是将所有猪群划分为 5 个阶段，即配种妊娠、分娩、保育、生长和育肥，分别饲养于配种妊娠舍、分娩舍、保育舍、生长舍和育肥舍，完成整个流程需 4 次转群（图 6-2）。与六阶段工艺流程的主要区别是配种和妊娠合成一个阶段。优点是减少一次妊娠母猪的转群，减轻了劳动强度和猪群的应激。缺点是不便于发情鉴定与配种。

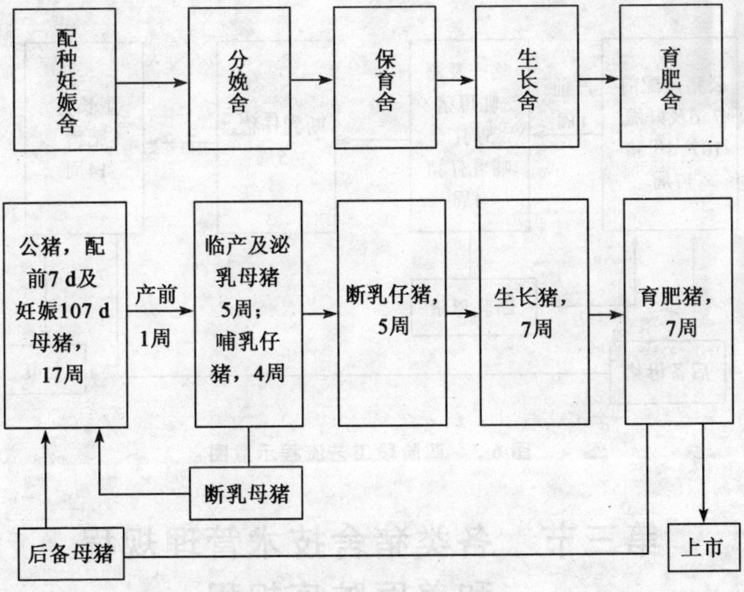

图 6-2　五阶段工艺流程示意图

（三）四阶段工艺流程

四阶段工艺流程是将所有猪群划分为 4 个阶段，即配种妊娠、分娩、保育和生长育肥，分别饲养于配种妊娠舍、分娩舍、保育舍和生长育肥舍，完成整个流程需 3 次转群（图 6-3）。与五阶段工艺流程的主要区别是生长和育肥合成一个阶段。优点是减少一次生长猪的转群,减轻了劳动强度和生长猪群的应激。缺点是不利于满足不同生长发育阶段的营养、饲养、猪舍面积、结构、环境管理的不同需要,不便于专业化管理。

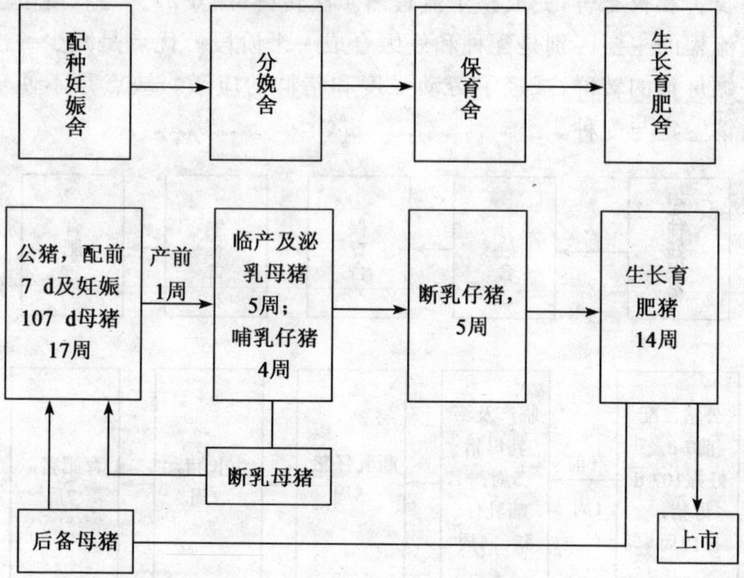

图 6-3 四阶段工艺流程示意图

第三节 各类猪舍技术管理规程和兽医防疫规程

一、各类猪舍技术管理规程

工厂化养猪都按严格的工艺流程组织生产,各个生产阶段都是有计划、有节奏地进行。为了提高工作效率,保证工艺流程的畅通，必须制定出各类猪舍的管理规程，对饲养员每天的工作都有明确的要求。生产实际中多推行 7 d 为一繁殖节律的生产方式，所以日常生产工作程序也是以周为单位进行安排，并考虑职工轮休，主要工作安排在周一至周五。

(一)配种妊娠舍管理规程

1. 配种妊娠舍每天工作日程

(1)喂料　每日定时喂料，定量 2 kg，根据公、母猪体况、食欲等适当增减；及时清扫散落在饲槽外面的饲料；给产前 1 周及便秘母猪投服轻泻剂。

(2)清粪　定时清理圈内或限位栏后门的粪便。

(3)发情鉴定与配种　将后备母猪及断乳 4 d 后的母猪暴露在公猪栏里试情，以刺激发情和检出发情母猪。发情的母猪进行人工授精或本交配种，每情期配种 2～3 次。检查复发情，对配种后 18～24 d 和 38～44 d 的母猪进行重点检查或试情，落实是否受胎。填写公、母猪交配记录。

(4)检查和治疗病猪　喂饲时看食欲，清扫时看粪便，平时或上下班查群看精神，查出并记录食欲差、厌食、便秘、跛行、流产、子宫阴道炎等不正常猪只或病猪，及时治疗或汇报。

(5)检查环境与设备　每日上下班和中间应检查记录舍内温度、湿度及空气状况，及时启闭窗户或排气扇。每日上下班应检查自动饮水器是否有水或漏水，各种设备是否正常，并注意必要的保养或维修。

2. 配种妊娠舍每周工作日程

星期一

更换脚盆消毒液。

清洁卫生。清扫猪舍墙壁、天花板、风扇及其他设备。

驱虫。用左旋咪唑或阿维菌素为产前 4 周的母猪驱虫。

整理分析配种记录。

星期二

对已配种的母猪进行妊娠检查,妊娠检查阴性的母猪和断乳后15 d以上仍未配上种的母猪集中在配种栏内,以便采取措施,尽早发情配种。

剔除淘汰猪。生产记录中性能表现较差的母猪,四肢及全身疾患难以康复的猪,两次以上流产、三次返情、两次阴道炎(子宫炎)的猪,后备母猪阴户发育不良、体型和生产性能较差的应予以淘汰,对于老龄、生产水平下降的母猪应有计划淘汰。

星期三

调整猪群,填补空栏,为断乳母猪转入做准备。

根据免疫程序,给产前4周左右的母猪注射应注疫苗。

星期四

将断乳母猪从产房赶回配种舍,将后备母猪赶到配种栏内,并放进公猪,以利发情。

为即将转群的母猪填好分娩记录卡片。

更换脚盆消毒液。

星期五

将已妊娠的母猪从配种栏(舍)赶到妊娠栏(舍)。

将临产前1周的母猪冲洗消毒,转入分娩舍。

制定下周配种计划。

其他工作

每年给公猪驱虫两次(同一天对所有公猪同时进行)。

按免疫程序给公猪及后备母猪注射疫苗。

(二)分娩舍管理规程

1.分娩舍每天工作日程

(1)母猪喂料　进入产房的母猪每天喂料2～3 kg;产后当天喂料1 kg,以后逐步增加,直至泌乳期正常喂量。喂量还应根据带仔数、食欲、体况等适当增减。断乳当天停止喂料。每天及时清理饲槽内剩料。对于未分娩母猪、产后 5 d 以内的母猪、便秘母猪喂以轻泻剂。

(2)仔猪补料　仔猪 5～7 日龄开始补料，饲料应保持新鲜。

(3)接产

推测产仔时间。最后一对乳头能挤出白色乳汁，12 h 以内分娩，呼吸超过 90 次/分，4 h 以内产仔。

准备好接产用具。

用尽可能多的时间去照顾在分娩的母猪。

(4)仔猪护理　仔猪出生后先擦净黏液，然后断脐，并尽快吃初乳，帮助仔猪固定乳头。第二天上午将昨夜产的仔猪剪牙(上、下腭各 4 个犬齿)、断尾、打耳号、填写分娩记录。第四天上午阉割、注射铁剂。

(5)仔猪寄养　母猪死亡、有病、泌乳不足、产仔过多时，常将部分或全部仔猪寄出，根据仔猪出生日期、大小、数量等进行寄养，寄养出去的仔猪要注意必须吃到 2 h 的初乳，并避免腹泻仔猪的调动，以防传染。

(6)检查仔猪

腹泻　常由母猪泌乳不足、饲料品质差、寒冷等引起。

跛行　外伤、畸形或疾病。

精神不振、生长不良　吃乳不足、寒冷或疾病。

(7)检查母猪

食欲　食欲不振或厌食。

排泄　是否便秘，是否有不正常的阴道分泌物排出。

乳房　是否坚硬、红肿、热、疼。

呼吸与体温　是否正常。

(8)记录和治疗病猪　对检查发现不正常的母猪和仔猪应记录，并及时进行治疗和处理。

(9)检查环境与设备　上下班及中间应检查分娩舍温度、仔猪保温箱温度、舍内空气污浊度,发现不正常应及时进行调整处理。检查自动饮水器是否有水或漏水,加热设施、风扇、设备等是否正常或完好无损。

(10)清扫及清理分娩舍　及时清除母猪排出的胎衣。移走死亡小猪,收拾用具、器械,进行必要的清洁卫生。及时清走母猪后面及栏内的粪便,并注意后清腹泻栏。

2.分娩舍每周工作日程

星期一

更换脚盆消毒液,清洗猪舍入口。

清洁卫生。清扫猪舍墙壁、天花板、风扇及其他设备。

带猪消毒圈舍。

整理分析产仔记录。

星期二

按照免疫程序给猪注射疫苗。

给丢掉耳标的母猪打耳标。

星期三

为星期四断乳的母猪填写断乳记录卡片。

给下周准备断乳的小猪打耳标。

冲洗分娩舍前门。

星期四

将断乳母猪赶回配种舍,将断乳仔猪转入保育舍。

清洗消毒已用过的圈舍和消毒分娩舍。

更换脚盆消毒液。

星期五

将产前 7 d 的母猪从妊娠舍调入分娩舍。

给临产母猪挂上分娩记录卡。

填报分娩舍生产情况表。

冲洗分娩舍前门。

(三)保育和生长育肥舍管理规程

1. 保育生长育肥舍每天工作日程

(1)喂料　断乳第一天不喂或少喂料,并保持原饲料 4～7 d,以后再逐步换断乳料;生长育肥猪根据不同体重阶段各自喂不同的饲料;及时清扫散落在饲槽外面的饲料。

(2)清粪　定时清理舍内走道及栏舍内的粪便。

(3)检查和治疗病猪　根据食欲、粪便、精神,查出并记录食欲差、厌食、腹泻、便秘、跛行等不正常猪只或病猪,及时治疗或汇报。

(4)检查环境与设备　每日上下班和中间应检查记录舍内温度、湿度及空气状况,及时启闭窗户或排气扇。每日上下班应检查自动饮水器是否有水或漏水,各种设备是否正常,并注意必要的保养或维修。

2. 保育舍每周工作日程

星期一

清洁卫生。清扫猪舍墙壁、天花板、风扇及其他设备。

驱虫。用左旋咪唑或阿维菌素为进入保育舍 2 周的仔猪驱虫。

更换脚盆消毒液。

星期二

将在保育舍饲养到期的 1 个单元仔猪调到生长舍。

冲洗消毒刚转群空出的圈舍及消毒整个保育舍。

星期三

按免疫程序给仔猪注射疫苗。

星期四

将断乳仔猪由分娩舍移入保育舍。

填写记录卡。

更换脚盆消毒液。

星期五

调整各组猪群。

填报保育猪生长情况表。

3. 生长育肥舍每周工作日程

星期一

根据猪的体重、性别、品种等的不同要求，将1个单元的生长猪转到肥猪舍。

冲洗、消毒刚转群空留的圈舍。

清洁卫生。清扫猪舍墙壁、天花板、风扇及其他设备。

更换脚盆消毒液。

星期二

将在保育舍饲养到期的1个单元仔猪调到生长舍。

按免疫程序给生长育肥猪注射疫苗。

星期三

根据外貌和前一时期的生长发育情况选留后备猪，留种的打上耳标。

星期四

发运和出售肥育舍的肥猪和种猪。

冲洗消毒刚转群空出的圈舍和出猪台。

更换脚盆消毒液。

星期五

填报生长育肥猪生长情况表。

(四)每周总的常规工作(全体饲养员要执行的共同常规工作)

星期一

清点上周饲料利用情况，如剩余量、使用量等。

制定饲料和药物等其他物资的需要计划。

完成上周记录分析报表。

星期二

清扫公共设施、机械设备上的污物。

检查冷热供应设备情况。

星期三

检查防蝇、防鼠工作的开展情况，采取相应措施。

星期四

冲洗粪尿沟，检查冲洗设备是否良好。

星期五

对机电设备进行检修，保证在饲养员的轮休日不出现故障。

二、兽医防疫规程

为了预防、控制猪的传染病，保证养猪正常生产，提高养猪经济效益，猪场必须制定兽医防疫规程，并严格执行。

（一）猪场场址选择与猪舍建筑及布局必须符合防疫要求

见有关章节。

（二）猪场兽医防疫卫生管理实行场长负责制

其职责为：

1. 组织拟定本场兽医防疫卫生计划、规划和各部门的防疫卫生岗位责任制。

2. 按照规定淘汰病猪、疑似传染病病猪、隐性感染猪和无饲养价值的猪只。

3. 组织实施传染病和寄生虫病的防治和扑灭工作。

4. 对场内职工及其家属进行猪场兽医防疫规程宣传教育。

5. 监督场内各部门和职工执行规程。

（三）兽医卫生防疫应由中专学历以上的兽医技术人员具体负责

其职责为：

1. 拟定全场的防疫、消毒、检疫、驱虫计划，并参与组织实施。定期向主管场长汇报。

2. 配合畜牧技术人员加强猪群的饲养管理、生产性能及生理健康检测。

3. 有条件的猪场应开展主要传染病的免疫检测工作。

4. 定期检查饮水卫生及饲料的加工、贮运是否符合卫生防疫要求。

5. 定期检查猪舍、用具、隔离舍、粪尿处理和猪场环境卫生和消毒情况。

6. 负责防疫、诊治、淘汰、死猪剖检及其无害化处理。

7. 推广兽医科研新成果和新经验，有条件的可结合生产进行必要的科学研究工作。

8. 建立疫苗领用、保管、免疫注射、消毒、检疫、抗体监测、疾病治疗、淘汰、剖检等各种业务档案。

(四)建立完善的兽医卫生防疫制度

1. 坚持自繁自养的原则，必须引进种猪时，在引猪之前必须调查当地是否为非疫区，并有产地检疫证明。引入后隔离饲养 30 d，在此期间进行观察、检疫，确认为健康者方可并群饲养，并及时注射疫苗。

2. 猪场严禁饲养禽、犬、猫及其他动物。猪场食堂不准外购猪只及其产品。职工家中不准养猪。

3. 严格控制参观猪场，必要时必须经场长许可，经更换场区工作服、工作鞋或洗澡，并遵守场内防疫制度。

4. 场内不准带入可能染疫的畜产品及其他物品。场内兽医人员不得对外诊疗猪只及其他动物的疾病。猪场配种人员不得对外开展猪的配种工作。

5. 猪场的每个消毒池要经常更换消毒液，保持有效浓度。

6. 生产人员进入生产区，应洗手，穿工作服和胶靴，戴工作帽，或淋浴后更换衣服和鞋。工作服应保持清洁，定期消毒。严禁相互串栋。

7. 猪场要喂全价配合饲料，禁止饲喂不清洁、发霉或变质的饲料，不得喂未经无害化处理的泔水和其他畜禽副产品。

8.每天坚持打扫猪舍卫生，保持料槽、水槽、用具干净，地面清洁，舍内可用0.27%～0.3%过氧乙酸或其他消毒药消毒，每月1～2次。猪只转群时要进行消毒。

9.猪场道路和环境要保持清洁卫生，因地制宜选择高效、低毒、广谱的消毒药品，定期消毒。

10.每批猪只调出后，猪舍要严格进行清扫、冲洗和消毒，并空圈5～7 d。

11.产房要严格消毒，母猪进产房前应对猪体进行清洗和消毒。

12.定期驱除猪的体内外寄生虫。搞好灭鼠、灭蚊蝇和吸血昆虫等工作。

13.饲养员认真执行饲养管理制度，细致观察饲料有无变质、猪采食和健康状况、排粪有无异常等，发现不正常现象，及时请兽医检查。

14.猪只及其产品出场，必经县以上防疫检疫机构或其委托单位出具检疫证明。出售种猪应包括疫病监测、免疫证明。

15.根据本地区疫病发生的种类，确定免疫接种的内容和适宜的免疫程序，制定综合的防治方案和常用驱虫药物。

第七章　猪场建设及设备

第一节　猪场设置

随着猪场向规模化、集约化、工厂化方向的发展，对猪场设置的要求更加严格，必须给予足够的重视，尤其对于生产优质的无公害、绿色猪肉更是如此。猪场建设一般应当考虑保证场区有较好的小气候条件，有利于舍内空气环境的控制；有利于防疫，便于严格执行各项卫生防疫制度和措施；便于合理组织生产，有利于提高设备利用率和劳动生产率。因此猪场的设置应从场址选择、场地规划与建筑物布局等方面考虑，尽量做到完善合理。

一、场址选择

场址的选择应根据猪场的性质、规模、集约化程度等基本特点，对地势、地形、土质、水源、能源交通、防疫、粪尿处理等方面进行考虑，综合分析后再作决定。

(一)地势、地形

地势应高燥，地下水位应在 2 m 以下，以避免洪水威胁和土壤毛细管水上升造成地面潮湿。

地面应平坦而稍有缓坡，以便排水，一般坡度在 1%～3%为宜，最大不超过 25%。

地势应避风向阳，减少冬春风雪侵袭，故一般避开西北方向的山口和长形谷地等地势；为防止在猪场上空形成空气涡流而造成空气的污浊与潮湿，猪场不宜建在谷地和山坳里。

地形要开阔整齐，有足够的面积。场地过于狭长或边角太多不便于场地规划和建筑物布局，面积不足会造成建筑物拥挤，不利于舍内环境改善和防疫，一般按可繁母猪每头 40～50 m^2 考虑。

(二)土质

猪场场地土壤的物理、化学、生物学特性，对猪场的环境、猪只的健康与生产力均有影响。一般要求土壤透气透水性强、毛细管作用弱、吸湿性和导热性小、质地均匀、抗压性强、未曾受过病原微生物污染。

砂土透气透水性强、毛细管作用弱、吸湿性小，易于干燥，有利于有机物分解和土壤自净作用；但导热性大，热容量小，易增温降温，昼夜温差大，对猪不利。

黏土透气透水性弱，吸湿性强，溶水量大，毛细管作用明显，因而易变潮湿、泥泞，有利于微生物的存活与蚊蝇滋生；含水量大，易胀缩，抗压性低，不利于建筑物的稳固；但热容量大，导热性小，昼夜温差小。

沙壤土兼具砂土和黏土的优点，是建猪场的理想土壤。

土壤一旦被病原微生物污染，常具有多年危害性，因此，选择场址时应避免在旧猪场场址或其他畜牧场场地上重建或改建。

为了少占或不占耕地，选择场址时对土壤种类及其物理特性不必过于苛求。

(三)水源水质

猪场需有可靠的水源，保证水量充足，水质良好，取用方便，易于防护，避免污染。猪场需水量见表 7-1。

(四)电力与交通

选择场址时，应重视供电条件，特别是集约化程度较高的大型猪场，必须具备可靠的电力供应，并具有备用电源。

猪场的饲料、产品、粪便等运输量很大，所以场址应选在农区，交通必须方便，以保证饲料就近供应，产品就近销售，粪尿就地利用处理，以降低生产成本和防止污染周围环境。

表 7-1　猪场需水量　L/(头·d)

猪别	饮用量	总需要量
种公猪	10	40
妊娠母猪	12	40
带仔母猪	20	75
断乳仔猪	2	5
生长猪	6	15
育肥猪	6	25

陈清明.现代养猪生产.北京:中国农业大学出版社,1999.

(五)防疫

选择场址时，应重视卫生防疫。交通干线往往是疫病传播的途径，因此，场址既要交通方便，又要远离交通干线，一般据铁路与国家一二级公路不应少于 300～500 m，最好在 1 000 m 以上，距三级公路不少于 150～200 m，距四级公路不少于 50～100 m。

猪场与村镇居民点、工厂、其他畜牧场、屠宰厂、兽医院应保持适当距离，以避免相互污染。与居民点、工厂的距离宜在 500～1 000 m 以上，与其他畜牧场的距离宜在 500～1 500 m 以上，与屠宰厂与兽医院的距离宜在 1 000～2 000 m 以上。

二、场地规划与建筑物布局

场址选定后，应遵循有利防疫、改善场区小气候、方便饲养管理、节约用地等原则，考虑当地气候、风向、场地的地形地势、场地各种建筑物和设施的尺寸及功能关系，规划全场的道路、排水系统、场区绿化，安排各功能区的位置及每种建筑物和设施的朝向和位置。

(一)猪场总体布局

一个完善的规模化猪场在总体布局上应包括 4 个功能区，即生活区、生产管理区、生产区和隔离区。考虑到有利防疫和方便管理，应根据地势和主风向合理安排各区（图 7-1、图 7-2、图 7-3）。

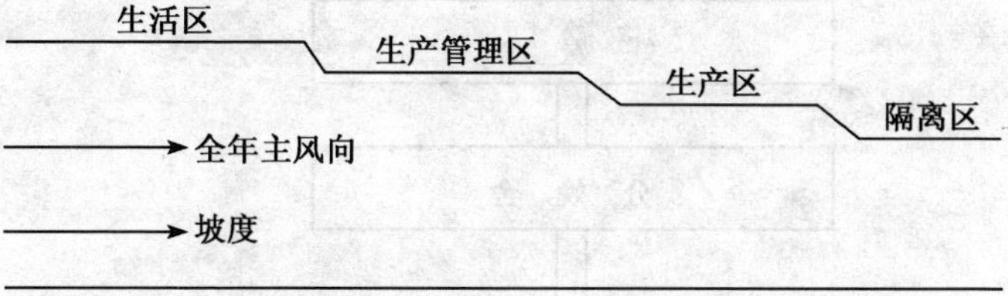

图 7-1　猪场场区规划示意图

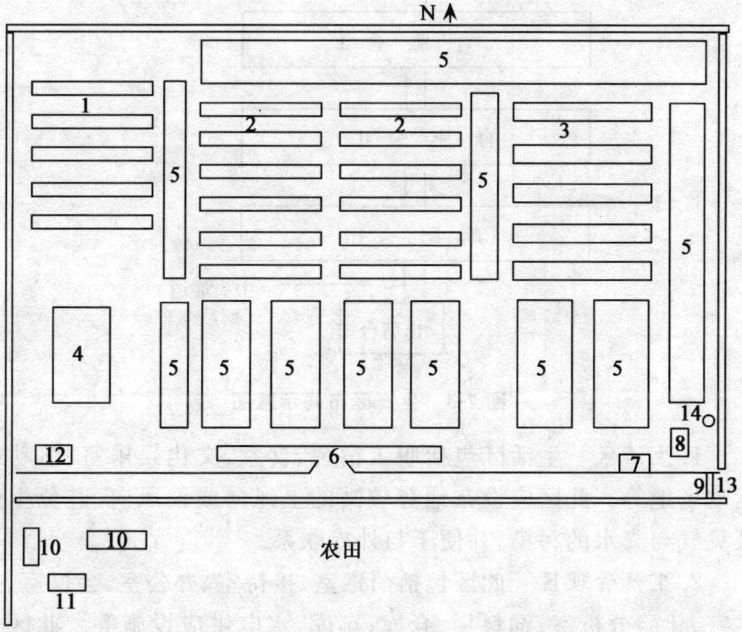

1. 猪舍（配种舍）　2. 猪舍（妊娠、分娩、保育舍）　3. 猪舍（育肥舍）　4. 饲料厂　5. 鱼塘　6. 生产管理楼　7. 出猪台　8. 办公楼　9. 消毒池　10. 职工宿舍　11. 食堂　12. 车库　13. 大门　14. 水塔。

图 7-2　广州白云机械化猪场布局图

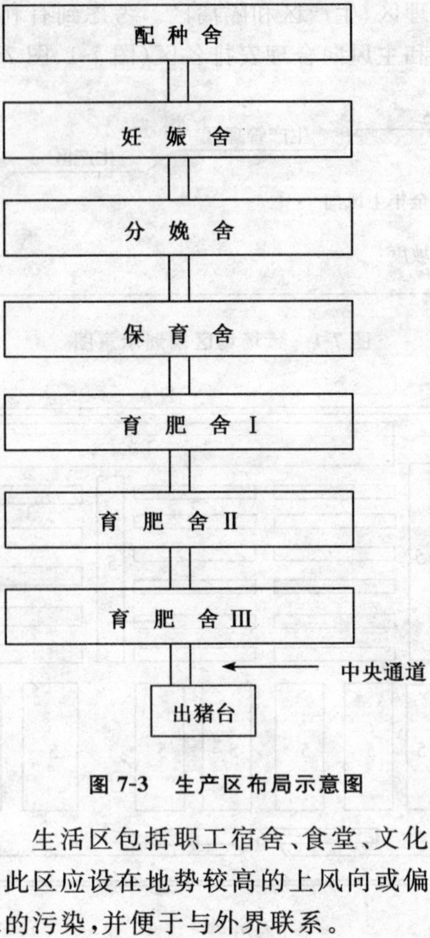

图 7-3 生产区布局示意图

1. 生活区　生活区包括职工宿舍、食堂、文化娱乐室、活动或运动场地等。此区应设在地势较高的上风向或偏风向，避免生产区臭气与粪水的污染，并便于与外界联系。

2. 生产管理区　此区包括消毒室、接待室、办公室、会议室、技术室、化验分析室、饲料厂、仓库、车库、水电供应设施等。此区也应设在地势较高的上风向或偏风向。由于该区与社会联系频繁，与场内饲养管理工作关系密切，应严格防疫，门口设车辆消毒池、人员消毒更衣室，与生产区间应有墙隔开，进生产区门口再设消毒池、更衣消毒室以及洗澡间。饲料厂的位置应考虑场外原料入库方便，成品料便于向场内运输，原料最好经卸料窗入库，非本场车辆一律禁止入场。

3. 生产区　生产区包括各类猪舍和生产设施，是猪场的最主要区域，禁止一切外来车辆与人员入内。饲料运输用场内小车经料库内门领料，围墙处设装猪台，售猪时经装猪台装车，避免装猪车辆进场。

4. 隔离区　隔离区包括兽医室、隔离猪舍、尸体剖检和处理设施、粪污处理区等。该区设在地势较低的下风或偏风处，并注意消毒及防护。

(二)生产区布局

生产区的各类猪舍是根据不同类别、年龄猪群的生理特点与其对环境的不同要求进行设计的，一般划分为5类，即配种舍、妊娠舍、分娩舍、保育舍和生长育肥舍。在布局上应考虑有利防疫、便于饲养管理、节约用地等原则，尽可能按照工厂化养猪的工艺流程进行安排。一般将种猪舍安排在地势较高的上风向或偏风向，保育与生长育肥舍安排在地势较低的下风向或偏风向，两区间最好保持适当距离或采取一定的隔离防疫措施，猪场的育肥猪所占比例较大，所需饲料量及粪尿排泄量也大，其位置应考虑靠近粪便处理区，饲料运输应便利。典型的生产区布局见图7-3。

(三)场内道路和排水

场内道路与生产和防疫有关。考虑防疫，应分设净道和污道，互不交叉，净道用于运送饲料、产品等，污道用于运送粪污、病猪、死猪等。生产区一般不设直通场外的道路，管理区与隔离区分别设道通向场外。场区地势宜有1%～3%的坡度，路旁设排水沟，以及时排出雨雪水。

(四)场区绿化

绿化不仅可以吸尘灭菌，净化空气，防暑降温，减弱噪声，隔离防疫，改善场区小气候，还可以美化环境，应给予足够重视。在猪舍之间和道路两旁进行遮荫绿化，裸露地种植花草，树种可选择枝叶开阔、生长势强、冬季落叶后枝条稀少的杨树、枫树等，以便夏季遮荫而不影响通风，冬季不影响采光。场区间和场界应设隔离林带，以有利防疫。冬季主风的上风向设防风林，以起到防风阻沙的作用。

第二节 猪舍建筑

一、建筑材料的基本特性

猪舍环境的控制在很大程度上受猪舍各部结构的保温隔热能力制约。了解和掌握建筑材料的有关特性，对于理解和解决猪舍环境的控制具有重要意义。

(一)建筑材料的温热特性

建筑材料的组成和结构上的差异，具有不同的温热特性。表示建筑材料温热特性的指标主要有导热性和蓄热性。

1. 导热性　表示由物体(材料)的一侧表面通过本身厚度向另一侧传递热量的能力。材料的导热性越强，保温隔热能力越弱。一般常用导热系数表示材料导热性能的高低。

导热系数(λ)是当物体厚度是 1 m，两表面温差是 1℃时，1 h 内通过 1 m^2 面积传导的热量，单位是 W/(m·℃)。材料的导热性决定于材料的成分、构造、孔隙率、含水量及发生热传导时的温差等因素。导热系数在 0.12 以下的材料称之为隔热材料。

2. 蓄热性　建筑材料贮藏热的能力称之为蓄热性，常用蓄热系数来衡量。

蓄热系数(S)是指当物体表面温度波动 1℃时，1 m^2 外围护结构在 24 h 内吸入或散发的热量，单位是 W/(m^2·℃)。材料的

蓄热系数越大,吸收和容纳的热量越多,一般在炎热地区选择蓄热系数大的材料有利。

(二)建筑材料的空气特性

建筑材料的保温性能与强度与其空气特性有关。空气特性常用间接指标容重表示。容重(γ)是指材料在自然状态下单位体积的重量,单位是 kg/m^3。容重反应材料的孔隙状况,容重小的材料孔隙多,其中充满空气,空气的导热系数低,仅为 0.023。所以,容重小的材料多孔、轻质,保温隔热性能好。

透气性也是衡量材料保温隔热性能的一个指标,空气的隔热作用只有当其处于相对稳定状态时才能表现出来,因此,连通的、粗孔的材料保温隔热能力不如封闭的、微孔的材料好。

表 7-2　常用建材的容重(γ)、导热系数(λ)和蓄热系数(S)

材料	容重/(kg/m^3)	导热系数/[W/(m·℃)]	蓄热系数/[W/(m^2·℃)]
夯实草泥或黏土墙	2 000	0.93	10.57
草泥	1 000	0.35	5.11
土坯砖墙	1 600	0.70	9.18
普通黏土砖	1 800	0.81	9.65
多孔砖(60 孔)	1 300	0.58	6.97
空心砖	1 000～1 500	0.46～0.64	5.55～8.02
硅酸盐砖	1 350	0.58	7.03
花岗岩	2 800	3.49	25.33
钢筋混凝土	2 400	1.38	14.93
矿渣混凝土	1 200	0.52	5.87
泡沫混凝土	600	0.21	2.57
加气混凝土	500	0.12	—
矿渣砖	1 400	0.58	6.68
膨胀珍珠岩混凝土	450	0.07	2.32
石棉水泥板或块	1 900	0.35	6.33

续表 7-2

材料	容重/(kg/m^3)	导热系数/[W/(m·℃)]	蓄热系数/[W/(m^2·℃)]
石棉水泥隔热板	300	0.09	1.30
木纤维板	600	0.16	4.18
松及云杉垂直木纹	550	0.35	4.18
松及云杉平行木纹	550	0.17	5.87
木锯末	250	0.09	2.03
稻壳	250	0.21	8.38
芦苇	400	0.14	2.43
稻草	320	0.09	1.80
稻草板	300	0.11	1.83
建筑用毛毡	750	0.06	1.09
沥青、油毡、油毡纸	600	0.17	3.31
锅炉炉渣	700	0.22	2.01
煤灰	750	0.22	2.91
玻璃棉	200	0.06	0.84
聚苯乙烯泡沫塑料	35	0.05	0.30
铝箔波形纸板	160	0.06	1.01
橡皮	2 200	0.041	0.30
矿棉	50～200	0.04～0.05	—
水(0℃)	1 000	0.56	—
水(20℃)	998	0.59	—
冰(0℃)	917	2.21	—
雪	100	0.07	—

(三)建筑材料的水分特性

建筑材料的热工特性受其水分特性的影响。当材料孔隙中的空气被水分取代时,由于水的导热系数为 0.5,是空气的 24 倍,潮湿材料的导热能力显著增大。建筑材料的水分特性常用吸水性、吸湿性、透水性和耐水性衡量。

1. 吸水性　指材料在水中吸收水分并自水中取出时保持这些

水分的能力。孔隙率越大，吸水性越强。但封闭孔隙水分不易渗入；粗大孔隙水分不易存留。建筑上宜选吸水性低的材料。

2. 吸湿性　指当周围空气的湿度变化时，材料的湿度也随着变化的性质。材料的吸湿性大小决定于材料本身的组织结构、化学成分及空气的温湿度，温度高、湿度大、物体表面孔隙多时吸湿性高。建筑上宜选吸湿性低的材料。

3. 透水性　指材料在水压力作用下能使水透过的性质。孔隙率大以及连通开口孔隙多时透水性较大。猪舍地面尤其应注意选透水性低的材料。

4. 耐水性　材料在长期饱和水作用下，强度不降低或不严重降低的性质。猪舍的墙基、墙角、地面应选耐水性强的材料。

上述几种特性只涉及材料的一些物理性质，选材时还应注意材料的机械性质，如强度、弹性、韧性、硬度及耐磨性等，综合平衡，恰当选择，实际中有时需要几种材料结合使用。

二、猪舍建筑的气候分区

不同地区由于气候特点的差异，设计修建猪舍时应选择适宜的形式，不可强求一律。在此介绍民用建筑的气候分区(5 个区)，供设计猪舍时参考。Ⅰ区为严寒区，1 月份平均气温在－15℃以下，猪舍应根据防严寒要求进行设计，宜采用保温墙和保温屋顶、无窗或有窗密闭式猪舍；Ⅱ区为寒冷区，1 月份平均气温在－15～－5℃，应以防寒为主兼顾防暑，宜采用保温墙和保温屋顶、有窗密闭式猪舍，种猪及后期育肥猪也可采用半开放式；Ⅲ区为冬冷夏凉区，1 月份平均气温在－5～0℃，7 月份平均气温在 25℃左右，既应注意防寒，又要注意防暑，宜采用普通砖墙，保温或隔热屋顶，除分娩舍及保育舍采用有窗密闭式外，其他猪舍可采用半开放式或开放式；Ⅳ为冬冷夏热区，1 月份平均气温在 0～5℃，7 月份平均气温在 27～29℃，全年空气湿度大，应以防暑为主，兼顾防寒，宜采用普通墙体,加大开窗面积,隔热屋顶,除分娩舍与保育舍外,其他猪舍可采用半开放式或开放式猪舍;Ⅴ区为炎热区,1月份平均气温在5℃以上,7月份平均气温在28～30℃,空气湿度大,猪舍应根据防暑要求设计,一般均可采用开放式或凉棚式,屋顶隔热,加长出沿。

三、猪舍形式

猪舍按墙壁结构、窗户有无和猪栏排列分为多种形式。

(一)按猪舍屋顶结构分类

按猪舍屋顶结构将猪舍分为单坡式、双坡式、联合式、平顶式、拱顶式、钟楼式、半钟楼式等(图7-4)。

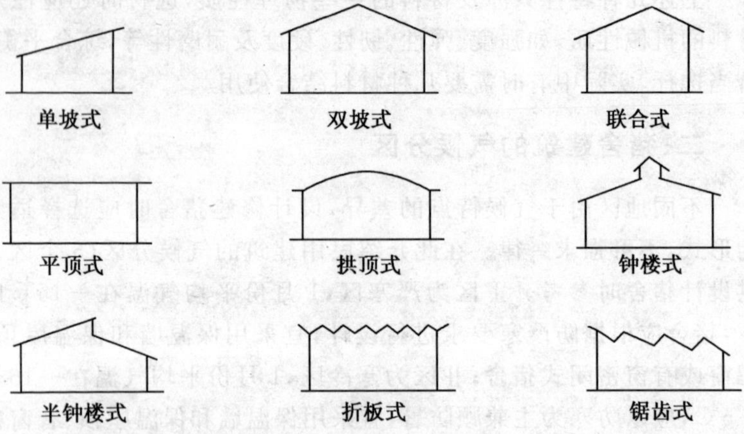

图7-4 猪舍屋顶结构的形式

1. 单坡式 一般跨度较小,多用于单列式猪舍,优点是结构简单,屋顶材料较小,施工简单,造价低,舍内通风、光照较好;缺点是冬季保温差,土地面积及建筑面积利用率低。适合于养猪专业户和小规模猪场。

2. 双坡式　双坡式可用于各种跨度的猪舍，一般用于跨度较大的双列或多列式猪舍。双坡式屋顶由于跨度大，其优点是保温好，若设吊顶保温性能更好，并节约土地面积及建筑面积；缺点是对建筑材料要求高，投资稍大。我国规模较大的猪场多采用此种类型。有些猪场采用瓦顶往板下直接附以聚苯乙烯泡沫板，降低荷载，增强保温；也有采用石棉瓦顶下直接附以聚苯乙烯泡沫板，也能达到较好的保温隔热效果，只是石棉瓦的利用年限较短。

3. 联合式　联合式猪舍的特点介于单坡和双坡式屋顶之间。

4. 平顶式　平顶式多为预制板或现浇钢筋混凝土屋面板，可适于各种跨度。该种屋顶只要做好屋顶保温和防水，合理施工，使用年限长，使用效果较好；缺点是造价较高。

5. 拱顶式　拱顶式猪舍可用砖拱或钢筋混凝土壳拱，现已很少采用。但北方一些大型猪场最近几年采用钢管做成拱形架，架上铺聚苯乙烯泡沫板，做好防水处理的大跨度轻型建筑材料猪舍，优点是节省木材和砖瓦，造价较低，能满足养猪生产需要的保温隔热要求。缺点是易燃、易遭鼠咬，应注意防火、防鼠。

6. 钟楼式和半钟楼式　钟楼式猪舍是在双坡式猪舍屋顶上安装天窗，如只在阳面安装天窗即为半钟楼式。优点是舍内空间大，天窗通风换气好，有利于采光；缺点是不利于保温。适于炎热的地区。

（二）按墙的结构和窗户有无分类

猪舍按墙的结构可分为开放式、半开放式和密闭式，密闭式猪舍按窗户有无又分为有窗密闭式和无窗密闭式。

1. 开放式猪舍　开放式猪舍三面设墙，一面无墙。优点是结构简单，造价低，通风采光好；缺点是受外界环境影响大，尤其是防寒能力差，在冬季如能加设塑料薄膜，也能获得较好的效果。养猪专业户可采用该种类型猪舍，冬季加设塑料薄膜。

2. 半开放式猪舍　半开放式猪舍三面设墙，一面设半截墙。

其使用效果与开放式猪舍接近，只是保温性能略好，冬季也可采用加设草帘或塑料薄膜。

3.有窗密闭式猪舍　该种猪舍四面设墙，纵墙上设窗，窗的大小、数量和结构可依当地气候条件来定。寒冷地区可适当少设窗户，南窗宜大，北窗宜小，以利保温。为解决夏季通风降温，夏季炎热地区可在两纵墙上设地窗，屋顶设通风管或天窗。有窗式猪舍的优点是保温隔热性能较好，并可根据不同季节启闭窗扇，调节通风和保温隔热，使用效果较好，特别是防寒效果较好；缺点是造价较高。它适合于我国大部分地区，特别是北方地区以及分娩舍、保育舍和幼猪舍。

4.无窗密闭式猪舍　该种猪舍墙上只设应急窗，仅供停电时用。舍内的通风、光照、采暖等全靠人工设备调控。优点是能给猪提供适宜的环境条件，有利于提高猪的生产性能和劳动生产率；缺点是猪舍建筑、设备等投资大，能耗和设备维修费用高，因而在我国还不十分适用。

（三）按猪舍排列分类

猪舍按猪栏的排列又可分为单列式、双列式和多列式猪舍。

1.单列式猪舍　单列式猪舍的猪栏排成一列，靠北墙设饲喂走道，舍外可设或不设运动场，跨度较小，一般为 4～5 m。优点是结构简单，建筑材料要求低，采光及舍内空气环境较好；缺点是土地面积及建筑面积利用率低，冬季保温能力差。该种方式适于养猪专业户和种猪舍。

2.双列式猪舍　双列式猪舍猪栏排成两列，中间设一走道，或在南北墙再各设一条清粪通道，一般跨度在 7～10 m。优点是土地面积及建筑面积利用率较高，管理方便，保温性能好；缺点是北侧猪栏采光差，圈舍易潮湿。规模化猪场多采用双列式猪舍。

3.多列式猪舍　多列式猪舍猪栏排成三列、四列或更多列，一般跨度在 10 m 以上。优点是土地面积及建筑面积利用率高，管理方便，保温性能好；缺点是采光差，圈舍阴暗潮湿，空气环境差，并要求辅以机械通风。一般情况下不宜采用。

图 7-5 至图 7-10 为几种猪舍的外形图。

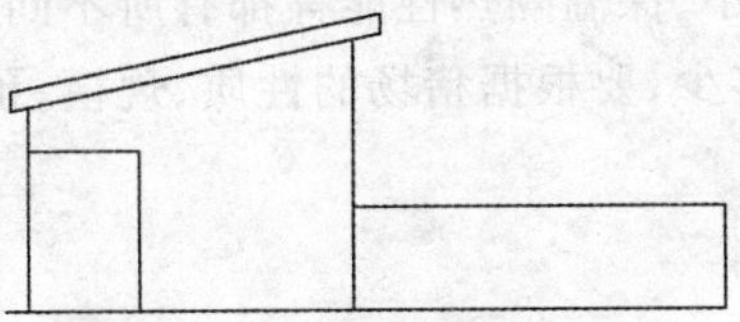

图 7-5　单列单坡开放式猪舍

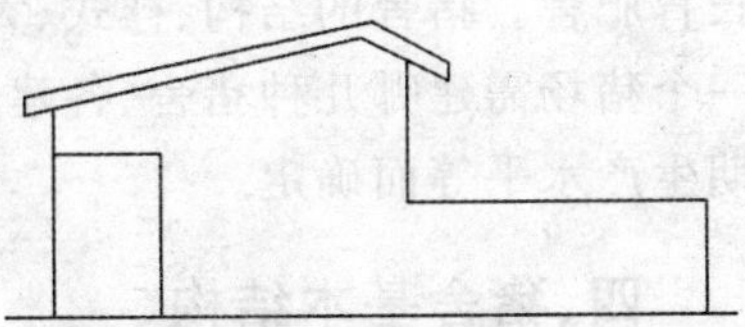

图 7-6　单列不等坡开放式猪舍

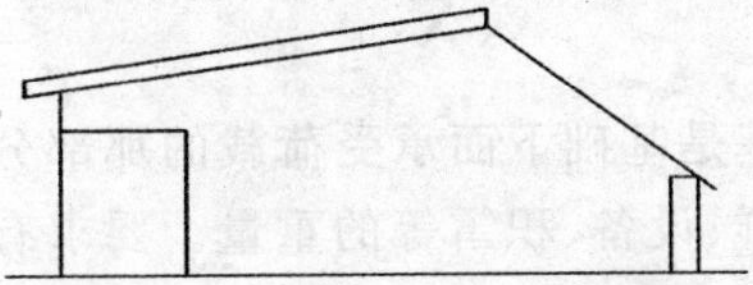

图 7-7　单列单坡开放式猪舍

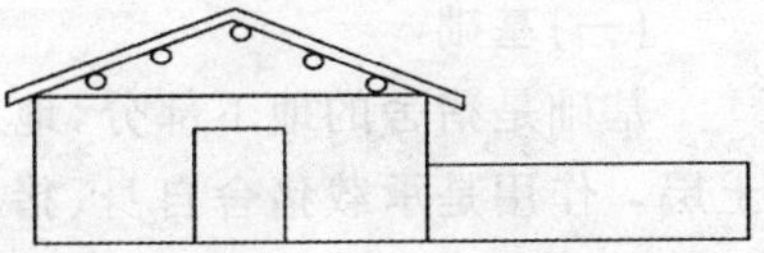

图 7-8　双列双坡开放式猪舍

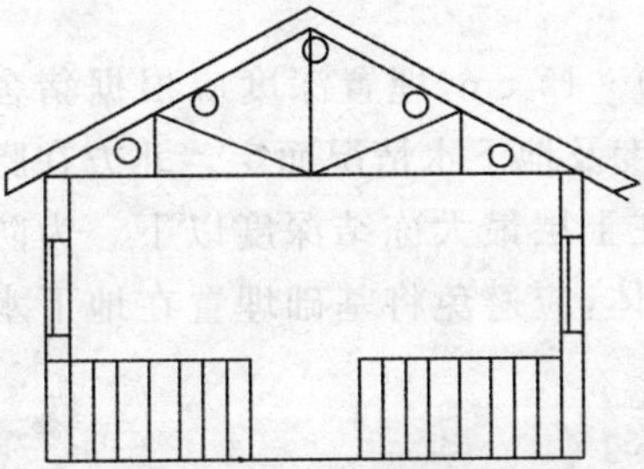

图 7-9　双列双坡有窗密闭式猪舍

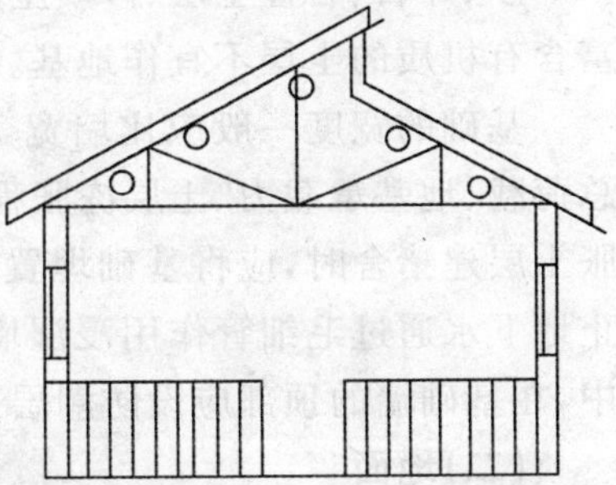

图 7-10　双列半钟楼有窗密闭式猪舍

（四）按猪舍的用途分类

不同种类的猪群对猪舍环境条件要求不同，猪栏的形式、大小、饮水、清粪等要求也各不相同，很难用一种方式满足各种猪群的需要。传统养猪生产最简单的只有一种通用猪舍，各类猪群都在同一种猪舍内饲养，这种猪舍没有什么专用设备，造价低。但不能满足各类猪群对环境的要求，不利于防疫，不能按科学技术要求进行饲养管理，不便于规模经营，不利于专业化、工厂化生产。随着现代化养猪的发展，猪舍建筑常根据不同种类的猪群对环境条件的要求，将猪舍划分为 4 类，即配种妊娠舍、分娩舍、保育舍、生长育肥舍。猪舍的结构、样式、大小、保温隔热性能等都有所不同。一个猪场需建哪几种猪舍、各建多少，要根据猪场的性质、规模、预期生产水平等而确定。

四、猪舍基本结构

猪舍由各部结构组成，包括基础、地面、墙壁、门窗、屋顶。

(一)基础

基础是猪舍的地下部分，地基是基础下面承受荷载的那部分土层。作用是承载猪舍自身、猪群、设备、积雪等的重量。要求有足够的强度和稳定性。

沙、碎石、岩性土层、沙质土层是良好的天然地基，黏土、黄土、富含有机质的土层不宜作地基。

基础的宽度一般应比墙宽 10～15 cm，埋置深度应根据猪舍总荷载、地基承载力、土层冻胀程度及地下水情况而定。北方在膨胀土层建猪舍时，应将基础埋置在土层最大冻结深度以下。为防止地下水通过毛细管作用浸湿墙体，应避免将基础埋置在地下水中，在基础墙的顶部应设防潮层。

(二)地面

猪舍地面是猪只采食、活动、躺卧和排粪尿的地方，地面的好坏对猪舍空气环境、卫生状况及猪的生产性能有很大影响，应给予高度重视。猪舍地面要求坚实、保温、不透水、平整、不滑、便于清扫和清洗消毒。但不同种类的地面各有其优缺点(表 7-3)，土质地面和砖地面保温性能好，但不坚固、易渗水，不便于清扫和消毒；水泥地面坚固耐用、平整，易于清扫和消毒，但保温性能差；沥青地面享有较高的评价，但因其有毒，在生产中很少采用。目前猪舍多采用混凝土地面。一般厚度在 6～8 cm，坡度 3%～4%，以利于尿水排除，保持地面干燥；表面抹光，制成防滑菱形小沟。生产上还可在不同部位采用不同的材料，如睡卧处采用木板；不同层次选用不同的材料；睡卧处铺设垫草、胶皮、木板、塑料等厩垫，以获得较好的使用效果。

表 7-3 不同种类地面的优缺点

地面种类	坚实性	不透水性	不导热性	柔软程度	不滑程度	可消毒程度	总分
夯实土地面	1	1	3	5	4	1	15
夯实黏土地面	1	2	3	5	4	1	16
夯实碎石地面	2	3	2	4	4	1	16
石地	4	4	1	2	3	3	17
砖地	4	4	3	3	4	3	21
混凝土地面	5	5	1	2	2	5	20
木地面	3	4	5	4	3	3	22
沥青地面	5	5	2	3	5	5	25
炉渣上铺沥青	5	5	4	4	5	5	28

(三)墙壁

墙是猪舍的主要结构，它将猪舍与外界隔开。按墙的功能分为承重墙和隔墙，起承受屋顶荷载的墙为承重墙，起分隔舍内成间的墙称为隔墙。按墙的位置分为外墙和内墙，直接与外界接触的墙统称为外墙，不与外界接触的墙为内墙。按墙长短又可分为纵墙和山墙（端墙），与猪舍长轴平行的墙称为纵墙，与猪舍长轴垂直的墙称为山墙。各种墙的功能不同，设计施工中的要求也不同。一般要求坚固、耐用，结构简单，墙内表面便于清洗和消毒，一般地面以上 1.0～1.5 m 墙面应设水泥墙裙；同时，应选择良好的保温隔热材料，确定适宜的墙体厚度，以保证墙体良好的保温隔热性能。我国墙体的材料多采用黏土砖，吸水能力与毛细管作用较强，为保温、防潮和便于消毒,墙的内表面宜抹水泥砂浆并用白灰水粉刷,为了加强保温,可将墙砌成空心的,内填保温材料。外墙墙身与舍外地面接近的部位称为勒脚。为防止雨水及地下水对墙体的浸蚀,应用水泥抹面以防潮。

(四)门窗

门供人、猪、手推车出入,一般宽 1.0~1.5 m,高 2.0~2.4 m。外门的设置应避开冬季主风向,必要时加设门斗。猪舍门应向外开,不设木槛,不应有台阶,为便于推车出入,门外可设坡道。

窗户主要用于采光和通风换气。窗户面积大,有利于采光和换气,但冬季散热和夏季向舍内传热也多,不利于冬季保温和夏季防暑。窗户的数量、大小、形状、位置应根据当地气候条件合理设计。一般在寒冷地区的设窗原则是:在保证采光要求的前提下尽量少设窗户,并注意考虑夏季通风;在炎热地区可适当多设,为防暑还可设地窗以利夏季通风。

(五)屋顶

屋顶起遮挡风雨和保温隔热的作用。要求坚固、耐用、不透风、不漏雨、保温隔热。屋顶面积大于墙壁,而且热空气上升,故热量易从屋顶散失,夏季接受强烈的太阳辐射,易将辐射热传到舍内,所以,屋顶的保温隔热设计对于冬季保温、夏季防暑具有重要意义。在寒冷地区,设置天棚(或叫顶棚、天花板)是一个重要的防寒保温结构。天棚是猪舍与屋顶下空间隔开的结构,要求屋顶与天棚的结构严密、不透气,天棚的材料可选用隔热的合成材料如玻璃棉、聚苯乙烯泡沫塑料、聚胺脂板等。在寒冷地区,为减少外围护结构的散热面积和供热空间,以檩高 2.2~2.5 m 为宜,无顶棚的坡式屋顶还可适当降低高度,以改善舍内温度状况;在冬冷夏热地区,以檩高 2.5~3.0 m 为宜;在炎热地区,以檩高 2.5~3.5 m 为宜。

五、猪舍建筑与设备设计参数

建造规模化、集约化、工厂化猪场时，必须考虑各种猪舍的特点，选择适宜的温度、湿度、光照指标。根据不同猪群的特点，确定不同猪栏的高度和面积，对猪舍设备进行合理的设置，以保证工艺流程顺利进行。主要猪舍建筑参数列于表 7-4 至表 7-10，供参考。

表 7-4 各类猪舍环境参数

猪舍种类	舍温 /℃	照度 /lx	采光系数	相对湿度 /%	噪声 /dB	调温风速 /(m/s)
种猪舍	16～18	110	1/10	75	50～70	0.3
分娩舍	18～22	110	1/10	75	50～70	0.3
分娩舍仔猪	28～32	110	1/10	75	50～70	0.3
生长猪舍	18～22	80	1/11	75	50～70	0.3
育肥猪舍	16～20	20	1/22	75	50～70	0.3

表 7-5 猪栏面积等参数

猪别	体重 /kg	每头猪最小占地面积/m²				食槽宽 /cm	每栏头数
		实体地面	部分漏缝	全部漏缝	网上饲养		
断乳仔猪	4～11	0.37	0.26	0.22	0.20	12～15	10～30
	11～18	0.56	0.28	0.26	0.24	15～20	10～30
生长育肥	18～45	0.74	0.37	0.35	0.33	22～27	10～30
	45～68	0.93	0.56	0.56	0.56	27～35	10～30
	68～100	1.12	0.74	0.74	0.70	27～35	10～30
后备母猪	113～116	1.40	1.12	1.12	1.12	50～60	4～12
空怀母猪	136～227	1.67	1.40	1.40	1.40	50～60	4～12
初产母猪	—	1.58	1.30	1.30	1.30	50～60	4～10
经产母猪	—	1.67	1.40	1.40	1.40	50～60	4～10

表 7-6 猪场需水量标准 L/(头·d)

类　别	需水量	
	总需水量	饮水量
种公猪	25	10
空怀及妊娠母猪	25	12
带仔哺乳母猪	60	20
断乳仔猪	5	2
后备猪	15	6
育肥猪	15	6

表 7-7 各种猪群平均每日粪尿排泄量

猪别	粪尿混合/(L/头)	粪/(kg/头)
种猪	10	3
后备猪	9	3
哺乳母猪	14	2.5
仔猪	1.5	1
保育猪	3	1
生长育肥猪	6	2.5

朱尚雄.中国工厂化猪场.北京:中国农业出版社,1990.

表 7-8 粪沟冲洗水深及流速参数

水流速度/(m/s)		开始水深及持续时间		冲洗次数	
开放式沟	板条下沟	开放式沟	板条下沟	开放式沟	板条下沟
0.61	0.67	3.81 cm 10 s	6.35 cm 10 s	每 2 h 1 次	每天冲 4 次

表 7-9 粪尿沟底的最小斜度

开始水流深度/cm	开放式粪沟底/%	漏缝式地下沟底/%
3.81	2.0	2.0
5.08	1.5	2.0
6.35	1.25	1.5
7.62	1.0	1.25

表 7-10　每天冲洗水总量　L/头

猪群类别	日冲水量
母猪及 1 窝仔猪	132.65
哺乳仔猪	15.16
育肥猪	56.85
妊娠母猪	94.75

六、不同用途猪舍建筑设计及内部布置

不同年龄、不同性别、不同生理阶段的猪对环境及设备的要求不同，设计猪舍应根据猪的生理特点和生物学特性，合理布置猪栏、走道和合理组织饲料、粪便运送路线，选用适宜的生产工艺和饲养管理方式，充分发挥猪只的生长潜力，同时提高劳动效率。

(一)配种舍

配种舍包括公猪栏和待配母猪栏，小规模猪场常分别建公猪舍和母猪舍，采用单列带运动场开放式(图 7-11 至图 7-14 猪舍样式图)。在集约化、工厂化猪场，为了管理方便，常将公猪栏和待配母猪栏设置在同一栋猪舍，叫配种舍。配种舍可设计成双列式和多列式，母猪可采用圈养，每圈 4～10 头，面积 1.4～1.7 m^2；也可采用限位栏饲养，每栏长 2.1 m，宽 0.6 m。公猪采用圈养，每头一圈，每圈长 3 m、宽 2.4 m。年出栏 1 万头商品猪猪场需公猪栏 21～25 个，母猪 108 头，限位栏 135 个。常见的双列式猪栏(母猪为限位栏)配置方式见图 7-11。

(二)妊娠舍

妊娠母猪舍可设计成单列式和双列式。小规模猪场可采用单列带运动场开放式。在集约化、工厂化猪场，可设计成双列式或多列式。母猪可采用圈养，每圈 4～10 头，面积 1.4～1.7 m^2；也可采用限位栏饲养，每栏长 2.1 m、宽 0.6 m。年出栏 1 万头商品猪猪场妊娠母猪 288 头，限位栏 312 个。常见的有两列三走道(图 7-14) 或三列四走道。

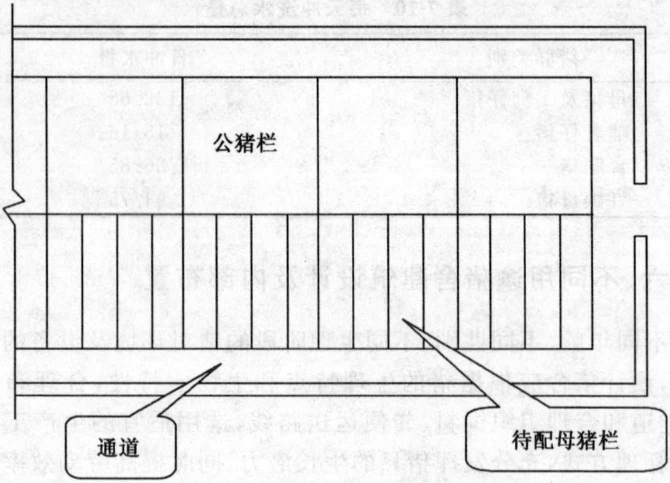

图 7-11　配种栏配置方式一

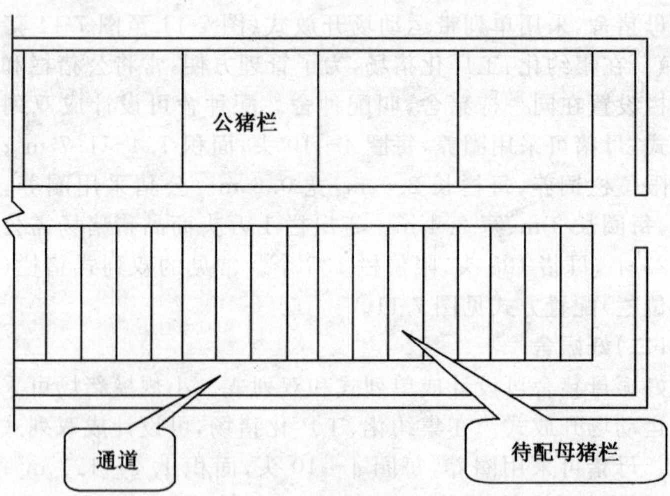

图 7-12　配种栏配置方式二

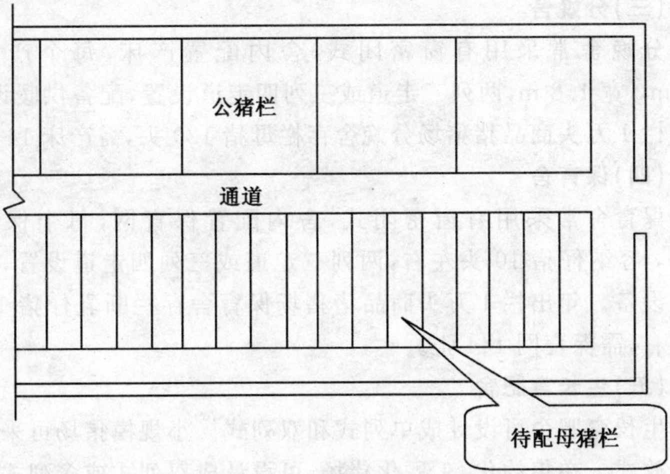

图 7-13　配种栏配置方式三

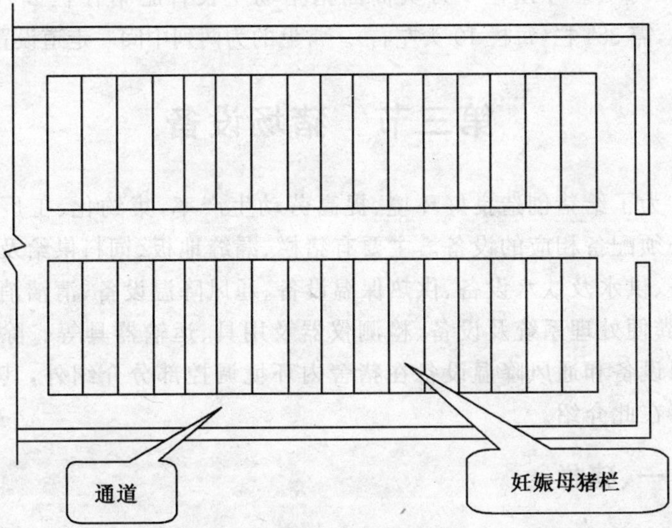

图 7-14　两列三走道妊娠母猪栏

(三)分娩舍

分娩舍常采用有窗密闭式,舍内配置产床,每个产床长 2.2 m,宽 1.8 m,两列三走道或三列四走道设置,配备供暖设备。年出栏 1 万头商品猪猪场分娩舍存栏母猪 120 头,需产床 144 张。

(四)保育舍

保育舍常采用有窗密闭式,舍内配置保育网,每个保育网 3 m^2,容纳仔猪 10 头左右,两列三走道或三列四走道设置,配备供暖设备。年出栏 1 万头商品猪猪场保育舍存栏断乳仔猪 1 000 头左右,需保育网 144 张。

(五)生长育肥舍

生长育肥舍可设计成单列式和双列式。小规模猪场可采用单列开放式。在集约化、工厂化猪场,可设计成双列式或多列式。采用地面、部分漏缝或全漏缝地板群养,每圈 10～20 头,面积0.35～1.1 m^2/头。年出栏 1 万头商品猪猪场生长育肥猪存栏 2 700 头左右,需 384 栏(每栏 10 头左右)。常见的为两列中间一走道设置。

第三节　猪场设备

为了给猪创造良好环境、提高劳动生产率,集约化、工厂化养猪必须配备相应的设备。主要有猪栏、漏缝地板、饲料供给及饲喂设备、供水及饮水设备、供热保温设备、通风降温设备、清洁消毒设备、粪便处理系统及设备、检测仪器及用具、运输器具等。除供热保温设备和通风降温设备在猪舍内环境调控部分介绍外,其他设备将在此介绍。

一、猪栏

为了减少猪舍占地面积,便于饲养管理和改善环境,在不同的猪舍要配置不同的猪栏,按照猪栏的结构将猪栏分为实体猪栏、栅栏式猪栏、母猪限位栏、高床产仔栏、高床育仔网。有的按其用途将猪栏分为公猪栏、配种栏、妊娠栏、分娩栏、保育栏、生长育肥栏等。

(一)栅栏式猪栏

栅栏式猪栏即猪舍内圈与圈之间以 0.8～1.2 m 高的栅栏相隔(图 7-15),栅栏通常由钢管、角钢、钢筋等焊接而成。优点是猪栏占地面积小;夏季通风好,有利于防暑;便于饲养管理。缺点是钢材耗量大,成本稍高;相邻圈之间接触密切,不利于防疫。现代化猪场的猪栏多为栅栏式,适用于公猪、母猪及生长育肥猪群养。

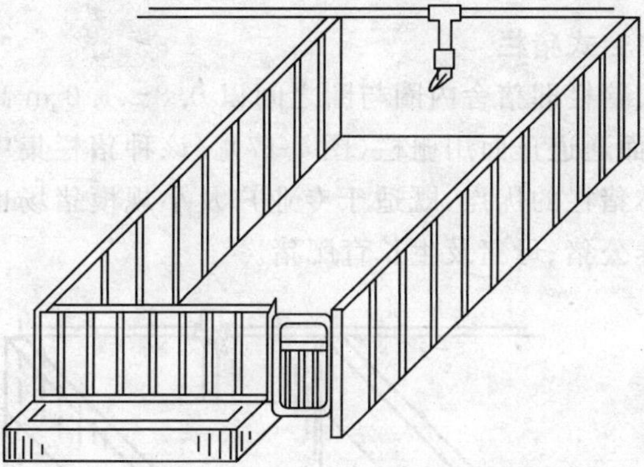

图 7-15 栅栏式猪栏

(二)实体猪栏

实体猪栏即猪舍内圈与圈之间以 0.8～1.2 m 高的实体墙相隔(图 7-16),材料常用钢筋混凝土预制板,半砖厚,每面抹水泥砂浆等。优点是便于就地取材,造价低;相邻圈之间相互隔断,有利于防疫。缺点是猪栏占地面积大;夏季通风不好,不利于防暑;不便于饲养管理。适用于专业户及小规模猪场饲养公猪、母猪及生长育肥猪。

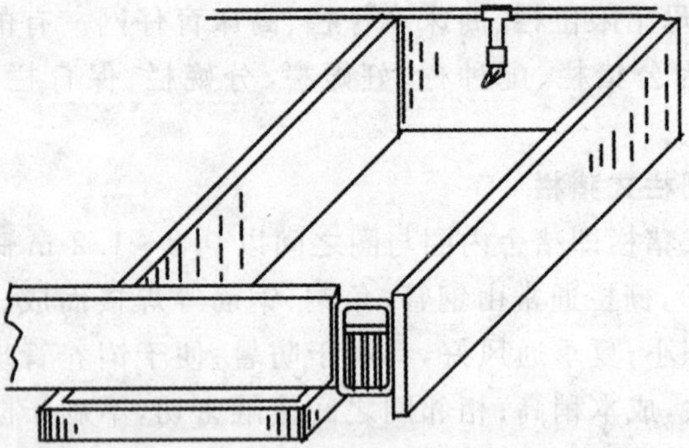

图 7-16 实体猪栏

(三)综合式猪栏

综合式猪栏即猪舍内圈与圈之间以 0.8～1.0 m 高的实体墙相隔，沿正面通道正面用栅栏(图 7-17)。该种猪栏集中了栅栏式猪栏和实体猪栏的优点，既适于专业户及小规模猪场也适于现代化猪场饲养公猪、母猪及生长育肥猪。

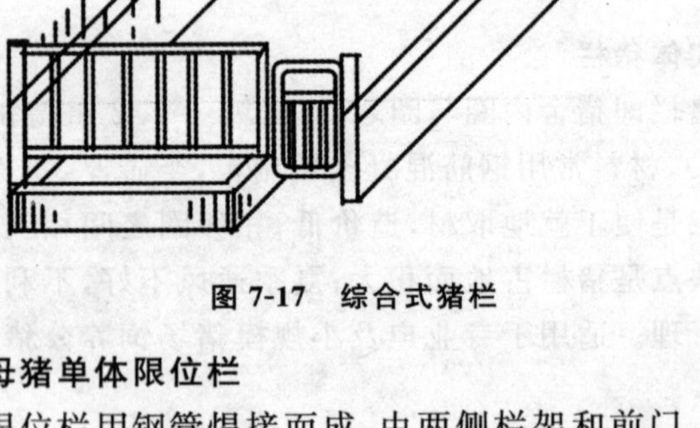

图 7-17 综合式猪栏

(四)母猪单体限位栏

单体限位栏用钢管焊接而成，由两侧栏架和前门、后门组成，前门处安装食槽和饮水器，栏长 2.1 m、宽 0.6 m、高 0.96 m(图 7-18)。单体限位栏用于饲养空怀及妊娠母猪，与以圈为单位群养母猪相比，优点是便于观察发情，便于配种，避免母猪采食争斗，易掌握喂量，控制膘情；缺点是限制了母猪运动，容易出现四肢软弱或肢蹄病。适用于集约化和工厂化养猪。

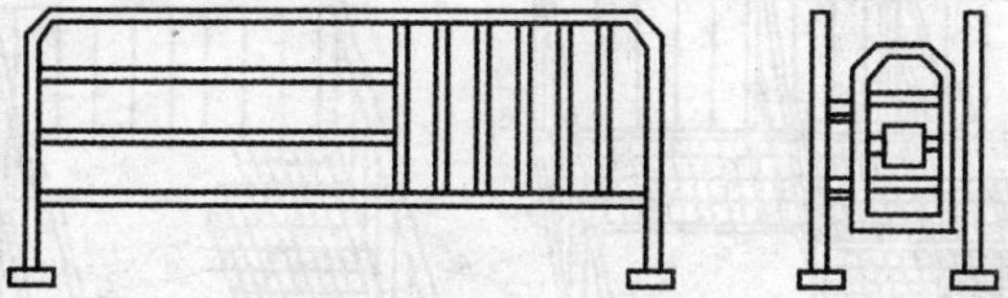

图 7-18　母猪单体限位栏

(五)高床产仔栏

高床产仔栏用于母猪产仔和哺育仔猪，由底网、围栏、母猪限位架、仔猪保温箱、食槽组成(图 7-19)。底网多采用直径 5 mm 的冷拔圆钢编织的编织网或塑料漏缝地板，长 2.2 m、宽 1.7 m，下面附以角钢和扁铁，靠腿撑起，离地 20 cm 左右；围栏为底网四面侧壁，用钢管和钢筋焊接而成，长 2.2 m、宽 1.7 m、高 0.6 m，钢筋间缝隙5 cm；母猪限位架长 2.2 m、宽 0.6 m、高 0.9～1.0 m，位于底网中间，限位架前安装母猪食槽和饮水器，仔猪饮水器安装在前部或后部；仔猪保温箱长 1 m、宽 0.6 m、高 0.6 m，多由水泥预制板组装而成，置于产栏前部一侧。采用高床产仔栏的优点是少占地，猪舍面积利用率高；便于管理；母猪限位，可防止或减少压死仔猪；仔猪不与地面接触，干燥、卫生，减少疾病和死亡。缺点是耗费钢材量大，投资高。目前规模化猪场多采用高床产仔栏。

(六)高床育仔网

高床育仔网主要用于饲养 4～10 周龄的断乳仔猪，其结构与高床产仔栏的底网及围栏雷同(图 7-20)，只是高度为 0.7 m，离地面 20～40 cm，面积根据猪群大小而定，一般长 1.8 m、宽 1.7 m，饲养断乳仔猪 10 头左右。优点是少占地，猪舍面积利用率高；便于管理；仔猪不与地面接触，干燥、卫生，减少疾病和死亡。缺点是耗费钢材量大，投资高。目前规模化猪场多采用高床育仔网培育仔猪。

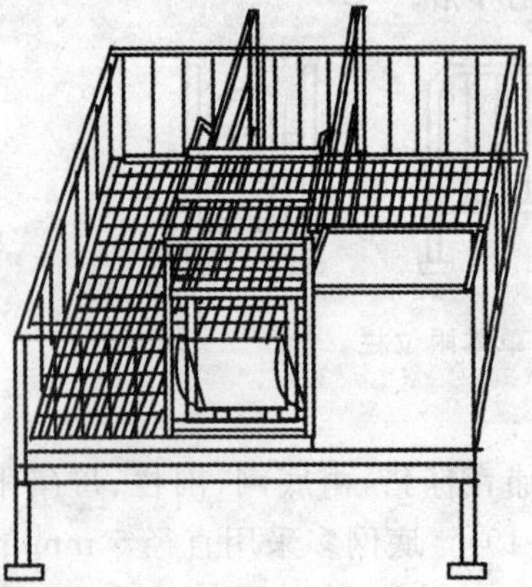

图 7-19 母猪高床产仔栏

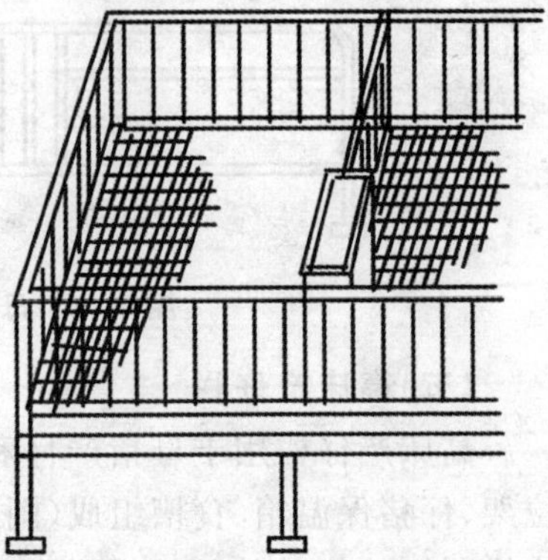

图 7-20 高床育仔网

二、漏缝地板

为了保持猪舍内清洁卫生，改善环境条件，减少人工清扫，规模化猪场普遍采用粪尿沟上敷设漏缝地板，要求漏缝地板应耐腐蚀，不变形，表面平，不滑，导热性小，坚固耐用，漏粪效果好，易冲洗消毒，适应各种日龄的猪行走站立，不损伤猪蹄。漏缝地板的种类主要有钢筋混凝土板条、板块、钢筋编织网、钢筋焊接网、塑料板块、铸铁块等。

钢筋混凝土板条、板块（图 7-21 和图 7-22） 其规格可根据猪栏及粪沟设计要求而定，漏缝断面呈梯形，上宽下窄，便于漏粪，主要结构参数见表 7-11。此种地面的优点是造价低。缺点是对材料及施工要求高，达不到要求时常出现漏粪效果不佳，损伤猪蹄等现象。适用于公猪栏、母猪栏和生长育肥栏。

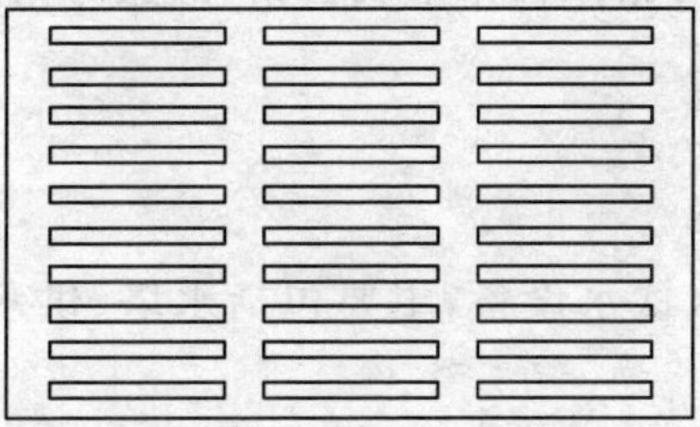

图 7-21　水泥漏缝地板块

图 7-22　水泥漏缝地板条

表 7-11　不同材料的漏缝地板结构尺寸　　mm

猪群类别	铸铁		钢筋混凝土	
	板条宽	缝隙宽	板条宽	缝隙宽
幼猪	35～40	14～18	120	18～20
肥育猪、妊娠母猪	35～40	20～25	120	22～25

2. 钢筋编织网（图 7-23）　由直径 5 mm 的冷拔圆钢编织成 1 cm 宽、4～5 cm 长的缝隙网片，再与角钢、扁钢焊合而成。钢筋编织网漏粪效果好，猪只行走不滑，使用效果好，适于分娩母猪的高床产仔栏及断乳仔猪的高床育仔网。

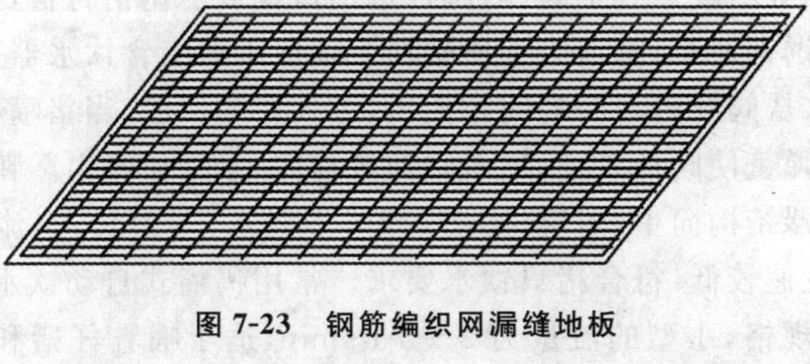

图 7-23　钢筋编织网漏缝地板

3. 塑料板块　可用于高床产仔栏、高床育仔网及母猪、生长育肥猪的粪沟上敷设，热工性能上优于金属编织网，使用效果较好，只是造价高。

4. 铸铁块　铸铁块与钢筋混凝土板条、板块相比，使用效果好，但造价高，适用于高床产仔栏母猪限位架下及公猪、妊娠母猪、生长育肥猪的粪沟上敷设。

三、供水及饮水设备

猪场用水量较大，需配备供水饮水设备，主要包括水塔、供水管道和自动饮水器等。

(一)水塔

水塔是蓄水的设备，要有相当的容积和适当的高度，容积应能保证猪场 2 d 左右的需水量，高度应比最高用水点高出 1～2 m，并考虑保证适当的压力。

(二)供水管道

要求设计合理，主管道要有相当的截面积，并防止滴漏、跑水和冬季冻结。

(三)自动饮水器

猪用自动饮水器的种类很多，主要包括鸭嘴式、乳头式、杯式、连通式等。猪场应用最普遍的是鸭嘴式自动饮水器。

鸭嘴式自动饮水器主要由阀体、阀杆、密封圈、回位弹簧、塞盖、滤网等组成。其中阀体、阀杆选用黄铜或不锈钢材料，弹簧、滤网为不锈钢材料，塞盖为工程塑料。猪饮水时嘴含饮水器，咬压下阀杆，水从阀杆密封圈的间隙流出，进入猪的口腔，当猪嘴松开后，靠回位弹簧使阀杆复位，出水间隙被封闭，水停止流出。鸭嘴式自动饮水器结构简单，耐腐蚀，密封好，不漏水，寿命长，水流出时压力小，流速较低，符合猪只饮水要求。常用鸭嘴式自动饮水器有大小两种规格，小型的流量为 2～3 L/min，适于哺乳仔猪和断乳仔猪用，大型的为 3～4 L/min，适于生长育肥猪和公、母猪用。鸭嘴式自动饮水器的主要规格、性能指标及安装高度见表 7-12 和表 7-13。

表 7-12　国产鸭嘴式自动饮水器规格与性能

型式及性能	鸭嘴式 9SZY-2.5	鸭嘴式 9SZY-3.5
适用范围	乳猪及断乳仔猪	生长育肥猪及种猪
外形尺寸(直径×长)/(mm×mm)	22×85	27×91.5
接头尺寸/mm	G12.70	G12.70
流量/(L/min)	2～3	3～4
适用水压/(kg/cm^2)	<4	<4
可负担猪数量	10～15	10～5
重量/kg	0.1	0.2

表 7-13　鸭嘴式自动饮水器安装高度

猪体重/kg	饮水器安装高度/cm	
	水平安装	45°倾斜安装
断乳仔猪	10	15
5～15	25～35	30～45
5～20	25～40	30～50
7～15	30～35	35～45
7～20	30～40	30～50
7～25	30～45	35～55
15～30	35～45	45～55
15～50	35～55	45～65
20～50	40～55	50～65
25～50	45～55	55～65
25～100	45～65	55～75
50～100	55～65	65～75

朱尚雄. 中国工厂化养猪实用新技术. 北京：中国农业出版社，1992.

四、饲料加工、供给及饲喂设备

猪场饲料的运输、饲喂工作约占工作总量的 40%，为了提高劳动生产率，并将饲料定时、定量、无损地喂给猪只，必须配备相应的设备，尤其是对于集约化和工厂化猪场。其设备主要包括饲料加工机组、饲料运输车、贮料仓、饲料输送机、食槽、自动给料箱等。采用机械设备的种类、数量、程度等应根据猪场的规模、设计的现代化程度及当地的人力资源等条件来定。

根据猪场利用设备的程度，可分为以人工喂料为主和机械喂料为主两种。以机械喂料为主的方式是将经饲料加工厂加工好的全价配合饲料，直接装入带搅龙的饲料罐车送到猪生长区内，打入饲料贮存塔，然后用螺旋输送机输送到猪舍内的自动落料饲槽或食槽，供猪采食（图 7-24）。这种方式的优点是饲料保持新鲜，不受污染，减少包装装卸和散漏损失，节省劳力，提高劳动生产率。缺点是投资大，对电的依赖性大。因此，目前只是在少数有条件的现代化猪场采用，而大多数猪场以人工喂料为主，采用袋装，人工送到猪舍，投到自动落料饲槽或食槽，供猪采食。

（一）机械喂料所需设备

1. 罐装饲料运输车　饲料车的功能是把饲料加工厂的全价配合料运送到猪场，并卸到贮料罐中。罐装饲料运输车是载重汽车上加装饲料罐而成，罐底有一条纵向搅龙，罐尾有一立式搅龙，其上有一条与之相连的悬臂搅龙，饲料通过搅龙的输送可卸入 7 m 高的饲料塔中。

2. 贮料塔　贮料塔多用 1.5～3 mm 的镀锌钢板压型组装而成，由 4 根钢管作支腿。塔体由进料口、上锥体、柱体和下锥体组成。进料口多在顶端，塔的容积根据猪舍饲养量确定，常用的有 2 t、4 t、5 t、6 t、8 t、10 t 等。

3. 饲料输送机　饲料输送机的功能是把饲料由贮料塔直接分送到食槽。其种类有卧式搅龙输送机、链式输送机、螺旋弹簧输送机、塞管式输送机等，近年来多采用后两种。

(1)卧式搅龙输送机　优点是结构简单，工作可靠，封闭输送，浪费少，卫生。缺点是噪声较大，输送距离短，不能转弯，输送粒料有破损。输送距离小于 30 m。

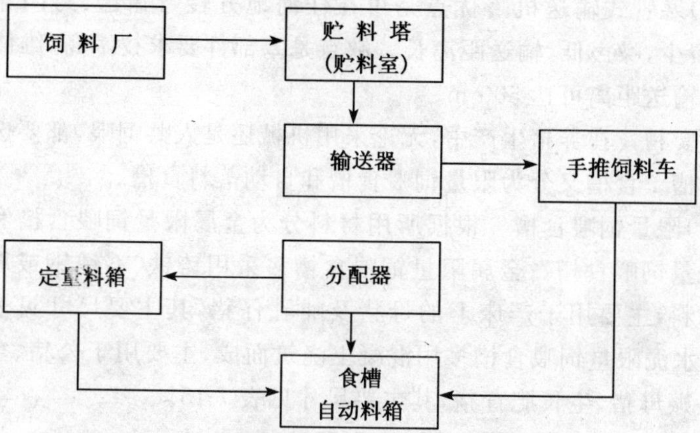

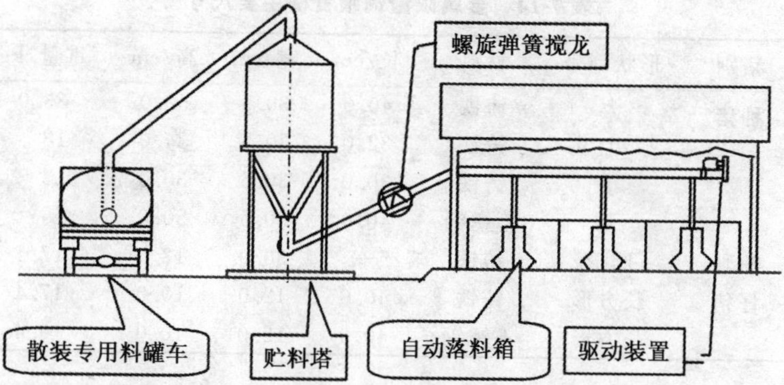

图 7-24　饲料贮存、输送和喂养的工艺流程

(2)链式输送机　优点是适应性广，保养维修方便，输送距离较长。缺点是结构笨重，饲料输送分配不均，输送粒料有破损。输送距离可达 100 m。

(3)螺旋弹簧输送机　优点是结构简单、工作可靠，可在 90°内自由输送，属封闭式输送，浪费少、卫生、噪声小。缺点是塞部件要求技术高，维修困难。输送距离可达 150 m。

(4)塞管式输送机　优点是可在任何地方转弯输送、封闭输送，浪费少，噪声低，输送距离长。缺点是塞部件要求技术高，维修困难。输送距离可达 500 m。

4. 食槽　在养猪生产中，无论采用机械还是人共饲喂，都要选配好食槽。食槽又分为限量饲喂食槽和自动落料食槽。

(1)限量饲喂食槽　根据所用材料分为金属限量饲喂食槽和水泥限量饲喂食槽。金属限量饲喂食槽多采用铸铁、不锈钢或厚钢板材料，主要用于产床上的母猪及哺乳仔猪，其主要尺寸见表 7-14。水泥限量饲喂食槽多用混凝土浇筑而成，主要用于公猪、空怀及妊娠母猪、生长肥育猪，其主要尺寸见表 7-15。

表 7-14　金属限量饲喂食槽主要尺寸

猪别	形状型号	材料	长/cm	宽/cm	高/cm	重量/kg
种猪	大	铸铁	40.0	30.5	50.0	23.0
	中	铸铁	32.0	30.5	34.0	18
	小	铸铁	30.0	30.5	30.0	12
	大	不锈钢	40.0	30.5	50.0	5
哺乳仔猪	圆形	铸铁	—	30.0	12.0	17.5
	长方形	铸铁	40.0	12.0	10.0	17.4
	长方形	不锈钢	40.0	12.0	10.0	0.4

表 7-15　水泥限量饲喂食槽主要尺寸　cm

猪别	高	宽	底厚	壁厚
仔猪	10～12	20	4	—
生长猪	15～16	30	5	—
育肥猪及种猪	20～22	40	6	4～5

(2)自动落料食槽　根据所用材料分为金属自动落料食槽和水泥自动落料食槽。金属自动落料食槽多采用钢板材料，造价高，

易生锈,使用寿命短,其主要尺寸见表 7-16(图 7-25)。水泥自动落料食槽多用水泥预制板组装而成,造价低,使用寿命长,其主要尺寸见表 7-17(图 7-26)。自动落料食槽主要用于断乳仔猪及生长肥育猪。

表 7-16　金属自动落料食槽主要尺寸　cm

猪别	高	宽	采食间隔	前缘高度
仔猪	40	20	14	10
幼猪	60	30	18	12
生长猪	70	30	23	15
30～60 kg	85	40	27	18
60～110 kg	85	40	33	18

表 7-17　双位水泥自动落料食槽主要尺寸　cm

猪别	高	宽	下部深	上部深
断乳仔猪	68	45	55	30
生长育肥猪	86	68	72	42

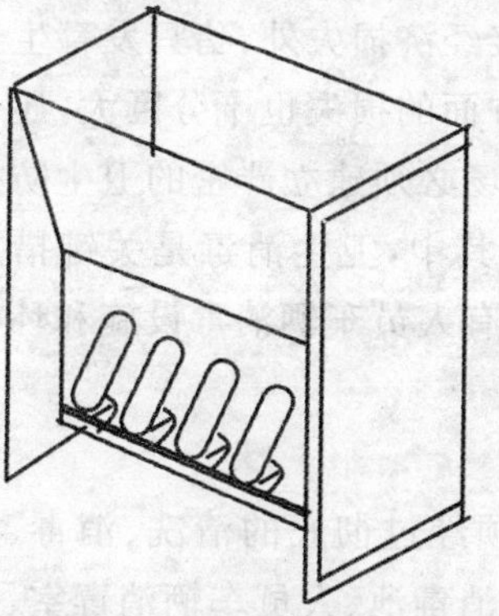

图 7-25　五位钢板自动落料箱

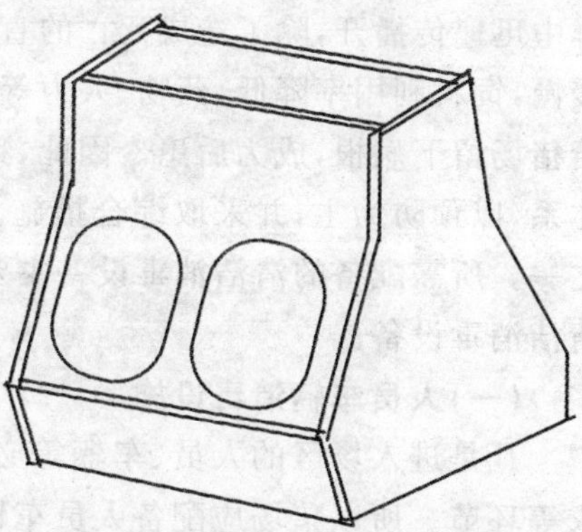

图 7-26　双位水泥自动落料箱

(二)人工喂料所需设备

人工喂料所需设备较少,除食槽外,主要是加料车(图 7-27)。

加料车目前在我国应用较普遍，一般料车长 1.2 m、宽 0.7 m、深 0.6 m，有两轮、三轮和四轮 3 种，轮径 30 cm 左右。饲料车机动性好，可在猪舍走道与操作间之间的任意位置行走和装卸饲料；投资少，制作简单；适于运送各种形态的饲料。

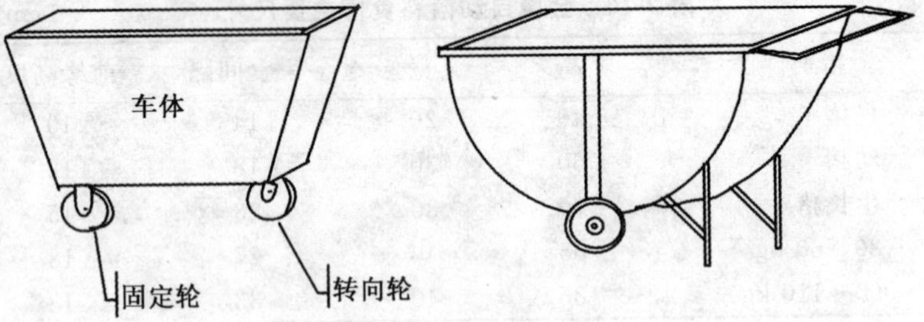

图 7-27 加料车

五、清洁消毒设备

规模化养猪由于数量大、密度高，一旦有疫情，就很可能在猪群中迅速传播开，除了造成死亡的直接经济损失外，猪只发育生长缓慢，饲料利用率降低，药物、人力等方面的损失也十分巨大，还会给猪场留下病根，成为后患。因此，猪场必须建立严密的卫生防疫体系，以预防为主，并采取综合措施。其中，卫生消毒是关键措施之一。所需配备的清洁消毒设备主要有人员车辆消毒设施和环境清洁消毒设备。

（一）人员车辆消毒设施

凡是进入场区的人员、车辆等必须经过彻底的清洗、消毒、更衣等环节。所以猪场应配备人员车辆消毒池、人员车辆消毒室、人员浴池等设施及设备。

1. 人员车辆消毒池　在场门口应设与大门同宽、1.5 倍汽车轮周长的消毒池，对进场的车辆四轮进行消毒。在进入生产区门口处再设消毒池。同时在大门及生产区门口的消毒室内应设人员消毒池，每栋猪舍入口处应设小消毒池或消毒脚盆，人员进出都要消毒。

2. 人员车辆消毒室　在场门口及生产区门口应设人员消毒室，消毒室内要有消毒池、洗手盆、紫外线灯等，人员必须经过消毒室才能进入行政管理区及生产区。有条件的猪场在进入场区的入口处设置车辆消毒室，用来对进入场区的车辆进行消毒。

3. 浴室　生产人员进入生产区时，必须经过洗澡，然后换上经过消毒的工作服才可以进入。因此，现代化猪场应有浴室。

(二)环境清洁消毒设备

猪场常用的主要有地面冲洗喷雾消毒机、火焰消毒器等。

1. 地面冲洗喷雾消毒机　工作时柴油机或电动机带动活塞和隔膜往复运动，将吸入泵室的清水或药液经喷枪高压喷出。喷头可以调换，既可喷出高压水流，又可喷出雾状液。地面冲洗喷雾消毒机工作压力一般为15～20 kg/cm^2，流量为20 L/min，冲洗射程12～14 m。优点是体积小、机动灵活，操作方便；既能喷水，又能喷雾，压力大，可节约清水或药液，因而是规模化猪场较好的地面冲洗喷雾消毒设备。

2. 火焰消毒器　利用煤油高温雾化剧烈燃烧产生的高温火焰对猪舍内的设备和建筑物表面进行瞬间高温喷烧，达到杀菌消毒的目的。

六、检测仪器及用具

随着我国经济的发展，规模化猪场的集约化程度越来越高，所使用的检测仪器及用具也越来越先进、越来越多，主要有饲料营养成分化验室及其化验仪器和设备，兽医化验室及其仪器设备，人工授精室及其仪器设备，计算机及其猪场管理、育种、饲料配方等软件，母猪妊娠诊断仪，猪活体测膘仪，断尾钳，耳号钳，耳号牌，捉猪器，赶猪鞭，运输器具，称猪器具等。

（一）饲料营养成分化验室及其化验仪器和设备

现代化规模化猪场饲养猪只多，饲料消耗量大，一个年出栏1万头肉猪的商品猪场，年消耗饲料3 000多t，多数猪场所需能量饲料、蛋白质饲料、矿物质饲料靠本场自己购买、加工和配制。因此，猪场应有自己的饲料营养成分化验室，最低要求能化验饲料水分和粗蛋白质，如果有条件，可化验钙、磷、粗纤维等成分。

饲料营养成分化验室还应配备分析天平、电热恒温干燥箱、小型电动粉碎机和必要的玻璃器皿等基础设备。化验水分还可配备一台快速水分测定仪，价格低廉、操作简单、出结果快，也不需培训专门人员。化验粗蛋白质可用凯氏定氮法，需配备凯式玻璃器皿一套，酸式滴定管一个。

（二）兽医化验室及其仪器设备

集约化猪场应有自己的兽医化验室，以便及时监测和诊断疾病、随时做一些药敏试验，提高猪场防病治病水平。随着集约化养猪的发展，诊断某些疾病的试剂盒也会逐步普及，也为快捷、准确监测与诊断疾病提供了便利、简单的方法。

兽医化验室应配备显微镜、恒温箱、冰箱、高压灭菌器和必要的玻璃器皿等。

（三）人工授精室及其仪器设备

现代集约化猪场为了提高优良公猪利用率，减少疾病传播，可以采用人工授精。

人工授精应配备显微镜、恒温箱、冰箱及采精、输精器械等。

（四）计算机及其软件

现代集约化养猪大都以周为单位组成完整的工艺流程，一个万头猪场，每周都有一批猪配种、妊娠、分娩、断乳、转群、出售，产生大量数据，同时各阶段的生产性能如受胎率、分娩率，产仔数、活仔数、断乳增重、耗料、发病、死亡，生长期增重、耗料、发病、死亡等也需要及时上报、统计、分析。如此大量的数据，而且结构复杂，靠传统手工方法很难满足对数据处理的准确性、及时性、完整性的要求，难以实现对猪场的宏观管理。猪场配备计算机，建立集约化猪场计算机信息管理系统，便可快速、准确、及时处理这些数据，及时掌握整个猪场生产状况，实现对猪场的合理宏观管理。

猪场配置计算机，并根据实际需要配备相应的猪场管理、育种、饲料配方等软件。在此对集约化养猪信息管理系统的主要结构及功能作一些简要介绍。

集约化养猪信息管理系统由 7 个子系统组成。

1. 生产管理子系统　包括生产信息查询、生产周报、生产月报及常用生产表格的打印。

2. 生产分析子系统　包括生产静态分析、生产动态分析、动态模拟等。

3. 种猪管理子系统　包括种猪信息查询、种猪性能管理、种猪繁殖报告等。

4. 育种管理子系统　包括种猪系谱管理、综合选择指数、测定结果的综合分析等。

5. 兽医保健子系统　包括兽医免疫与疫病监测、各类猪只疾病及死亡分析等。

6. 销售管理子系统　包括种猪、肥猪和其他猪的销售数量统计、收入统计和有关销售对比分析等。

7. 成本管理子系统　包括仔猪、幼猪、肥猪生产费用统计、分析和主要产品成本计算。

(五)母猪妊娠诊断仪

应用比较普遍的是超声波妊娠诊断仪，主要有脉冲回波型和多普勒型，其中多普勒型有较多的优点，在此加以介绍。

母猪超声波妊娠诊断仪主要由机体和探头组成。原理是妊娠诊断仪发出超声波，传到母猪体内组织和液面后返回到传感器，经诊断仪处理，可发出特殊声响，以判断子宫中是否有液体(羊水)，若有液体，说明已妊娠。

母猪测定时间是在配种后 18～30 d，位置在猪体右侧后腿前 5 cm，离乳头 2.5 cm 处。测定时首先将探头接通诊断仪，将测定部位涂以植物油或矿物油，再把探头紧贴探测位置向前或向外转动 45°，以扫描子宫内的羊水，当探头与皮肤接触良好时，诊断仪将发出时断时续的鸣叫声，若诊断出有羊水，将发出持续的鸣叫声，表明已妊娠。如在右侧只发出时断时续的声响，表明可能未妊娠，为可靠起见，再重复测一次左边。

多普勒型妊娠诊断仪的优点是可进行早期妊娠诊断，一般在配种后 18～30 d 便可检测出是否妊娠；诊断准确率高，可达 95%，不会因软巢肿大、子宫发炎和积尿等误诊；可以检查分娩母猪子宫是否还存留活的或死的仔猪；小型轻便，操作简单，易于掌握。

(六)猪活体超声波测膘仪

猪活体超声波测膘仪主要有携带式数字活体测膘仪和 B 超图像活体背膘测定仪。在此仅介绍小型轻便、价格较低、操作简单的携带式数字活体测膘仪。

携带式数字活体超声波测膘仪主要由机体、探头和充电器组成。测定前先把充电器与测膘仪接通，插入交流电插座充电12 h，使用后再充电以延长电池寿命。测定时首先剪去猪体待测部位(一般是最后肋距背中线左右 4 cm 处)的被毛，涂以矿物油或植物油，然后将探头紧贴测定部位，打开电源，并转动或摇动探头，以驱除皮肤和探头间的气泡，最初得到的读数是“77”，没有意义，只有当读数指示灯发亮时才是测定的开始。测膘仪每秒钟都进行数次探测，在得到新结果之前，以前的测定结果仍显示在屏幕上。猪体脂肪有两层，脂肪的不连续性会使仪器得出一层的数据，为此应转动或摇动探头，尽可能得到较高的数值。

(七)称猪器具

猪只在出生、断乳、转群、出售时都要进行称重,平时不同品种、不同饲料配方的试验比较也要称重,以了解、监测和改进猪群的生产性能。所以猪场应配备必要的称量设备,如在出猪台、不同组群间的通道处、饲料加工厂都应配置称量磅秤,并配备试验用侧重笼秤。

七、运输器具

猪场内的运输器具主要有仔猪转运车(图 7-28)、饲料运输车和粪便运输车。

仔猪运输车用于分娩舍到保育舍、保育舍到生长育肥舍的仔猪转群。一般用钢管和钢筋焊接而成,左右都有出口,有两个方向轮和两个定向轮,尺寸大小可根据猪舍通道、每车所能容纳仔猪的数量等而定。在实行人工清粪的猪场,应配备粪便运输车,一般多用单轮或双轮手推车。饲料运输车采用罐装料车或两轮、三轮和四轮加料车。

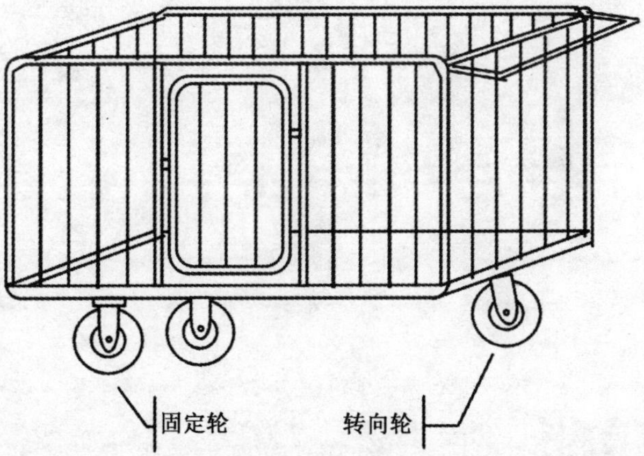

图 7-28　手推仔猪转运车

八、其他器具

猪场除配备以上设备外，还应配备断尾钳、牙剪、耳号钳、耳号牌、捉猪器、赶猪鞭等。

第八章　猪舍内空气环境及其调控

第一节　环境的有关概念

环境是指作用于机体的一切外界因素，包括大气、水域、土壤和群体四个方面。其中又各有其物理、化学和生物的因素。物理因素有温度、热、光照、噪声、地形、地势、海拔、畜舍等；化学因素有空气、氧气、有害气体、水以及土壤中的化学成分等；生物因素有环境中的寄生虫、微生物等；群体关系有猪与猪之间的群体关系以及人类对猪所施的饲养、管理、调教和利用等。

外界环境因素异常复杂，不论是自然因素还是人为因素，都可以各种各样的方式、经由不同的途径、单独或综合地对猪机体发生作用和影响。外界环境因素对于猪来讲有“有利”和“有害”两个方面，一方面，外界环境是猪生存、生长、繁殖和生产产品所依赖的条件，另一方面，不适宜的环境对猪产生有害的刺激，使猪产生应激。

应激是机体对各种非常刺激产生的全身非特异性应答反应的总和。能引起猪应激反应的各种环境因素统称为应激源。养猪生产中常见的应激源有不良的小气候环境因素（如高温、低温、强辐射、强噪声、低气压、贼风、空气中的尘埃、微生物以及 CO_2、NH_3、H_2S、CO 等有毒有害气体浓度过高等）、饲养及管理因素（饥饿或过饱、饮水不足、日粮成分或饲养水平急剧变更、饲养管理规程或饲养人员突然变换、饲养密度或群体过大、断奶、转群、驱赶、抓捕、免疫接种、去势、打耳号、断尾等）、病原微生物的侵袭、运输途中的不良刺激、对生产性能的高强度选育和利用等。

当机体受到环境因素的刺激后，可引起猪对特定刺激产生相应的特异性反应，如惊吓时的逃避、低温时的聚堆等，而有些刺激(应激源)不仅使机体产生特异反应，还会使机体产生相同的非特异性反应，其表现为促肾上腺皮质激素、肾上腺素、肾上腺皮质激素分泌增加，FSH、LH 分泌量下降，心率加快、心缩力加强，体内糖元、脂肪、蛋白质加速分解和动员，使猪的生长速度减缓，饲料利用率降低，繁殖力下降，肉质品质变差等。

当环境因素在一定范围内变化时，机体能够产生行为的、生理的、形态解剖的及遗传上的变化，机体在外界环境刺激下所发生的这些反应以及产生的相应变化是为了适应变化了的新环境，我们把机体对环境刺激产生的有利于生存的生物学和遗传学的变化叫适应。在适应过程中，由于环境变化刺激作用的强度和时间不同，一般首先出现行为的和生理的适应，然后出现形态解剖的适应。例如在低温环境下，猪首先出现蜷缩、挤堆等行为学变化，继而出现颤抖、呼吸变慢变深、代谢产热加强等生理变化，随后则会出现皮肤变厚、脂肪贮积增多等生态解剖学的变化。当环境变化的刺激消失之后，这种表型适应的变化一般也会恢复，但当环境变化刺激许多世代作用下去，则会引起猪遗传基础的改变，即发生遗传学适应，适应该环境的性状可以逐代遗传下去。

但猪对环境的适应有一定限度，在一定范围内其适应的调节机能有效，超出该范围的环境变化，将引起生命机能障碍，甚至死亡。如环境温度太低，超出猪的适应范围时，则会导致猪体温下降，直至冻死。

研究猪环境的目的就是要充分利用有利因素，消除和防止有害因素，以保证猪的健康、发挥猪的最佳生产性能，生产优质猪肉。

上述各种环境因素中，水、土两个因素较之空气环境相对稳定，也较易控制，它们主要通过饮水和饲料作用于猪，只要合理组织供水，可有效解决饮水问题，而饲料以及群体因素中的饲养、管理等将在有关章节介绍。空气则成为猪环境的主要研究内容。而对于猪一般都采用舍饲，因此，猪舍内的空气环境是猪最主要、最直接的影响因素。

猪舍内外空气环境差别很大，这主要是由于猪的采食、饮水、排泄、睡眠以及工作人员的饲养管理过程等，常产生大量热量、水汽、灰尘、有害气体和噪声。同时，由于屋顶、墙壁隔绝，舍内外空气不能充分交换，舍内的温度、湿度比大气高，灰尘和有害气体较外界高，风速和光照低于舍外。

猪舍内外空气的差异程度，决定于猪舍类型及其他许多因素，本章的任务就是研究猪舍内空气环境因素的形成原因、变化规律、对猪的影响、卫生标准和改善措施。

第二节　猪舍内的空气环境

猪舍内的空气环境主要包括猪舍的气温、气湿、气流、太阳辐射、光照、噪声、空气中的有害气体、微粒和微生物。这几种因素可以单独对猪产生影响，也可以共同作用产生综合影响。

一、气温

（一）猪舍内热量的来源与散失

猪舍内的热量主要来源于太阳辐射、舍外空气带入、猪只体热散失和人工供暖等。太阳辐射可通过窗户的玻璃或塑料薄膜使舍内温度升高，也可使墙壁、屋顶等外围结构升温至高于舍内温度时，再经传导或辐射使舍内温度升高。因此，在冬季猪舍阳面可增设塑料暖棚，尽可能利用太阳辐射热，夏季应通过绿化遮阴尽可能减少太阳辐射热。当外界环境温度高于舍内时，周围建筑物也可经辐射使舍内温度升高，空气可经门窗及通风孔道将热量带入舍内，植树绿化有助于降低猪舍周围环境温度。猪只体热散失是舍内热量的一个重要来源，据测定，一头 60 kg 的猪在不增重的情况下每天便可产生 10.8 MJ 的热量，因此，在冬季适当增加舍饲密度有利于提高舍温。目前规模化猪场的产仔舍、保育舍等多采用暖气、热风炉、红外线灯等取暖设备，可有效提高舍温及局部温度，对于提高仔猪成活率及生产性能具有良好作用。

猪舍内的热量主要通过屋顶、墙壁、门窗、通风孔道散失。当舍内温度高于舍外温度时，热量将随空气经打开的门窗、出气孔散失，因而在冬季应妥善处理通风换气与保温的矛盾。在猪舍外围护结构中，失热最多的是屋顶和天棚，其次是墙壁和地面。屋顶散热多，一方面是它的面积大于墙壁，另一方面热空气上升，上层温度高于下层，故热量易从屋顶散失，在保温设计上应给予重点考虑。墙壁是猪舍的主要外围护结构，失热仅次于屋顶，在寒冷地区，保温设计也应给予足够重视。与屋顶、墙壁比较，空气中的热量经地面散失较少，但由于猪直接在地面上活动和睡眠，地面的保温隔热性能对猪只影响却很大，在设计上应给予足够重视。

(二)猪的体热调节与猪所需适宜温度

猪是恒温动物，在不断变化的外界环境温度中能够维持体温的相对恒定，是靠其体温调节机能以增加或减少产热和散热来实现的。

1. 产热与散热　猪在生存和生产过程中，心脏的跳动、肺的呼吸、组织的新陈代谢、肌肉的活动、采食和饮水、生长、繁殖、泌乳等都消耗能量并伴随热量的产生，同时，猪体靠辐射向空气和周围的物体放射能量而散热；靠传导向接触猪体的空气、地面、物体等散热；靠与皮肤及呼吸道接触的空气的流动（对流）散热；靠皮肤、呼吸道黏膜及舌头表面的水分蒸发散热。

2. 体热调节　猪的体热调节是受神经系统和内分泌控制的。当环境温度升高时，猪体外周温度感受器将“热”这一信号传递给中枢神经系统，通过一系列调控，使肢体伸展，增大散热面积；机体外周血管舒张、心率加快，增加皮肤的血液流量，以升高皮温、促进发汗；呼吸变快、张口伸舌，从而增大传导、对流、辐射及蒸发散热。相反，当环境温度降低时，通过神经系统的调节，体躯蜷曲、挤堆以减少散热面积；皮肤血管收缩，心率变慢，减少皮肤的血液流量，皮温下降，降低皮温与气温之差；呼吸变深，频率下降，蒸发和非蒸发散热量都减少。这种增加或减少散热的体热调节方式称为物理调节，它主要是通过升高或降低皮温、增大或减少散热面积、增加或减少体内水分蒸发等来实现的。在低温时这种物理性调节是非常有限的。物理性调节中传导、对流、辐射三种散热方式统称为非蒸发散热，散热量多少与猪皮温和环境温度之差成正比；而蒸发散热量则与蒸发表面（皮肤、舌面、呼吸道等）与环境水气压差成正比。在低温环境中，非蒸发散热量占比例较大，随着环境温度升高，非蒸发散热量减少，而蒸发散热量增大，当环境温度等于或高于猪皮温时，机体就只能靠蒸发散热来维持体热平衡。

当机体通过调节散热多少仍不能维持体热平衡时，就通过加快或减缓体内的分解代谢，增加或减少产热来维持体热平衡，这种调节方式称为化学调节。高温时变化最明显的是甲状腺分泌减少，代谢率降低，采食量减少，肌肉松弛，嗜睡懒动，以减少产热量；低温时，甲状腺的分泌加强，肾上腺素、去甲肾上腺素、肾上腺皮质激素分泌量增加，体内分解代谢加快，产热量增加，同时表现颤抖、采食量和活动量增加，其中肌肉颤抖可在原有产热水平上提高产热量 2～3 倍。

3. 等热区与临界温度　等热区指恒温动物主要借助物理调节维持体温正常的环境温度范围，也称作适宜温度范围。等热区的上下限分别称为上限临界温度（过高温度）和下限临界温度，通常所说的临界温度是指下限临界温度。当环境温度低于下限临界温度时，机体依靠物理调节已不能维持体温恒定，在减少散热的同时，必须动用化学调节机能以提高代谢、增加产热来维持体温恒定，环境温度越低，机体产热增加越多，当环境温度低到一定程度，机体靠化学调节也不能维持体温恒定时，体温就会下降，直至冻死；当环境温度高于上限临界温度时，机体依靠物理调节已不能维持体温恒定，在增加散热的同时，必须动用化学调节机能以降低代谢、减少产热来维持体温恒定，当环境温度升高到一定程度，机体靠化学调节也不能维持体温恒定时，体温就会升高，直至热死。在高温时机体化学调节能力非常有限，远不如低温时的调节有效，原因是高温下在减少产热的同时为了增加散热，呼吸加快，皮肤血液循环加快，从而加强了气体和物质代谢，产热量也随之增多，所以高温时机体通过化学调节维持体温恒定的环境温度范围较窄。

将环境温度控制在等热区范围内，由于无需进行化学调节，产热处于相对较低水平，机体摄取的能量可最大限度地用于生产，故可明显提高饲料转化率和猪的生产水平。在等热区的下半部偏上尚有一舒适区，在舒适区的猪体代谢产热刚好等于散热，不需要物理调节而能维持体温正常，猪只最为舒适。

环境温度与体热调节的关系见图 8-1。

猪的等热区因年龄、体重、生产力水平、饲养水平、营养和健康状况以及饲养管理制度等的不同而不同。新生仔猪由于体热调节机能发育不全，皮下脂肪少，体格小，相对体表面积大，散热快等原因，其临界温度较高，等热区范围较窄。随着年龄的增长和体重的增加，体热调节机能日趋完善，其临界温度逐渐降低，等热区变宽。生产力水平高的猪只，生产代谢产热多，临界温度较低，上限临界温度也较低。饲养水平高时，猪的产热量多，其临界温度也较低。据 Vertegen 等测定，每千克代谢体重饲喂水平为 93 g 的猪，饲喂量每增加 5%～6%，可使临界温度下降 1℃。

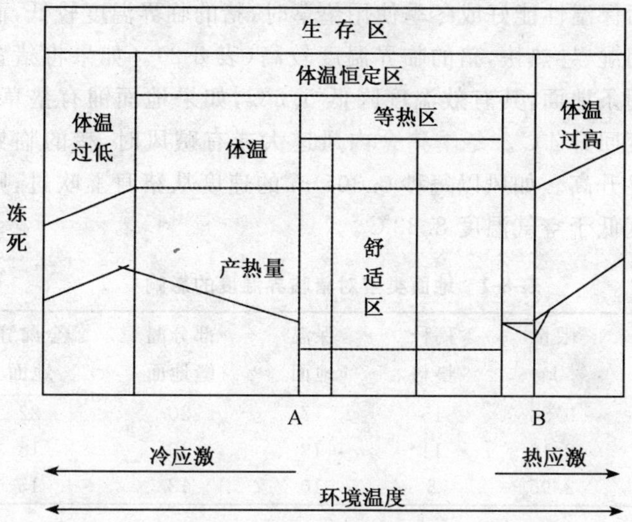

图 8-1　环境温度与体热调节的关系

注:A 为下限临界温度,B 为上限临界温度

营养和健康状况良好的猪只,临界温度较低,等热区范围较宽,体质差的瘦弱猪、病猪其临界温度较高,等热区范围较窄(表 8-1)。不同的饲养管理水平对猪的临界温度也有明显影响,群养的猪临界温度较低,单养的猪临界温度较高。

表 8-1　饲养管理水平及体重对猪只等热区的影响

体重/kg	食入的代谢能(M=0.42 MJ/$kg^{0.75}$)		
	1M	2M	3M
2	31~33	29~32	29~31
20	26~33	21~31	17~30
60	24~32	20~30	16~29
100	23~32	19~30	14~28
体重 140 kg 的母猪			
瘦	20~30	15~27	11~25
肥	19~30	13~27	7~25

地面保温性能好或冬季使用垫草时，猪的临界温度较低，而舍内地面潮湿、导热快，猪的临界温度较高(表 8-2)。如果将猪置于混凝土栅条地面，其有效温度降低 5.6℃，如果地面铺有垫草，其有效温度回升 4℃。冬季猪舍内风速大或有贼风时，猪的临界温度则明显升高。如风以每秒 0.305 m 的速度从猪身上吹过，则其有效温度低于空气温度 8.33℃。

表 8-2　地面类型对猪临界温度的影响　　℃

体重/kg	喂量/kg	稿秆垫料	保温地面	部分漏缝地面	全漏缝地面
20	0.88	15	17	20	22
60	2.16	11	13	16	18
100	2.95	8	10	13	15

可见猪的等热区受多种因素影响，在生产上应根据具体情况区别对待，以取得最佳生产效益为准则，适当控制环境。生产中各类猪群的适宜温度见表 8-3。

表 8-3　猪的适宜温度

猪群类别	日龄、体重/kg	适宜温度/℃
仔猪	1～3 日龄	30～32
	4～7 日龄	28～30
	8～30 日龄	25～28
	31～45 日龄	22～25
肉猪	15～50 kg	20～22
	50～100 kg	18～20
成年猪	100 kg 以上	15～18

(三)气温对猪健康和生产力的影响

气温是影响猪只健康和生产力的主要因素。它通常与气湿、气流、辐射等共同作用于猪体，产生综合作用。如高温、高湿而无风是一炎热的天气;低温、高湿、风速大是最寒冷的天气。如果高温、低湿而有风,或低温、低湿而无风,则后面两个因素对前面一个因素产生制约作用,使高温和低温的作用减弱。

仔猪由于3周龄前体热调节机能发育不全,1周龄内没有化学调节体温的能力;体内脂肪贮积少,保温隔热能力差;体格小,相对体表面积大等原因,其临界温度较高,等热区范围较窄,对低温环境特别敏感。而大猪体温调节机能完善;皮下脂肪层厚,保温隔热能力强;体格大,相对体表面积大等原因,其临界温度较低,等热区范围较宽,但由于猪无汗腺,皮下较厚的脂肪又不利于体热散发,因此,相比之下大猪对高温更敏感。即所谓"小猪怕冷,大猪怕热"。

1. 气温对猪采食量、饲料消化率的影响　在等热区范围内,猪的采食量相对恒定,环境温度较低时,猪体散热量加大,为维持体热平衡猪只采食量相应增加,以增加体内产热。在高温环境,猪的采食量减少,以减少因采食和消化食物而引起的体内产热。据NRC(1988)年测定,气温每比临界温度上限高1℃,猪的采食量约下降40 g。饲养在28～35℃高温下的15～90 kg的生长育肥猪,其采食量比标准日采食量下降24%～30%(艾地云等,1995)。Feague等将240头小母猪于配种前21 d到配种后25 d置于3种温度下(26.7℃、30℃、33.3℃),高温组较低温组采食量减少45%。

环境温度对猪的饲料消化率也有一定影响。饲料消化率与其在消化道内的停留时间成正相关,高温环境中猪为减少产热,甲状腺素分泌减少,猪的胃肠蠕动缓慢,饲料在消化道中停留时间延长,因而饲料消化率较高;相反,在低温环境甲状腺分泌加强,促进胃肠蠕动,食物在消化道停留时间短,消化率较低。

2. 气温对仔猪健康与生产性能的影响　仔猪的临界温度较高,20日龄内对低温非常敏感,特别是7日龄内,尤其是出生第一天。低温主要导致仔猪生长缓慢、发病率和死亡率提高。据前苏联学者(1984)报道,对刚出生的仔猪实行低温(3～5℃)处理12 h,体温下降 1.5℃,停止低温后 1.5～2 h 才能恢复正常,并导致 60 日龄活重减小 0.5 kg,达 100 kg 日龄增加 14 d。胡云好(1988)报道温度高低对出生后 5 d 内的仔猪成活率有很大影响,在平均气温 22～27℃、最高气温 27～33℃、最低气温 17～22℃范围内,死亡率最低,温度过高或过低,死亡率均明显增加(表 8-4)。

表 8-4　气温对 5 日龄内仔猪死亡率的影响

平均气温/℃	最高气温/℃	死亡率/%	最低气温/℃	死亡率/%
<10	<15	19.4	<5	25.0
10～15	15～21	13.0	5～10	12.8
15～22	21～27	12.7	10～17	11.7
22～27	27～33	8.4	17～22	7.5
27～30	33～36	16.8	22～25	17.7
>30	>36	28.6	>25	21.6

天气的突然变化影响仔猪的发病率,阴雨天气使下痢仔猪明显增多。齐德生(1997)3～4 月份,以饲养于半开放式猪舍、设有电热板局部采暖的哺乳仔猪为研究对象,测定了天气变化对仔猪下痢情况的影响,结果表明,晴天下痢发生率为 10.5%,阴雨天高达 36%(表 8-5)。

表 8-5　天气与舍内外气温、气湿及气流的变化

		气温/℃			气湿/%			气流/(m/s)		
		8 时	14 时	20 时	8 时	14 时	20 时	8 时	14 时	20 时
晴天	舍内	19.1	23.5	22.3	75	53	60	0.19	0.25	0.12
	舍外	17.0	25.0	18.2	78	65	72	0.34	0.67	0.30
阴天	舍内	16.8	22.4	20.5	86	81	83	0.21	0.36	0.31
	舍外	15.1	21.7	17.0	94	88	90	0.50	0.87	0.69

3. 气温对肉猪生产性能的影响 在等热区，猪无热补偿，不需要额外增加产热，增重最快，饲料利用率最高。当环境温度低于下限临界温度，猪的采食量增加，但机体散热量也显著增加，为维持体温恒定，机体加快体内代谢以提高机体产热量，从而使猪的维持需要明显增大，用于生产的能量减小，猪的增重减缓，饲料利用率降低，寒冷产热作用所消耗的能量可用下式描述：

$$\mathrm{MEHc(kcal/d)}=[(0.313\times BW)+22.71]\times(T\mathrm{c}-T)$$

式中，MEHc：寒冷产热所消耗的能量；BW：猪体重(kg)；Tc：环境温度(℃)；T：临界温度(℃)。

当环境温度高于上限临界温度，虽然延长了食物在消化道内的停留时间，提高了饲料消化率，但猪的采食量显著下降，营养用于生产的比例减少，猪的维持需要所占比例相对增加，使猪的增重减缓，饲料利用率降低。同时，在高温环境中，当猪为增加散热而使产热增加时，猪的维持需要所占比例进一步增加，生产性能进一步下降。较严重的冷热应激可使猪的生长停滞，此时所采食的饲料全部用于维持需要，进而将出现减重现象，甚至冻死或热死。据报道，猪处于下限临界温度以下时，温度每下降1℃，日增重降低11～20 g，每千克增重多消耗25～35 g饲料；猪处于上限临界温度以上时，温度每增高1℃，日增重降低30 g，每千克增重多消耗60～70 g饲料。据艾地云(1995)报道，在28～35℃的高温环境下，15～30 kg、30～60 kg、60～90 kg的生长育肥猪日增重比预期日增重分别降低6.8%、20%和28%。当气温达到35℃时，平均日增重仅200 g左右，到38℃时平均日减重200～400 g(王继善，1994)。

4. 气温对公猪繁殖性能的影响 公猪睾丸温度比深部体温低几摄氏度，这是其维持正常机能所必需的，当环境温度高于33℃或公猪深部体温高于40℃，则会导致睾丸温度升高。睾丸对热非常敏感，精液品质随温度升高而下降，表现精子数减少，活力降低，畸形率升高，从而导致受胎率下降，产仔数减少。把原来适应于18～22℃环境中的公猪置于33℃的温室中72 h，处理后15～20 h精液质量下降，并持续50 d之久。用处理后16～58 d的精液给小母猪人工授精，受胎率下降20%～40%。气温对精液品质和受胎率的影响见表8-6。

表 8-6 气温对精液品质和受胎率的影响

项目	月份											
	1	2	3	4	5	6	7	8	9	10	11	12
平均气温/℃	5.3	7.4	9.2	10.5	15.7	19.8	22.8	28.4	20.4	18.7	10.7	6.4
采精量/mL	254	260	267	248	217	209	215	211	260	288	276	232
精子活力(级)	0.8	0.8	0.8	0.8	0.8	0.73	0.75	0.78	0.79	0.8	0.8	0.8
受胎率/%	85.1	87.1	86.7	86.9	85.1	82.2	79.4	78.6	83.3	85.7	84.8	87.2

郁炳贤.养猪.1993.3.

5. 气温对母猪繁殖性能的影响　低温对母猪繁殖机能影响较小，高温显著降低母猪繁殖机能与繁殖力，特别是配种前后1～3周和分娩前1～3周的母猪对热应激更敏感。高温常导致内分泌紊乱、卵巢机能下降、母猪乏情或发情延迟、受胎率降低、胚胎死亡率增高、产仔数和产活仔数降低。

(1)内分泌　热应激使猪的甲状腺素分泌减少，对猪的繁殖力可能有不利影响。Hegino证实，母猪受热应激后，血液中促肾上腺皮质激素(ACTH)显著增加，ACTH的增加有可能诱发卵巢囊肿、性机能减退、繁殖受阻；ACTH的增加还使下丘脑促黄体释放激素(LH-RH)的释放阈值升高，抑制垂体前叶促性腺激素(尤其是促黄体素，LH)的分泌，导致孕酮分泌减少，孕酮是母猪维持妊娠所必需，在怀孕早期还维持营养受精卵的一种子宫蛋白的正常分泌。孕酮的降低则影响早期胚胎发育，增加死亡率，严重时导致流产。

(2)卵巢机能　热应激降低卵巢机能，推迟小母猪初情期，减少排卵数。Hurgen(1978)等每月解剖经产母猪，15 个月共解剖 3 389 头，发现 7～10 月份卵泡发育障碍的占 32.5%～42.0%，其他月份仅占 8.1%～20.7%。Wiggins 报道，4 月份屠宰的青年母猪仅 15%未发情，而 10 月份达屠宰体重的却有 45%未发情。

Feague 等研究了环境温度对排卵数的影响。将 240 头小母猪于配种前 21 d 到配种后 25 d 置于 3 种温度下(26.7℃、30℃、33.3℃)，随环境温度升高，排卵数显著降低(14.2,13.7,13.1)。

(3)母猪断奶后发情　高温延迟母猪断奶后发情，引起乏情，降低受胎率。帅启义(1994)报道，中南地区高温高湿的 7～10 月份，母猪断奶后 7 d 内的发情率 70.6%，而其他月份 97.7%。Hurgen(1981)报道，母猪在 7～9 月份断奶后 7 d 内的发情率分别比其他 9 个月的低 10.1%(初产)和 20.5%(经产)；配种后返情率 9 月份为 63.7%，1～3 月份为 29.7%。Karlberg 报道，初产猪断奶后再发情的时间，在 7～9 月份的要比其他月份的长；断奶后无发情征状的初产母猪中 46.2%的卵巢有黄体(暗发情)，而 38.5%的卵巢无黄体(不发情)。芦伟(1993)对 874 胎产后配种资料的分析表明，母猪断奶后次旬温度影响早期受胎率(表 8-7)。

表 8-7　母猪断奶后次旬温度对早期受胎率的影响

项目	温区/℃				
	0～40	0～10	10～20	20～30	30～40
母猪数/头	874	13	184	631	46
7 d 内受胎率/%	52.9	61.5	58.2	52.3	36.9
10 d 内受胎率/%	68.6	69.2	70.6	68.8	58.7

芦伟. 家畜生态. 1993,14(1).

注：温度为日最高温度的旬平均值。

(4)受胎率　高温降低母猪受胎率。气温＞27℃时受胎率下降，＞30℃时受胎率显著下降。对 800 个猪场 5 年的资料分析表明，平均气温＞32℃，受胎率为 80.3％，＜32℃时受胎率为 87.3％。Enne 连续 4 年对 37 563 头猪配种分娩资料分析发现夏季配种不孕的经(初)产母猪占 33.2％(37.8％)。姚伟民(1998)报道，7、8 月份受胎率为 83.85％，其他月份平均为 87.59％(表8-8)。郁炳贤(1993)报道，7、8 月份气温最高，受胎率低于 80％，其他月份平均 85.4％。

表 8-8 环境温度对受胎率的影响

项目	月份											
	1	2	3	4	5	6	7	8	9	10	11	12
平均气温/℃	1.6	3.8	8.3	14.4	19.5	24.3	28.1	27.5	22.6	16.8	10.7	4.7
最高气温/℃	19.9	23.3	29.7	34.5	35.6	34.1	38.4	40.9	36.8	31.6	24.0	21.4
受胎率/％	88.4	87.8	88.0	88.3	85.2	85.5	84.2	83.5	86.5	88.3	88.6	89.3

姚伟民.养猪.1998.

(5)胚胎成活率　热应激可增加胚胎死亡数，特别是妊娠后 15 d 内和 100 d 以后。配种前 10 d 养在 32℃下的母猪，受胎后其胎儿存活数较 16℃下的低 20％；妊娠早期，即使短时间高温(32～39℃)，胚胎死亡率也增加。在配种前后各 3 d 33.2℃热处理，对母猪的胚胎存活数无影响；但配种后 3～25 d 养在 32.2℃下，则胚胎存活数明显减少。Tompkins 等证实，母猪配种后 0～5 d 受 36.7℃热应激，胚胎存活数减少；而配种后 20 d 开始经 5 d 热应激，未见胚胎存活数下降。小母猪配种后 0～8 d 或 8～16 d 受热应激后胚胎存活数减少，但 8～16 d 的胚胎存活数又明显少于 0～8 d。妊娠中期(53～61 d)热应激对小母猪影响不大，但妊娠 85 d 的小母猪经 1～3 d 的热应激会导致胎儿中死或流产，妊娠 102～110 d 母猪接受热应激后可明显增加死胎数(5.2 头对 0.4 头)，产活仔数明显减少(6.0 头对 10.4 头)。

(6)产仔成绩　热应激可增加死胎数，导致流产，夏季配种的母猪因在配种前后和妊娠早期遭受热应激，产仔数较少；夏季产仔的母猪因在妊娠后期遭受热应激，死胎和干尸数增加，产活仔数较少。许国林(1995)的报道说明了这一点(表 8-9)，7、8 月份配种、11 月份左右产仔的母猪产仔数最低，为 13.7 头，较其他月份平均少 1.35 头。7、8 月份产仔的母猪活产仔数最低，为 13.4，平均每窝死胎 1.8 头，死胎率为 11.5%，较其他月份高 3.3 个百分点。

表 8-9　各月份温湿度及母猪窝产仔数

项目	月份											
	1	2	3	4	5	6	7	8	9	10	11	12
平均气温/℃	2.9	3.7	8.1	13.8	19.4	24.1	27.3	26.5	22	17.1	10.8	4.8
相对湿度/%	76.4	76.8	77.4	79.6	79.8	81.4	86.8	87.0	84.2	77.6	76.0	73.4
统计窝数	304	245	228	349	380	372	350	332	285	284	329	275
窝均产仔数	15.1	15.5	15.7	14.9	15.0	15.2	14.9	15.4	15.0	14.8	13.7	14.6
窝均产活仔	13.3	14.2	14.2	13.8	13.8	13.8	13.4	13.4	14.0	13.8	12.8	13.5
活仔率/%	88.1	91.6	90.4	92.6	92.0	90.8	89.9	87.0	93.3	93.2	93.4	92.5

许国林. 养猪. 1995.

母猪在 1～20℃配种产仔数较高，气温超过 30℃时配种产仔数显著降低(表 8-10)。

表 8-10　不同气温下配种对产仔数的影响

项目	配种气温/℃							
	1～6	6～11	11～16	16～21	21～26	26～31	31～36	36～38
窝数	7	52	69	99	159	200	208	9
产仔数	10.4	10.4	9.8	9.7	9.4	9.2	8.3	6.4

应启实. 养猪. 1994.

二、气湿

(一)气湿的概念

空气在任何温度下都含有水汽，气湿是表示空气潮湿程度的物理量，即空气中水汽含量的多少，常用饱和湿度、绝对湿度、相对湿度、露点等来表示。

1. 水汽压　大气中水汽本身所产生的压力，单位是 Pa。

2. 饱和湿度　指在一定温度下单位空气中能容纳的最大水汽量，单位是 g/m^3。空气中水汽含量的最大值在一定温度下是一定值，超过这个定值，多余的水汽就凝结为液体或固体。该值随气温的升高而增大，气温越高，空气中能容纳的水汽量就越多，饱和湿度就越大。

3. 绝对湿度　指单位空气中所容纳的实际水汽量，单位是 g/m^3。

4. 相对湿度　指空气绝对湿度与同温度下饱和湿度之比。用百分率表示，相对湿度说明水汽在空气中的饱和程度。

5. 露点　空气绝对湿度和气压不变，气温下降，使空气达到饱和，这时的温度称为露点，单位是℃。绝对湿度越大(空气中水汽含量越多)，露点越高。

(二)猪舍中的气湿与猪所需适宜湿度

外界空气中的水汽来自海洋、江湖等水面和植物、潮湿土壤的蒸发。猪舍内的气湿受外界气湿的影响，但主要来自粪尿、饮水、潮湿的地面以及猪皮肤和呼吸道的蒸发。一般情况下，舍内空气的绝对湿度总是大于舍外。在通风良好的夏季，舍内外相差不是很大，在冬季封闭舍通风不良时，舍内水汽 75%左右来自猪体及粪尿的蒸发，舍内空气的绝对湿度更显著大于舍外。在保温隔热不良的猪舍，一天中的温度变化较大，如果空气潮湿，当气温下降时，很容易达到露点而凝结形成雾。虽然气温未降到露点，但如果地面、墙壁、窗户和天棚的导热性能好，温度低达露点，即在猪舍的内表面凝结为液体，甚至由水再结成冰。水分还会渗入围护结构的内部，当气温升高，这些水分再蒸发出来，使舍内空气湿度经常很高。潮湿的围护结构，保温隔热性能进一步下降并影响建筑物的使用寿命和维修保养费用。高湿对猪的体热调节、健康和生产力都有不良影响。故场址应选择在高燥、排水良好的地区；外围护结构应保温隔热；训练猪只固定地点排泄；舍内粪尿污水应及时清除；合理通风换气。

猪舍湿度常用相对湿度表示。猪所需适宜湿度见表8-11。

表8-11　猪舍中允许的湿度范围　%

猪群类别	适宜湿度	最高湿度	最低湿度
种公猪	60～80	85	40
空怀及孕前期母猪	60～80	85	40
孕后期母猪	60～70	80	40
哺乳母猪	60～70	80	40
哺乳仔猪	60～70	80	40
培育仔猪	60～70	80	40
生长猪	60～80	85	40
育肥猪	60～80	85	40

(三)气湿对猪体热调节的影响

空气湿度一般总是与气温、气流等指标综合对猪只产生影响，通常是通过影响机体体热调节而影响猪的健康和生产力。

在等热区内气湿对猪的体热调节影响不大。在低温和高温情况下，高湿对体热调节不利。在低温环境中，猪主要通过辐射、传导和对流散热，并力图减少散热量以维持体热平衡。由于潮湿空气的导热性和热容量比干燥空气大，潮湿的空气又善吸收猪体的长波辐射热，此外，在高湿中，猪的被毛和皮肤都能吸收空气中的水分，使被毛和皮肤的导热系数提高，降低体表的阻热作用。所以猪在低温高湿中的非蒸发散热量显著低于在低温低湿中的散热量，加剧低温对猪的不利影响，使机体感到更冷。在高温环境中，猪体非蒸发散热量很小，甚至从环境得热，主要依靠蒸发散热。而高湿的空气显著降低猪体的蒸发散热量，使猪的热应激加剧。

(四)气湿对猪健康和生产力的影响

在等热区内，高湿度可提高空气沉降率，减少带菌尘粒，从而降低咳嗽和肺炎发病率；但适温下高湿又有利于病原微生物、寄生虫的繁殖，猪易患疥癣、湿疹等皮肤病，也易传染其他疫病；猪舍湿度过高可降低猪的抵抗力，发病率提高，病情沉重，并有利于传染病的蔓延。

低温中，高湿环境可加剧猪的冷应激，使猪比在低温适宜湿度环境增重慢、饲料利用率低，并易患各种呼吸道疾病、感冒、风湿症、关节炎、肠炎、下痢等病；低温低湿环境下猪的皮肤和呼吸道黏膜表面蒸发量加大，使皮肤和黏膜干裂，对微生物防卫能力减弱，易患皮肤病和各种呼吸道疾病。

高温环境中，高湿妨碍猪的蒸发散热，加剧猪的热应激，降低猪的生产性能，严重时导致热射病；高温环境中，低湿又使皮肤和黏膜干裂，引起皮肤病和各种呼吸道疾病。

三、气流

（一）气流的概念

在地球表面，由于空气温度的不同，使各地气压的水平分布也不相同。气温高的地区气压较低，气温低的地区气压较高。高气压地区的空气会向低气压的地区流动而形成气流，空气的这种水平流动称为风。气流的状态通常用风向和风速来表示，风向即风吹来的方向，常以 8 或 16 个方位表示；风速是单位时间内风的行程，单位是 m/s。我国大陆处于亚洲东南季风区域，夏季大陆气温高，海洋气温低，多刮东南风，同时带来潮湿的空气，较为多雨；冬季大陆温度低，海洋温度高，故多西北风或东北风。西北风较为干燥，东北风多雨雪。

（二）猪舍中气流的形成及适宜气流速度

猪舍内空气的流动（气流）也是由于气压分布不同而形成的。一种是由于舍内外存在温差而形成气压差，即存在热压；另一种是由于舍外有风，使猪舍迎风面和背风面形成气压差，即存在风压。

舍内外存在热压或风压时，空气经门、窗、通气口和一切缝隙从高气压处流向低气压处而形成气流，形成空气的舍内外流动。猪舍内因猪的散热和蒸发，使温暖而潮湿的空气上升，周围较冷的空气来补充而形成舍内的对流。舍内外空气流动的速度和方向，主要取决于舍内外的通风换气，机械通风尤其如此。舍内围栏的材料和结构、笼具的配置等对气流的速度和方向有一定影响。用砖、混凝土筑成的柱栏，就易使气流呆滞，形成死角，但对防止呼吸道疾病的飞沫传播较为有利。考虑到通风换气，在寒冷季节里气流速度宜在 0.1～0.2 m/s，一般不宜超过 0.25 m/s。夏季炎热可加强通风，增大气流速度。

(三)气流对猪健康和生产力的影响

气流和气温、气湿共同影响猪的体热调节，进而影响猪的健康和生产力。

在等温区内，气流加大猪只的对流散热，对猪的健康和增重没有影响，但略降低饲料利用率。

在低温环境中，气流促进猪只对流散热，使猪的临界温度升高，抗寒力减弱，加剧猪的冷应激；猪的采食量加大，体内产热量增加，以维持体热平衡，因此其维持需要明显增加，用于生产的能量减少，生长速度减缓，饲料利用率降低；低温高风速还易引起猪的感冒、肺炎、腹泻、关节炎及呼吸道疾病。

在高温环境中，气流可促进机体的对流散热和蒸发散热，提高耐热力，缓解热应激，有利于猪的健康和生产力的提高。

四、太阳辐射

凡高于－273℃的物体，均以电磁波的方式向周围辐射能量，物体温度越高，辐射的能量越多，太阳中心温度 15 000 000℃，表面 6 000℃，可发出短波紫外线(4～400 nm)、中波可见光(400～760 nm)和长波红外线(760～300 000 nm)，其中可见光占 50%，其余50%大部分为红外线，少量为紫外线；普通白炽灯和荧光灯等只能发出中波可见光和长波红外线，其中可见光占10%～40%，红外线占60%～90%，无紫外线；低于500℃的辐射源一般仅能发出长波红外线。长波射线可产生热效应，在通常情况下，温度不同的两物体可通过辐射进行热交换，交换的结果是高温物体丧失热量，低温物体获得热量。与猪有关的辐射源很多，如太阳、取暖设备、其他猪只、周围各种设施、建筑等。在此仅着重讨论太阳辐射的各种光波的作用。

（一）紫外线

紫外线主要产生光化学效应对猪体发挥作用，其作用强弱与波长有关，一般将紫外线的波长分为3段，A段：波长为320～400 nm，生物学作用较弱；B段：275～320 nm，生物学作用强；C段：波长275 nm以下，生物学作用非常强烈，对细胞有巨大杀伤力。太阳辐射中的此段紫外线不能到达地面。

紫外线的主要作用有使皮肤产生红斑、杀菌、促进维生素D的合成、色素沉着、增强免疫力和抗病力、发生光敏性皮炎和光敏性眼炎等。

1.杀菌作用　紫外线的杀菌作用强弱决定于波长、辐射强度和照射时间。杀菌力最强的波长是253.7 nm，波长越短或越长，杀菌力减弱，波长大于300 nm的紫外线基本上没有杀菌力。辐射强度越强，照射时间越长，杀菌效果越好。据测定，为使90%的细菌灭活，需0.001～0.01 J/cm^2，一个15 W的紫外线灯照射14 m^3 的隔离室，60 min可使空气中的细菌全部死亡。所以，猪体表、猪舍空气及地面等有适当的阳光照射可起到消毒灭菌的作用。猪场入口也常设安装有紫外线灯的消毒室，以便过往人员消毒。

2.促进维生素D的合成　酵母和植物油中的麦角固醇，在紫外线作用下可转变成维生素 D_2，272～284 nm的紫外线作用最强；猪皮肤中的7-脱氢胆固醇，在紫外线作用下可转变成维生素

D_3,283～295 nm的紫外线作用最强。而维生素D是猪所需主要维生素之一,它可促进猪肠道对钙、磷的吸收,保证骨骼的正常发育,防止猪发生佝偻病或骨软症。

3. *增强免疫力和抗病力*　适量的紫外线照射,可促进血液凝集素的凝集,提高血液的杀菌性,明显提高机体的免疫力和对传染病的抵抗力。

4. *光敏性皮炎和眼炎*　紫外线的过量照射会造成猪的皮炎、角膜炎和结膜炎等。

(二)红外线

红外线主要产生光热效应对猪体发挥作用,对猪的体热调节和其他机能产生影响。红外线照射到猪皮肤及皮下组织中可转变为热,使皮肤和皮下组织温度升高,血管扩张,增进血液循环,改善皮肤和组织营养,促进新陈代谢和细胞再生,具有镇痛、消炎、促进伤口愈合等作用。在低温环境下,红外线可减缓猪的冷应激,增强抗寒能力,生产上常用红外线灯给仔猪取暖。在高温情况下红外线辐射可加剧猪的热应激,对猪的体热调节不利,影响其健康和生产力。过强的红外线照射可灼伤皮肤,导致体热调节发生障碍;波长600～1 000 nm的红外线能穿透颅骨,使脑的温度升高,引起日射病。

(三)可见光

可见光将在光照部分进行专门讨论。

五、光照

可见光波长为400～760 nm,是由7种不同波长的单色光混合而成的复色白光,它可产生光热效应和光化学效应,但光热效应远不及红外线,光化学效应远不及紫外线,在此不再论述。不过可见光可通过视网膜、下丘脑、垂体前叶系统,影响各种激素的分泌,进一步影响猪的健康、生长与繁殖。可见光的这种生物学效应与光的波长、光照强度、光照时间、光照周期等有关。在此就有关光的概念及对猪的影响等加以讨论。

(一)光照的有关概念

自然光照与人工光照：日照即为自然光照，灯光照明即为人工光照。

1. 光照周期与光照时间　自然界一昼夜 24 h 为一个光照周期。有光照的时间为明期，无光照的时间为暗期。自然光照时，一般以日照时间计光照时间（明期）；人工光照时，灯光照射的时间即为光照时间。为期 24 h 的光照周期为自然光照周期；为期长于或短于 24 h 的称为非自然光照周期；如在 24 h 内只有 1 个明期和 1 个暗期的称为单期光照；如在 24 h 内出现 2 个或 2 个以上的明期或暗期，即为间歇光照。一个光照周期内明期的总和即为光照时间。

2. 发光强度　光源射出光线的亮度为发光强度。即光源所具有的光能大小，单位是烛光。

3. 光通量　光源单位时间内所辐射的光能叫光源的光通量，其单位是流明（各点都与 1 烛光光源相距 1 英尺的 1 平方英尺面积上的光量为 1 流明）。

4. 光照强度（照度）　是物体被照明的程度，也即物体表面所得到的光通量与被照面积之比，单位是 lx（1 lx 是 1 流明的光通量均匀照射在 1 m^2 面积上所产生的照度）或英尺烛光（1 英尺烛光是 1 流明的光通量均匀照射在 1 平方英尺面积上所产生的照度），1 英尺烛光＝10.76 lx。光照强度的测量用照度计。

夏季在阳光直接照射下，光照强度可达 6 万～10 万 lx，没有太阳的室外 0.1 万～1 万 lx，夏天明朗的室内 100～550 lx，夜间满月下为 0.2 万 lx。

白炽灯每瓦大约可发出 12.56 流明的光，但数值随灯泡大小而异，小灯泡能发出较多的流明，大灯泡较少，荧光灯的发光效率是白炽灯的 3～4 倍，寿命是白炽灯的 9 倍，只是价格较高。但是一个不加灯罩的白炽灯泡所发出光线中，约有 30%的流明被墙壁、顶棚、设备等吸收；灯泡的质量差与阴暗又要减少许多流明，所以大约只有 50%的流明可利用。一般在有灯罩、灯高度为 2.0～2.4 m(灯泡距离为高度的 1.5 倍)时，每 0.37 m^2 面积上需 1 W 灯泡或 1 m^2 面积上需 2.7 W 灯泡可提供 1 英尺烛光。灯泡安装的高度及有无灯罩对光照强度影响很大(表 8-12)。

表 8-12 获得 0.5 或 1 英尺烛光照度时所需灯泡功率及高度

灯泡功率	灯泡高度/m			
	0.5 英尺烛光		1 英尺烛光	
	有灯罩	无灯罩	有灯罩	无灯罩
15	1.5	1.1	1.1	0.7
25	2.0	1.4	1.4	0.9
40	2.7	2.0	2.0	1.4
60	4.3	3.1	3.1	2.1
75	4.7	3.2	3.2	2.3
100	5.8	4.1	4.1	2.9

灯泡肮脏时其发光强度只及清洁灯泡的 1/3(表 8-13)。

表 8-13 60 W 灯泡不同状况下相当的瓦数

灯泡状况		相当瓦数
清洁灯泡	清洁灯罩	60
清洁灯泡	无灯罩	40
脏灯泡	脏灯罩	40
脏灯泡	无灯罩	25

(二)光照对仔猪健康与生产性能的影响

光照显著影响猪特别是仔猪的免疫功能和机体物质代谢。延长光照时间或提高光照强度，可增强肾上腺皮质的功能，提高免疫力，增强仔猪消化机能，促进食欲，提高仔猪增重速度与成活率。据测定，每天 18 h 光照与 12 h 光照比较，仔猪患肠胃病者减少 6.3%～8.7%，死亡率下降 2.7%～4.9%，日增重提高 7.5%～9.6%；光照强度从 10 lx 增至 60 lx 再到 100 lx(以后保持 100 lx)仔猪发病率下降 24.8%～28.6%，存活率提高 19.7%～31.0%，日增窝重提高 0.9～1.8 kg，光强增至 350 lx 其效果较 60 lx 差。故有人建议，仔猪从出生到 4 月龄采用 18 h 光照，光照强度为50～100 lx。

(三)光照对生长肥育猪生产性能的影响

光照对生长肥育猪也有一定影响，适当提高光照强度，可增进猪的健康，提高猪的抵抗力；但提高光照强度也增加猪的活动时间，减少休息睡眠时间(表 8-14)。据测定，育肥猪的光照强度从 5 lx 提高到 40～50 lx，日增重提高 5%左右(表 8-15)。

建议生长肥育猪的光照强度一般在 40～50 lx。光照时间对生长肥育猪影响不大，一般不超过 10 h。

表 8-14　光照强度对猪行为的影响(各行为时数占总时数的百分比)　%

光照强度/lx	活动	站立	采食	躺卧或睡眠
0.5	11.2	4.3	21.0	63.5
4.0	28.0	23.1	24.1	24.8

表 8-15　光照强度对猪日增重的影响

项目	光照强度/lx			
	5	40	50	120
日增重/g	416	441	434	374
日增重相对比率	94.3	100	98.4	84.8

(四)光照对性成熟的影响

光照对猪的性成熟有明显影响，较长的长光照时间可促进性腺系统发育，性成熟较早；短光照，特别是持续黑暗，抑制性系统发育,性成熟延迟。据报道:持续黑暗下的小母猪性成熟较自然光照组延迟 16.3 d,比 12 h 光照组延迟 39 d。Diekman(1981)发现,每天 15 h(300 lx)光照较秋冬自然光照下培育的小母猪性成熟提早 20 d。小公猪从 20 周龄开始延长光照,26 周龄时有 73%的公猪能采出精液,而自然光照的小公猪只有 26%。

光照强度的变化对猪性成熟的影响也十分显著,并且要达到一定的阈值。Anon(1984)研究证明,在封闭猪舍采用 8 h 和 16 h 的光照,对小母猪性成熟无显著影响,而在开放猪舍饲养的猪性成熟显著早于封闭舍内饲养的猪。由此推测,是因封闭舍光照强度不足的缘故。IOрков (1978)的试验证明了这一点,他发现同样接受 18 h 光照,光照强度 45～60 lx 较 10 lx 光照下的小母猪生长发育迅速,性成熟提早 30～45 d。

建议后备猪的光照时间不应少于 12 h,也有人建议在 14 h 以上,光照强度 60～100 lx。

(五)光照对母猪繁殖性能的影响

猪的繁殖与光照密切相关。配种前及妊娠期的光照时间显著影响母猪的繁殖性能。在配种前及妊娠期延长光照时间,能促进母猪雌二醇及孕酮的分泌,增强卵巢和子宫机能,有利于受胎和胚胎发育,提高受胎率,减少妊娠期胚胎死亡,增加产仔数(表 8-16)。IOрков(1981)应用持续光照,母猪受胎率提高 10.7%,产仔数增加 0.8 头,初生重增加 100 g。给哺乳母猪延长光照时间,能刺激催乳素的分泌,泌乳量显著增加。

光照强度对母猪繁殖性能也有明显影响。饲养在黑暗和光线不足条件下的母猪,卵巢重量降低,受胎率明显下降。增加光照强度提高产仔数、初生窝重及断乳窝重。光照强度从 6～8 lx 增加到 70～100 lx,产仔数增加 4.5%～8.5%,初生窝重及断乳窝重分别提高 4.5%～16.7%和 5.1%～12.2%。

表 8-16 光照时间对母猪繁殖性能的影响

项目	光照时间/h	
	8	17
配种母猪数/头	69	76
受胎率/%	74	80
产仔数/头	9.4	10.3
活产仔数/头	9.1	10.1
弱仔数/头	0.8	0.3
断乳时死亡率/%	13.6	13.2
初生个体重/kg	1.3	1.32
初生窝重/kg	12.57	13.8
2月龄个体重/kg	14.4	14.7
2月龄窝重/kg	120	132

建议母猪的光照时间 12～17 h,光照强度 60～100 lx。

光照时间的变化对母猪的繁殖机能也有着重要影响。日照缩短的变化提高猪的繁殖机能,日照延长的变化降低猪的繁殖机能。自然光照时间随季节的变化而呈现有规律的变化,夏至日照时间最长,冬至日照时间最短,从夏至到冬至日照逐渐缩短,从冬至到夏至日照逐渐延长。家猪的祖先欧洲野猪有着季节性发情的特性,一般是在日照逐渐缩短的秋末冬初发情,而在日照逐渐延长的春夏季节表现长时间的乏情。虽然现代猪种已是常年发情,但日照变化仍然对猪的繁殖机能产生影响。南英格兰(1990,1991,1992)对 4 个种猪群的研究结果表明,冬至之后,随着日照时间的延长,受胎率逐渐下降,到 6～8 月份达到最低,较其他月份降低 10%左右。1991 年 7、8 月份空怀的母猪在 1992 年的 7～9 月份出现乏情。8 月份之后,随着日照的缩短,母猪的受胎率又逐渐提高。Anon(1984)发现,母猪夏季繁殖机能下降,不能用降温的方法得到改善,而人工缩短光照时间却刺激母猪繁殖机能,产后 7 d

发情率显著提高。据对夏季不育母猪的研究发现，在整个夏初期间，血液中促黄体生成素和促黄体分泌素的浓度都一直在下降，由1月份的最高点下降到7、8月份的最低点，引人注目的是，促黄体生成素浓度的下降恰与不育母猪数量的增加发生在同一时间内。可见夏季母猪繁殖机能下降或出现不育，与血液中促黄体生成素浓度的下降有关。

（六）光照对公猪繁殖性能的影响

光照对公猪的繁殖性能也有影响。在一定范围内，延长光照时间可提高公猪的性欲，增加光照强度可提高公猪的精液品质。据测定，延长光照时间到15 h，种公猪的性欲活动显著增加；在8～10 h的光照条件下，光照强度从8～10 lx提高到100～150 lx，公猪射精量、精子浓度都显著增加。

建议公猪的光照时间8～10 h，光照强度100～150 lx。

六、猪舍中的有害气体

猪舍内对猪的健康和生产性能或对人的健康有不良影响的气体统称为有害气体。猪舍有害气体通常包括NH_3、H_2S、CO、CH_4、CO_2、粪臭素等，主要是由猪呼吸以及粪尿、饲料、垫草等腐败分解而产生的，在通风不良、潮湿、粪尿处理不合理的封闭猪舍含量较高，危害猪及工作人员健康，降低猪的生产性能，严重时造成慢性中毒，甚至急性中毒。所以，生产上应合理设计猪舍，妥善处理粪尿，搞好猪舍环境卫生。

（一）氨（NH_3）

氨为无色、易挥发、具有刺激性气味的气体，比重0.593（与同容积干洁空气重量的比值），较空气轻，易溶于水。在猪舍内，氨大多由含氮有机物（如粪、尿、饲料等）分解产生。由于氨易溶于水，常被吸附在潮湿的地面、墙壁和猪的黏膜上；由于氨较空气轻，在温暖的猪舍一般升向舍顶，但由于氨多产生于地面，因此在猪舍的下部含量也高，特别是在潮湿空气的猪舍内。

氨气易溶解在猪只呼吸道黏膜和眼结膜上，使黏膜充血、水肿，引起结膜炎、支气管炎、肺炎、肺水肿；氨还可通过肺泡进入血液，引起呼吸和血管中枢兴奋；氨浓度高时可直接刺激体组织，使组织溶解、坏死；还能引起中枢神经系统麻痹、中毒性肝病和心肌损伤等。

猪处在低浓度氨的长期作用下，生产性能下降，体质变弱，对某些疾病和传染病变得敏感；高浓度氨严重损伤呼吸道黏膜的防御功能，呼吸道疾病发病率显著提高。据测定，在气温 21.1℃，相对湿度为 77%的空气环境中，50×10^{-6} 的氨能使猪的口腔、鼻腔、泪腺的分泌量显著增加，在 $100\sim150\times10^{-6}$ 氨中更加严重。但 3～4 d 后分泌量普遍减少，仅略高于对照组，1～2 周后，上述症状变得不明显了，可见猪有一定的适应能力。猪的咳嗽次数，50×10^{-6} 者略高于 10×10^{-6} 者，而 100×10^{-6} 和 150×10^{-6} 者的咳嗽次数则为上两组的 3 倍以上，并在该组猪的鼻甲骨上发现有棒状杆菌和巴氏杆菌。在 5 周的试验期内，100×10^{-6} 和 150×10^{-6} 组的猪日增重和饲料利用率显著低于 10×10^{-6} 和 50×10^{-6} 组。

人对于 10×10^{-6} 的氨一般不易察觉，在 20×10^{-6} 时已有感觉，50×10^{-6} 时可引起流泪和鼻塞，100×10^{-6} 会使眼泪、鼻涕和口涎显著增多。

猪舍中氨浓度一般不超过 $(20\sim30)\times10^{-6}$。

(二)硫化氢(H_2S)

硫化氢是一种无色、易挥发的恶臭气体，易溶于水，比重1.19，较空气重。在猪舍内，硫化氢大多由含硫有机物分解产生，当猪采食富含蛋白质的饲料而消化不良时，可由肠道排出大量的硫化氢。由于硫化氢易溶于水，故常被吸附在潮湿的地面、墙壁和猪的黏膜上；由于硫化氢产生于地面或猪床，比重又较大，故越接近地面，浓度越大。

硫化氢易溶解在猪只呼吸道黏膜和眼结膜上，并与钠离子结合成硫化钠，对黏膜产生强烈刺激，使黏膜充血、水肿，引起结膜炎、支气管炎、肺炎、肺水肿，表现流泪、角膜混浊、畏光、咳嗽等症状；硫化氢还可通过肺泡进入血液，氧化成硫酸盐等而影响细胞内代谢。

猪长期处于低浓度硫化氢的空气环境中时体质变弱，抗病力下降，肠胃病增多，生产性能降低；20×10^{-6}时变得畏光、丧失食欲、神经质；高于50×10^{-6}时会出现恶心、呕吐、腹泻，严重者失去知觉，呼吸中枢麻痹而窒息死亡。

猪舍中硫化氢含量一般不超过10×10^{-6}。

（三）一氧化碳（CO）

一氧化碳为无色、无味气体，难溶于水，比重 0.967，略比空气轻。冬季在封闭猪舍采用火炉取暖时，常因煤炭燃烧不充分而产生一氧化碳。一氧化碳随空气吸入体内后，通过肺泡进入血液循环，极易与血液中运输氧气的血红蛋白结合，使其失去运氧功能，造成机体急性缺氧，发生血管和神经细胞的机能障碍，机体各部器官功能失调，出现呼吸、循环和神经系统的病变。

猪舍中一氧化碳含量一般不超过5×10^{-6}。

（四）二氧化碳（CO_2）

二氧化碳为无色、无臭、略带酸味的气体，比重 1.524，比空气重。二氧化碳本身无毒，但它可表明猪舍空气的污浊程度，同时表明猪舍空气中可能存在其他有害气体。当猪舍内二氧化碳含量过高时，氧气含量相对不足，会使猪只出现慢性缺氧，表现精神委靡，食欲减退，增重缓慢，体质下降，对疾病的抵抗力减弱。

空气中二氧化碳的含量一般为 0.03%，猪舍中二氧化碳含量一般不超过 0.15%。

（五）消除猪舍中有害气体的措施

有害气体对猪只健康和生产性能影响很大，在生产上应根据有害气体产生的根源和存在变化的规律，采用综合措施，将有害气体对猪的影响降到最低限度。

首先应从猪舍建筑设计着手，地面应平整并有一定坡度，粪沟位置、宽窄合适，使粪尿易于集中和及时排除；墙体及顶棚应保暖防潮，减少有害气体的吸附。

其次是要加强猪舍的卫生管理，合理调教猪只固定地点排泄，及时清除舍内粪尿污水，加强通风换气。

七、猪舍空气中的灰尘及微生物

(一)猪舍空气中的灰尘

猪舍内空气中的微粒主要包括尘土、皮屑、饲料、垫草及粪便粉粒等，其中少部分由舍外进入，大部分是在饲养管理过程中产生的，如干粉料的饲喂、圈舍的清扫、猪只的活动等。空气中微粒的数量一般用单位体积空气中微粒的重量(mg/m^3)或数量(粒/m^3)来表示，猪舍中的微粒含量一般为 103～10^6 粒/m^3，在饲喂干粉料或清扫时空气中微粒数量显著增多。

空气中微粒本身对猪有刺激性和毒性，同时它还可吸附细菌、病毒、有毒有害气体等而加剧对猪的危害程度，特别是在空气湿度较大时更为严重。微粒降落在猪体表上，可与皮脂腺的分泌物、细毛、皮屑、微生物等混合在一起，黏结在皮肤上，刺激皮肤发痒，甚至发炎；同时还阻塞皮脂腺出口，使表皮变得干燥脆弱，易损伤和破裂。

大量的微粒可被猪只吸入呼吸道内，危害猪的健康。大于 10 μm 微粒一般被阻留在鼻腔内，5～10 μm 的微粒可到达支气管，5 μm 以下的微粒可进入细支气管和肺泡。这些微粒可对鼻腔黏膜、气管、支气管产生刺激作用，导致呼吸道炎症，进入肺泡的微粒可引起肺炎。微粒越小，其危害性也越大。据测定，微粒较多的猪舍内猪肺炎发生率明显较高。因此，在饲养管理过程中应注意减少粉尘。

猪舍内空气的微粒含量一般不高于 1.5 mg/m³。

(二)猪舍空气中的微生物

大气空气较为干燥，缺乏营养，太阳辐射的紫外线又有杀菌作用，对微生物的生存不利。但在温暖、潮湿、粉尘较多的猪舍内，空气中常有较多的微生物附着于各种微粒，存在于猪打喷嚏、咳嗽喷出的飞沫小滴中以及飞沫小滴干燥后的飞沫核中，或单独飘浮在空气中。空气中的微生物类群一般大多为腐生菌、球菌、霉菌、放线菌、酵母菌以及各种病原性细菌、病毒等，特别是在传染病的流行期间，空气中病原性微生物的数量显著增多，严重危害猪的健康或造成传染病的传播。

为了减少空气中的微粒和微生物，在选择场址时应远离传染病源，如医院、兽医院、屠宰厂和肉食加工厂等，避免引起疾病的微粒传播；猪舍内应注意卫生管理，减少粉尘；定期进行喷雾消毒；加强通风换气；并在场门口和每栋猪舍门口设消毒池，进场人员进行更衣消毒，以减少或防止病原微生物带进猪场或猪舍。

八、噪声

噪声是指引起不愉快和不安感觉或引起有害作用的声音，单位是分贝(dB)。

猪舍的噪声有多种来源，一是从外界传入，如工厂传来的噪声，飞机、车辆产生的噪声；二是产自舍内，如风机的噪声，工作人员在饲养管理过程中产生的声响，猪的活动、哼叫等。噪声对猪的生产性能没有明显影响，但高强度的噪声对猪的健康和生产性能不利。猪遇到突然的噪声会受惊、狂奔、发生创伤、跌伤、碰坏某些设备，母猪受胎率下降，流产、早产现象增多，猪只死亡率提高，特别对于应激敏感猪更为严重。

猪舍噪声一般不超过 85～90 dB。

第三节　猪舍内环境的调控

猪舍内特别是密闭猪舍内的空气环境，对猪的健康和生产力产生很大影响。为给猪群创造适宜的生存和生产环境，就必须合理设计各种类型猪舍，并采取供暖、降温、通风、光照、卫生等措施对猪舍空气环境进行合理调控。

一、保温与供暖

保温是阻止热量由舍内向舍外散失，供暖是利用热源(锅炉、热风炉、红外线灯等)为猪舍提供热量，提高舍内温度。为了保持和提高舍内温度，保证猪的健康和生产潜力的发挥，必须搞好猪舍的保温防寒设计，合理为猪舍提供热源，加强防寒管理。

(一)猪舍的保温防寒设计

猪舍的保温性能决定于猪舍样式、尺寸、外围护结构(屋顶、墙、门窗)所用材料的热工性能和厚度等。设计猪舍时，应根据当地气候条件选择猪舍的型式、尺寸，考虑所用材料的热工性能，选择合适的外围护结构材料和结构，保证达到理想的保温效果，避免冬季猪舍内表面结露滴水(可请建筑部门按此要求进行计算和设计)。

1. *屋顶*　屋顶散热多，保温设计上应给予重点考虑。在寒冷地区，特别是分娩舍和保育舍，应设有天棚，并选用玻璃棉、聚苯乙烯泡沫塑料等保温隔热材料，或天棚上铺足锯末、炉灰等保温层，保证严密不透气。

2. *墙壁*　墙壁是猪舍的主要外围护结构，失热仅次于屋顶，保温设计上也应给予重视。在寒冷地区，应选择导热系数小的材料，并确定适当的厚度和合理的隔热结构，精心施工。实际中多采用普通砖，如果采用空心砖，热阻值可提高41%，而用加气混凝土块则可提高6倍。

3.地面　猪长期在地面上躺卧或活动，所以地面的热工性能对猪只也有较大影响。实际中多采用混凝土或漏缝地板地面，其温热性能较差，应考虑在猪睡卧处用木板、塑料等保温材料。

(二)猪舍的供暖

在较温暖地区，对于配种舍、妊娠舍和肥育后期猪舍，由于猪的抗寒力较强，猪只自身产生的热量能维持一定的舍温，只要按要求进行合理的保温设计，可不必另外供暖。但在寒冷地区的猪舍，较温暖地区的产仔舍、保育舍、幼猪舍则必须供暖，此外当猪舍保温不好或过于潮湿、空气污浊时，为保持较高的温度和有效的换气，也必须供暖。猪舍的供暖包括集中供暖和局部供暖两种形式。

1.集中供暖　集中供暖是由一个集中供暖设备，通过煤、油、煤气、电能等的燃烧产热加热水或空气，再通过管道将热介质输送到舍内的散热器，放热加温猪舍的空气，保持舍内的适宜温度，一般要求分娩舍温度在15～22℃，最好在18～22℃，保育舍温度25℃左右。集中供暖主要用于提高舍温，常用的设备有锅炉和热风炉。

(1)锅炉供暖　目前我国大多数猪场采用锅炉热水供暖系统，供暖设备主要包括锅炉、供水管路、散热器、回水管路及水泵等。它是利用锅炉将热水通过管道输送到舍内的散热器，使舍内升温。该种方式供暖能保证舍内有较恒定的温度，但造价较高，舍内湿度较大，特别是在外围护结构保温性能较差时更加严重。

(2)热风炉供暖　热风炉供暖是利用热风炉通过有孔管道向猪舍送热风，主要由热风炉、鼓风机、电控箱、有孔风管等组成(图8-2)。工作时首先点着燃煤，火焰使炉心及炉壁处于红热状态，冷空气在鼓风机的作用下，由炉罩与炉壁的环形缝隙经预热后进入炉心高温区，空气温度迅速升高(可达100～120℃)，随后经热风出口进入舍内的有孔风管，并从风管孔及风管末端进入舍内。烟尘在引风机的作用下,从炉心与炉壁之间经过引风机和烟筒排到舍外。通过调节热风炉底座上风门插板的开度可控制炉温的高低,从而调节进入舍内的热风温度。规格型号见表 8-17。

表 8-17 热风炉技术参数

项目	炉型		
	9RFL-20D	9RFL-15D	9RFL-10D
发热量/(kcal/h)	20 万	15 万	10 万
风量/(m^3/h)	6 300	5 095	4 300
风温/℃	120	110	100
耗煤量/(kg/h)	35～40	25～30	20～25
热效率/%	75	75	75
外型尺寸/m	1.4×1.1×1.75	φ0.956×1.7	φ0.95×1.7
离心风机动力/kw	4.0	3.0	2.2
引风机动力/kw	1.5	0.09	—
炉体重量/kg	2 000	1 500	1 300
占地面积/m^2	500	300	250
供热面积/m^2	500～1 000	300～600	250～500

热风炉供暖系统的优点是送暖快,热效高,热气体清洁,送暖的同时解决了猪舍的通风换气,使舍内空气新鲜,并避免了冬季舍内湿度过高的弊病,夏季加湿帘可向舍内送冷风。目前部分猪场采用热风炉供暖,其设备也在不断改进之中。

2. 局部供暖　局部供暖有红外线灯、电热保温板等,主要用于哺乳仔猪的局部供暖,一般要求达到 28～32℃。

(1)红外线灯　一般为 250 W,吊于保温箱中或仔猪躺卧区,效果比较理想,缺点是红外线灯寿命较短,容易碰坏或溅上水滴击坏。

(2)电热保温板　由电热丝和工程塑料外壳等组成。使用时可放在仔猪保温箱内或仔猪躺卧区。电热保温板使用寿命较长,缺点是仔猪周围空气环境温度较低。

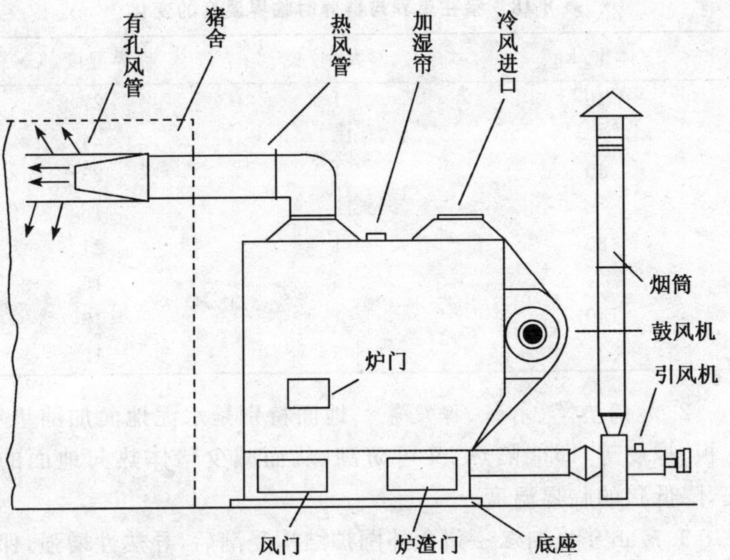

图 8-2　热风炉示意图

3. 其他方式供暖　在我国，有的采用火墙、地龙、火炉等方式供暖，这些方式虽简便易行，但对热能的利用不甚合理，供暖效果不太理想。

4. 太阳能供暖　我国北方有着漫长而寒冷的冬季，低温严重影响猪的正常生长和繁殖，为了节约能源，降低养猪成本，一些养猪专业户和部分规模猪场采用塑料暖棚养猪，利用太阳能供暖，取得了良好的效果，提高了养猪经济效益。

(三)防寒管理

对猪实行合理的饲养管理及对猪舍的维修保养，都直接或间接地对防寒保温起着不可忽视的作用。

1. 加大饲养密度　在不影响饲养管理和卫生状况的前提下，适当加大猪的饲养密度，可降低猪的临界温度(表 8-18)。

表 8-18 猪在单养与群养时临界温度的变化

体重/kg	群大小/头	临界温度/℃
10	1	27
	10	24
40	1	23
	15	18
80	1	21
	15	15
140	1	19
	5	12

2. 加铺垫草、木板、橡皮等 地面特别是水泥地面加铺垫草、木板、橡皮等，即能隔热，又可防潮，从而减少猪体热向地面的散失，降低猪的临界温度。

3. 防止舍内潮湿 猪舍外围护结构受潮后，导热性增强，保温性能下降；潮湿的空气导热性增强，使猪感到冷；为了排除舍内潮湿的空气，又要加大换气量，增加猪舍失热。故在建造猪舍时，外围护结构的材料应保温性能好，吸湿性差，结构应有利于防寒和防潮，保证外围护结构的保温能力，防止其内表面达到或低于露点而凝结水珠甚至结成冰；合理安排给排水，及时清除舍内粪尿，减少水汽来源。

4. 控制气流、防止贼风 气流经过猪体可加快热量的散失，降低猪的临界温度，贼风还会影响猪的健康。所以冬季换气时应加以控制，防止气流过大，避免进气口的冷空气直接吹到猪身上，此外，入冬前应注意关闭门窗，堵塞漏洞，设置挡风障。

5. 充分利用太阳辐射 太阳辐射可通过玻璃和透明塑料将热量传至舍内，提高舍温。故冬季应注意保持玻璃的清洁，增加辐射热量。

二、防暑降温

小猪怕冷，大猪怕热，高温影响猪的健康，降低猪的生产性能。因此，应搞好猪舍的隔热设计，并注意采取遮阳、绿化、通风、喷淋等措施，以防暑降温。

(一)猪舍的隔热防暑设计

保温是阻止热量由舍内向舍外散失，隔热是阻止舍外热量传到舍内。其隔热性能的强弱取决于所用建筑材料的热阻值和蓄热性能，热阻值高、蓄热能力强的围护结构，传入舍内的热量少，外围护结构内表面温度低，可减轻内表面对猪的热辐射。所以，应选择合适的外围护结构材料和结构，保证达到理想的隔热效果。

屋顶面积大，夏季直接接受强烈的太阳辐射，易将辐射热传到舍内。为了提高屋顶的隔热性能，以防暑为主的地区可采用通风屋顶。即将屋顶建成两层，层间的空气晒热变轻，从气口排出，冷空气由进气口流进，从而减少传至屋顶从层的热量。浅色和光亮表面的反射能力比深色、粗糙面强得多，故猪舍屋顶和阳面墙采用浅色光平外表面。

(二)遮阳

为了降低猪只周围环境的温度，可利用一定的设施遮断太阳辐射。窗户上可加一水平板以遮挡由窗口上方来的阳光。对于设有运动场的猪舍或日光温室猪舍，在夏季应设置凉棚或种植藤蔓植物遮阳。

(三)绿化

绿化除具有净化空气、防风、改善小气候状况、美化环境等作用外，还具有缓和太阳辐射、降低环境温度的重要意义。树林的树叶面积是树林种植面积的 75 倍，草地上草叶面积是草地面积的 25～35 倍，这些比绿化面积大几十倍的叶面面积通过蒸腾作用和光合作用，大量吸收太阳辐射热，从而可显著降低空气温度；茂盛的树木能挡住50%～90%的太阳辐射热，草地上的草可遮挡80%的阳光，故可使建筑物和地表面温度降低，绿化了的地面比未绿化地面的辐射热低4～15倍；通过植物根部所保持的水分，也可从地面吸收大量热能而降温。因此，应加强猪场及周围地区的植树种草，以降低环境温度。

(四)通风

通风是猪舍防暑降温措施的重要组成部分。在夏季，当舍内气温高于舍外时，通风可以将舍内的热量带出舍外；通风还可以加大舍内气流的速度，经过猪体时，带走散发的热量，同时可促进猪体蒸发散热。在此仅就与通风有关的地形、猪舍朝向、建筑物布局、猪舍内结构、通风口位置设置等与猪舍降温有关的特殊问题加以介绍。

1. 地形　地形与气流活动关系密切，与寒冷地区相反，在炎热地区场址一定要选在开阔、通风良好的地方，切忌选在背风、窝风的场所。

2. 猪舍朝向　猪舍朝向对通风降温有一定影响。在炎热地区除考虑减少太阳辐射和防暴风雨外，必须同时考虑夏季主风向。

3. 猪场建筑物布局　猪场建筑物布局和猪舍间距除考虑防疫、采光等外，还应注意考虑通风，布局应合理，间距不可过小，一般不低于10 m。

4. 猪舍内结构　为了有利通风，猪舍内不宜设隔山墙，各圈间隔墙尤其是圈舍与通道间的隔墙最好用铁栏栅代替。

5. 通风口位置　为加大舍内气流速度，保证气流均匀并能通过猪体周围，应合理安排通风口位置。

进风口应设在正压区内，排气口设在负压区内，以保证猪舍有穿堂风。

进风口应均匀布置，以保证舍内通风均匀，使各处的猪都能受到凉爽的气流。如果进风口分布不匀，则气流方向偏向进风口密的一侧。但为使气流经下部猪只四周通过，可设地脚窗通风。

排气口较大、位置正对气流方向时，气流通畅，流速较大。否则流速减缓。

6. 猪舍跨度　猪舍跨度也影响通风效果。跨度小的猪舍通风路线短而直，气流顺畅；跨度超过 10 m，通风效果变差，较难形成穿堂风。

(五)蒸发降温

在高温环境中猪主要依靠蒸发散热，当环境温度等于或高于猪皮温时，机体就只能靠蒸发散热来维持体热平衡。因此，直接对猪体进行喷淋，可有效缓解猪的热应激。同时，地面洒水，屋顶喷淋，舍内喷雾等均可起到降低环境温度的目的。

1. 猪体蒸发降温　是用滴水器、喷淋器和气雾器将猪体弄湿，由于水温低于猪的体温，通过传导对流可加速体热放散；猪体表水的蒸发吸热也可促进体热的放散。实际生产中将滴水器、气雾器或喷淋器安装在塑料管或胶皮管上，经滴水器流出的水像雨滴一样，滴水量为每小时 2～3 L，通常用于单圈饲养的母猪；气雾器可发生雾状小水滴，每小时出水量 20 L；喷淋器发生的水滴较雾状水滴大，出水量断奶猪每小时每头 65 mL，生长育肥猪每小时每头 300 mL，气雾器和喷淋器一般用于大群饲养的猪。对生长育肥猪最好用喷淋器而不用气雾器，因喷淋器产生的水滴较大，不但能弄湿被毛，而且会穿过被毛到达皮肤，有利于猪体蒸发散热；而气雾器只能喷湿被毛，不易润湿皮肤，散热效果差，并且还会使舍内空气湿度增高，减小猪体蒸发散热。

喷淋器和滴水器的运行应间断而频繁。皮肤上的水要经 1 h 才会蒸发干净，所以，持续运转只会陡然增加耗水量和耗电量，而并不增强降温效果，一般每隔 45 min 连续喷淋 2 min，实体地面的喷淋时间短于漏缝地板。

喷淋自动控制的方法，通常是在猪体高度处设置温度传感器，并将传感器与热敏开关和定时器相连，并以此控制一个螺旋阀门以开启水管，或控制一台水泵。如采用电子装置更加灵敏简洁。但应注意水管中安装滤网以防止喷水嘴被杂物堵塞，水压不可过高或过低。

生产中应注意水嘴的安装位置，避免把地面弄湿了而猪体却没有被弄湿。对于群养猪采用喷淋装置，成本较低廉，控制也较简便，但若有可能，应将喷嘴置于漏缝地板的排粪区上方，并保证水滴的分布呈圆锥形，大水滴直接落在猪的身体上，避免水滴发生漂移；对于限位栏饲养的妊娠母猪，一般采用滴水器，其位置应使水滴滴在母猪的颈肩部，因该处血管丰富，有利于散热；对于产床上的带仔母猪，滴水口不易过高，一般是在产仔栏上方 30 cm 处，母猪既够不到滴水口，而滴水口滴出的水又不会溅到仔猪身上，粪沟位于臀部处分娩舍，最好将水滴在母猪的臀部，虽然滴在臀部的散热效果不如滴在颈部，但这样可使溅出的水只弄湿产仔栏的后部。另外，仔猪满 10 日龄后再开始给母猪滴水，以防对仔猪产生过多的不利影响。

2. 环境蒸发降温

(1)地面洒水　是传统的降温办法，有一定效果，但费水、费力，并且易使地面潮湿和舍内湿度升高。

(2)屋顶喷淋　是利用水的蒸发吸热原理，降低屋面温度，减弱辐射热向舍内传递。该法废水太多，不如屋顶采用隔热材料，一劳永逸。

(3)舍内喷雾　是通过喷雾使雾滴在空气中汽化而达到降温目的(一般可降低舍温 1～3℃)，但同时也增加舍内湿度，故降温的效果很可能被湿度的增加所抵消，因而该法仅适用于干热地区。

(4)蒸发垫(湿帘)　它是在机械通风的进风口处设一不断加水的湿帘，空气经过湿帘时由于水分的蒸发而使空气温度降低，低温空气进入猪舍而达到降温的目的，但同时也提高舍内空气湿度，故该法也仅适用于干热地区。

三、通风换气

猪舍的通风换气是猪舍环境控制的一个重要手段。其目的主要有两个，一是在气温高的情况下，加大气流速度，使猪感到凉爽，以缓和高温对猪的不良影响；二是在猪舍密闭的情况下引进舍外的新鲜空气，排出舍内的污浊空气，改善猪舍的空气环境。可见，通风与换气在含义上应有所区别，前者以降温为主要目的，后者以换气为主要目的，但习惯上一般统称通风换气。

有关夏季通风问题已在防暑降温部分阐述，本部分着重介绍猪舍的冬季换气问题和猪舍通风换气系统的设计、使用原则等。

（一）冬季猪舍通风换气的原则

猪舍的通风换气虽然可排出污浊空气，降低猪舍湿度，但同时也会加大舍内气流速度，降低舍内温度，从而使猪舍内的温度、湿度、气流、有害气体等在通风换气的影响下，共同作用于猪体，产生综合作用。其中，舍内温度与湿度和空气污浊度间的矛盾比较尖锐。如果通风量太小，虽能保证舍内温度，但湿度较大，空气污浊；如果通风量太大，或是室外温度显著低于室内，虽然舍内空气新鲜，但换气时必然导致舍内温度剧烈下降，使空气相对湿度增加，甚至出现水汽在墙壁、天棚、排气管内壁等处凝结。在这种情况下，如不补充热源，就无法组织有效的通风换气。所以，猪舍的通风换气应遵循如下原则。

1. 排出舍内的微生物、灰尘以及氨、硫化氢、二氧化碳、挥发性脂肪酸、硫醇等有害气体和恶臭，使舍内空气保持新鲜。

2. 排出过多的水汽，使舍内空气的相对湿度保持适宜的状态。

3. 维持舍内适中的气温，不致发生剧烈变化，防止水汽在天棚等表面凝结。

4. 气流应稳定、均匀，防止形成贼风或死角，并避免气流直接吹到猪体。

5. 注意猪舍的保温性能，加强猪舍的防寒、防潮及卫生管理。

(二)猪舍通风换气量

猪舍的通风换气量是指单位时间内进入猪舍的新鲜空气量或排出的污浊空气量，单位是 m^3/h。实际中常以每头或每千克体重所需通风量来表示，$m^3/(h\cdot 头)$或 $m^3/(h\cdot kg)$。通风量的大小可按舍内产生的水汽量、有毒有害气体量以及热量来计算，但测定计算比较繁琐，一般均根据通风换气参数确定通风换气量(表8-19)。

表 8-19 各类猪的通风换气参数

猪群类别	通风量/[$m^3/(h\cdot kg)$]			风速/(m/s)	
	冬季	春秋季	夏季	冬季	夏季
种公猪	0.45	0.60	0.70	0.20	1.00
孕前期母猪	0.35	0.45	0.60	0.30	1.00
孕后期母猪	0.35	0.45	0.60	0.20	1.00
带仔母猪	0.35	0.45	0.60	0.15	0.40
哺乳仔猪	0.35	0.45	0.60	0.15	0.40
培育仔猪	0.35	0.45	0.60	0.20	0.60
生长猪	0.45	0.55	0.65	0.30	1.00
育肥猪	0.35	0.45	0.65	0.30	1.00

陈请明. 现代养猪生产. 北京：中国农业大学出版社，1999.

此外，在生产中也可根据换气次数来确定通风换气量。换气次数是指在 1 h 内换入新鲜空气的体积为猪舍容积的倍数。一般规定，冬季换气应保持 3～4 次，不超过 5 次。这种表示方法比较粗略，因它未考虑猪的种类、年龄、密度以及饲养管理方式等。有时通过人的嗅觉也可粗略了解猪舍空气的污浊程度(表 8-20)，根据猪舍空气的卫生标准，判断换气量的大小。

表 8-20　有害气体浓度与臭气强度的关系

臭气强度	0	1	2	3	4	5
嗅觉感受	无臭	勉强感到臭	感到微弱臭	感到明显臭	较强臭	强烈臭
有害气体	浓度/10^{-6}					
氨	<0.1	0.1	0.6	2	10	4×10
硫化氢	<0.000 5	0.000 5	0.003	0.06	0.8	8
甲硫醇	<0.000 1	0.000 1	0.000 7	0.004	0.03	0.2
甲硫醚	<0.000 1	0.000 1	0.002	0.04	0.8	2
三甲氨	<0.000 1	0.000 1	0.001	0.02	0.2	3
苯乙烯	<0.03	0.03	0.2	0.8	4	2×1

胡明操. 环境保护实用数据手册. 北京：机械工业出版社，1990.

(三)猪舍的自然通风

猪舍的自然通风是指不需要机械设备，而借自然界的风压或热压，产生空气流动，通过猪舍外围护结构的孔隙所形成的空气交换。自然通风又分为无管道自然通风系统和有管道自然通风系统两种形式。前者指不需要专门的通风管道，经开着的门窗所进行的通风换气，适用于温暖地区和寒冷地区的温暖季节。而在寒冷季节的封闭舍中，由于门窗紧闭，需靠专门的通风管道进行换气，在此着重介绍后者。

1. 自然通风的原理　自然通风的动力为风压或热压。

风压指大气流动时作用于建筑物表面的压力。风压换气是当风吹向建筑物时，迎风面形成正压，背风面形成负压，气流由正压区开口流入，由负压区开口排出，形成风压作用的自然通风。夏季组织自然通风以降低舍温主要基于此。

热压是由于当舍内不同部位的空气因温热不匀而发生比重(密度)差异时产生。即当舍外温度较低的空气进入舍内，遇到由猪体放散的热能或其他热源，受热变轻而上升，于是在舍内近屋顶、天棚处形成较高的压力区，如果屋顶有孔隙，空气就会逸出舍外。与此同时，猪舍下部空气由于不断变热上升，形成了空气稀薄的空间，舍外较冷的空气进入舍内。如此周而复始，形成热压作用的自然通风。如果屋顶不透气，而整个墙壁的透气能力一致，则在舍内墙壁 1/2 高处必然有一个与舍外大气压力相等的分界面——中和面。如果屋顶透气或墙壁上下部透气能力不一致，则中和面将移向透气能力大的一侧。根据这个道理，如果在墙 1/2 高处开个口，舍内温暖的空气就会从开口的上半部排走，而舍外新鲜空气由开口的下半部进入；如果将这个开口设在墙壁的下部，则有利于温暖的空气在舍内滞留使舍内形成正压区，热空气在墙体中蓄积，可有效防止水汽在墙壁表面凝结，又可阻拦冷风由门窗缝隙入，但不利于潮湿污浊空气的排出；如果将这个开口设在墙壁的上部，则温暖体轻的空气不能在舍内滞留，而迅速外流，使舍内形成负压区，不利于保温。

在寒冷地区，猪舍的外围护结构严密且有一定厚度，加上越冬封闭门窗，因此必须设进排气口，以保证充足的新鲜空气。同时严密的外围护结构也是寒冷地区封闭舍进行有效通风换气的必要保证，猪舍结构不严，存在的缝隙会破坏热压通风的规律；热压通风除受建筑物结构透气性的影响外，还受舍内余热的影响，舍内余热越多，通风换气越充分，余热不多，通风换气不足，有时为保证猪舍环境的建立，需另外补充热源；舍内外温差影响通风效率，舍内外温差越小，热压通风效率越低，舍内外温差越大，热压通风效率越高，但也越容易导致舍温迅速下降。故在寒冷地区，由于舍内外温差过大，也不易组织通风换气。

2. 通风管的构造与设置　猪舍自然通风装置有多种形式，在我国寒冷地区广泛采用流入排出式通风系统。这种通风系统由均匀分别设在纵墙上的进气管和屋顶上的排气管组成。

(1)进气管　用木板制成,断面呈正方形或矩形,尺寸(20 cm×20 cm)～(25 cm×25 cm),距天棚 40～50 cm 处,两窗之间的上方,间距 2～4 m,墙外的受气口向下弯或加挡风板,以防冷空气或降水直接侵入。墙内侧的受气口上应装调节板,用以将气流挡向上方,避免冷空气直接接触猪体,并可以调节进气口大小,以控制进气量,必要时甚至可以全关闭。进气口的总断面积一般为排气口总断面积的 70%。

(2)排气管　用木板或其他材料制成,断面呈正方形或圆形,尺寸(50 cm×50 cm)～(70 cm×70 cm)或直径 50～70 cm。要求管壁光滑、保温(要有套管,内充保温材料)。排气管沿猪舍屋脊两侧交错垂直安装在屋顶上,下端由天棚开始,上端伸出屋脊 0.5～0.7 m,顶端加风帽,防止降水落入。排气管间距 8～12 m,原则上以能设在舍内粪尿沟上方为好。管内设调节板,以控制风量,调节板设在屋脊下优于天棚处,可防止水汽在管壁凝结。排气管应有一定高度,以保证通风效果,有人建议猪舍采用 4～6 m 高的排气管。

3.自然通风的优缺点　自然通风系统不需专门设备、不需电力、基建费低、维修费少、简单易行,如能合理设计、安装和管理,可以收到良好的效果。但也存在缺陷。

自然通风系统排出污浊空气主要靠热压,在不采暖的情况下,舍内余热有限,故只能有效用于冬季舍外气温不低于－12～14℃的地区。在寒冷地区,只在春秋季有效。

在寒冷季节,大部分垂直排气管通风系统对热能的利用不经济。因排出的主要为上部空气,而保温良好的猪舍中每立方米上部空气比同体积地面空气多含 3.8～6.3 kJ 热量。

由舍外进入的新鲜空气先到猪舍内上方,再到猪体附近,尽管有所温热,但也有所污染。同时,充分的换气发生在猪舍上部,而不在猪只活动区。

进气管由于无管道、阻力小，往往发生灌风现象，进风效率受风压影响。

有时造成水汽在墙壁上凝结。

(四)猪舍的机械通风

由于自然通风受许多因素特别是气候与天气条件的制约，不可能保证封闭舍经常的、充分的换气。因此，为了创造良好的猪舍环境，以保证猪的健康和生产力的充分发挥，在猪舍中应实行机械通风。

1. *机械通风方式*　猪舍机械通风有3种方式，即负压通风、正压通风和联合通风等。

(1)负压通风(排气式通风或排风，图8-3)　这种通风系统是用风机抽出舍内污浊空气。由于舍内空气被抽出，变成空气稀薄的空间，压力相对小于舍外，新鲜空气通过进气口流入舍内，故称负压通风。

该种通风方式简单、投资少、管理费用低，因此猪舍通风常采用负压通风。根据风机安装位置又分如下几种方式。

屋顶排风　风机安在屋顶，抽走污浊空气，新鲜空气由侧墙风管自然进入。该种通风方式适合于温暖和较热地区、跨度12 m以内的地区，而且在停电时能自然通风。

侧壁排风　风机装在两侧纵墙上，新鲜空气从山墙上的进气口进入，经管道均匀分送到舍内两侧。适用于跨度20 m以内的猪舍，特别是两侧有粪沟的双列猪舍，不适于多风地区。

穿堂风式排风　风机装在一侧纵墙上，新鲜空气从另一侧进入舍内，形成穿堂风。适于跨度小于10 m的猪舍，若采用两山墙对流通风，通风距离不应超过20 m，并且要求猪舍密闭性要好，不适于多风、寒冷地区。

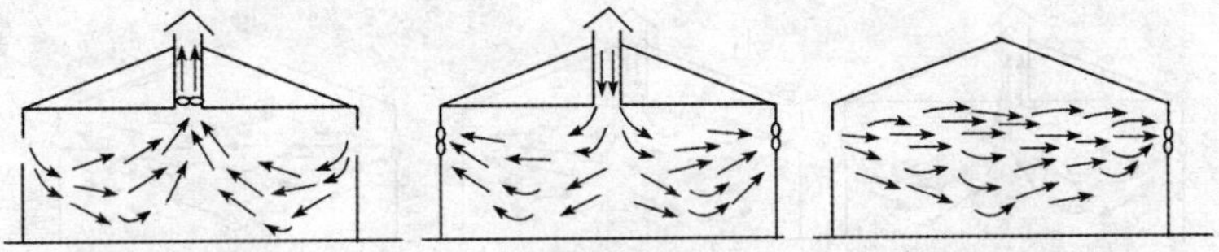

图 8-3 负压通风的 3 种形式

(2)正压通风(进气式通风或送风,图 8-4) 指通过风机将舍外新鲜空气强制送入舍内,使舍内压力增高,污浊空气经风口自然排走的换气方式。正压通风的优点在于可对进入的空气进行加热、冷却以及过滤等处理,从而有利于保证猪舍的适宜温度和清洁的空气环境,适于炎热地区。但正压通风方式比较复杂、造价高、管理费用大。根据风机安装位置又分如下几种方式。

侧壁分风 又分一侧送风及两侧分风。前者为穿堂风形式,适于炎热地区、跨度小于 10 m 的猪舍。两侧送风适于大跨度猪舍。

屋顶送风 形式有多种,其特点是由屋顶安置的风机送风,由两侧壁风口出气,适用于多风地区。

分散竖管送风方式,风机分散,设备投资大、管理麻烦。

屋顶水平管道送风(图 8-5)是一种安装在山墙上的风机先将空气送入水平铺设在屋顶下的透明塑料管(离天棚约 30 cm),然后通过塑料管的等距圆孔分送到舍内。这种送风系统只要在进风口附加设备,就可进行空气预热、冷却及过滤处理。猪舍跨度在 9 m 以内时设一条风管,超过9 m 时设两条。这种通风系统因通风距离长,故需压力较大的风机;对进气口及排气口的面积及位置,必须事先进行详细的计算和周密的设计,才能获得较好的通风效果。这种通风系统适用于多风或极冷极热地区。

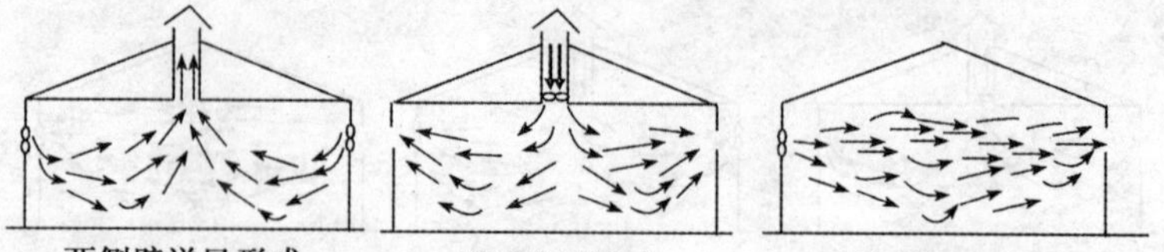

图 8-4 正压通风的 3 种形式

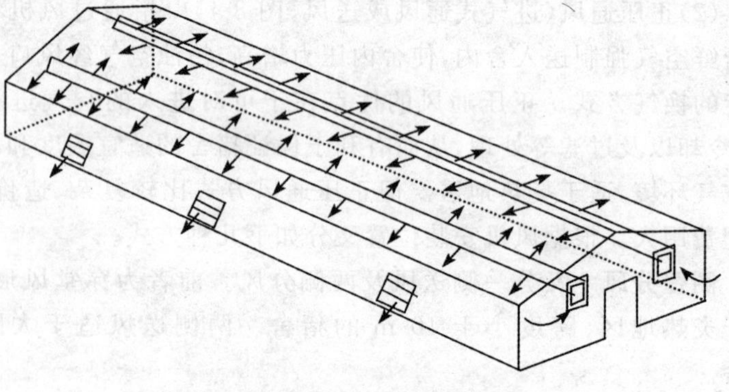

图 8-5 屋脊下水平管道送风

(3)联合通风　是一种采用机械送风和机械排风相结合的方式。大型封闭舍尤其是无窗猪舍,单靠机械排风或机械送风往往达不到应有的换气效果,故需采用联合式机械通风。根据风机安装位置又分如下两种方式。

一种是送风机安装在猪舍纵墙较低处,将舍外新鲜空气送到猪舍下部;排风机安装在屋顶处,将舍内污浊空气抽走。该种方式有助于通风降温,适于温暖和较热地区。

另一种是送风机安装在屋顶处,将舍外新鲜空气送到猪舍;排风机安装在猪舍纵墙较低处,将舍内下部污浊空气抽走。该种方式既可避免在寒冷季节冷空气直接吹向猪体,也便于预热、冷却和过滤空气,对寒冷地区和炎热地区都适用。

2.机械通风的调节 为了调节风量、风速和气流的均匀分布，以保证猪舍适宜环境的建立，可在风机上安装热敏元件，通过感应舍内温度变化而启动或关闭风机；也可采用时间继电器，按规定的时间间距定时启动或关闭风机；另外可在进气口外侧安装可调节的百叶窗，里侧安装调节气流方向的调节板。

3.风机的种类 猪舍通风常用轴流风机，有时也用离心风机。

轴流式风机吸入和送出的空气流向和风机叶片轴的方向平行，主要由电机和装在电机轴上叶片组成。特点是叶片旋转方向可以逆转，方向改变，气流方向随之改变，通风量不变；通风所形成的压力比离心式风机低，但输送的空气量却比离心式风机大许多。因风机压力小，故一般用于短距离和无管道通风。猪舍通风多采用轴流式风机。

离心式风机运转时，空气进入风机与叶片平行，离开风机时变成垂直方向。因而适于通风管道 90°的转弯。离心风机不能逆转，压力较强，多用于给猪舍送热风和冷风。

4.风机的选择 猪舍的通风系统应严格设计，并合理选择风机的种类、功率、直径、转速、静压等。

(1)风机种类的选择 猪舍通风的目的在于排出污浊空气，供给新鲜空气，故一般选用轴流风机；但送热风、冷风以及过滤空气时，可选用离心风机。

(2)风机的功率和数量 风机的功率根据猪舍的总通风量来确定。猪舍总通风量一般以最大通风量(夏季通风量)为依据，再加 10%～15%的损耗，即为风机总风量。再根据所选风机的风量求得风机台数。为避免通风时气流过强，引起舍温剧烈变化，采用负压通风时，选用多数风量较小的风机比安装少数大风量风机合理。

(3)风机的直径和转速 猪舍应选直径大、转速慢的风机，这样的风机风量大，噪声小，可形成符合猪舍要求的柔和气流。选风机时最好选变速风机，以便调节风量。但如果通过提高转速来调节风量，不仅容易形成贼风、产生噪声，而且转速增加1倍，电耗增加8倍，很不经济。

(4)风机静压　所选风机应具备一定的静压，以克服舍内外的压力差，压力差一般最大为50～70 Pa。安装在墙上的风机常选用30 Pa静压，若在3 m以内通风管内安装，则选静压60 Pa的风机。

(5)其他　为避免过热烧坏电机，最好应选装有过热保险的风机；猪舍中多尘、潮湿，故应选用带全密封电动机的风机，并应具备防锈、防腐蚀、防尘等性能，并坚固耐用。

5. 风机的安装与管理

(1)风机的安装位置　为保证全舍气流均匀，风机之间距离不能过大；风机安装不能离门太近，风机开动时不应开门，进气口到风机的距离必须大于3.7 m，以免形成通风短路；在垂直风管中，风机应安在底部或顶端，不能安在中部，如风机直接安在风口或风管中，风管断面直径以大于风机叶片转动直径5～8 cm为宜，间距过大易形成涡流，过小风量不足。并注意防止强风造成轴流风机停转、逆转，甚至烧坏电机。

(2)进气口的要求　进气口的大小、位置与分布与风量的调节、气流的速度以及气流在全舍的均匀分布有密切关系，应合理设计。

一般每小时1.05～1.3 m^3的换气量需1 cm^2进气口的面积；由于通风量随季节调节，故进气口也能调节；窄进气口较宽进气口气流通过速度快，利于新鲜空气在舍内均匀分布；为避免出现换气死角，进气口应沿猪舍四周均匀设置，甚至在保证不出现换气短路的前提下，在风机与风机之间、风机与墙角之间均设进气口。

(3)机械通风的管理　风管内表面应经常保持润滑、严密不透风；风机应定期清洁除尘、加润滑油；在寒冷地区的冬季应注意防止结冰。

四、采光与照明

光照是影响猪舍环境的重要因素，不仅影响猪的健康与生产力，也影响管理人员的工作条件。为使舍内得到适宜的光照，通常采用自然采光与人工光照明实现。

开放式或半开放式猪舍的墙壁有很大的开露部分，主要靠自然采光，封闭式有窗猪舍也主要靠自然采光，封闭式无窗猪舍则完全靠人工照明。

（一）自然采光

自然采光就是用太阳的直射光或散射光通过猪舍的开露部分或窗户进入舍内以达到照明的目的。自然采光的效果受猪舍方位、舍外情况、窗户大小、入射角与透光角大小、玻璃清洁度、舍内墙面反光率等多种因素影响。

1. 猪舍方位　猪舍的方位直接影响猪舍的自然采光及防寒防暑，应周密考虑。全国部分地区建筑朝向见表 8-21（供参考）。

表 8-21　全国部分地区建筑朝向

地区	最佳朝向	适宜朝向	不宜朝向
哈尔滨	南偏东 15°～20°	南至南偏东 15° 南至南偏西 15°	西、西北、西
长春	南偏东 30° 南偏西 10°	南偏西 45° 南偏东 45°	北、东北、西北
沈阳	南、南偏东 20°	南偏东至东 南偏西至西	东北、北、西北
呼和浩特	南至南偏东 南至南偏西	东南、西南	北、西北
北京	南偏东 30°以内 南偏西 30°以内	南偏东 45°以内 南偏西 45°以内	北偏西 30°～60°

续表 3-21

地区	最佳朝向	适宜朝向	不宜朝向
石家庄	南偏东 15°	南至南偏东 20°～30°	西
太原	南偏东 15°	南偏东到东	西北
郑州	南偏东 15°	南偏东 25°	西北
武汉	南偏西 15°	南偏东 15°	西、西北
长沙	南偏东 9°左右	南	西、西北
广州	南偏东 15° 南偏西 5°	南偏东 23° 南偏西 5°至西	
南宁	南、南偏东 15°	南、南偏东 15～20° 南偏西 5°	东、西
济南	南、南偏东 10～15°	南偏东 30°	西偏北 5°～10°
青岛	南、南偏东 5°～15°	南偏东 15°至南偏西 15°	西、北
南京	南偏东 15°	南偏东 25° 南偏西 10°	西、北
合肥	南偏东 5°～15°	南偏东 15° 南偏西 5°	西
杭州	南偏东 10°～15° 北偏东 6°	南、南偏东 30°	北、西
上海	南至南偏东 15°	南偏东 30° 南偏西 15°	北、西北
福州	南、南偏东 5°～10°	南偏东 20°以内	西
西安	南偏东 10°	南、南偏西	西、西北
银川	南至南偏东 23°	南偏东 34° 南偏西 20°	西、西北、西
西宁	南至南偏西 30°	南偏东 30°至南偏西 30°	北、西北
乌鲁木齐	南偏东 40° 南偏西 30°	东南、东、西	北、西北

续表 3-21

地区	最佳朝向	适宜朝向	不宜朝向
成都	南偏东 45° 南偏西 15°	南偏东 45°至东偏北 30°	西、北
昆明	南偏东 25°～56°	东至南至西	北偏东 35° 西北偏西 35°
拉萨	南偏东 10° 南偏西 5°	南偏东 15° 南偏西 10°	西、北
厦门	南偏东 5°～10°	南偏东 22° 南偏西 10°	南偏西 25° 西偏北 30°
重庆	南、南偏东 10°	南偏东 15°至南偏西 5°、北	东、西

东北农学院.家畜环境卫生学.北京:中国农业出版社,1996.

2. 舍外情况　猪舍附近如果有高大建筑物或大树,就会遮挡太阳的直射光和散射光,影响舍内照度。因此要求其他建筑物与猪舍的距离不应小于建筑物本身高度的 2 倍。猪场内植树应选用主干高大的落叶乔木,并要妥善确定位置,尽量减少遮光。

3. 窗户大小　封闭舍的采光取决于窗户大小。窗户面积越大,进入舍内的光线越多。但是,采光面积不仅与冬天保温及夏天防辐射热相矛盾,还与夏季通风密切相关。所以应综合各方面因素合理确定采光面积。生产中常用采光系数衡量与设计猪舍的采光。采光系数是指窗户的有效采光面积与猪舍地面面积之比。种猪舍一般 1∶(10～12),肥猪舍 1∶(12～15)。缩小窗与窗之间的间壁宽度有助于舍内光照分布均匀。

4. 入射角大小　入射角是猪舍地面中央的一点到窗户上缘所引的直线与地面水平线之间的夹角。入射角越大,越有利于采光,为保证猪舍得到适宜的光照,入射角一般不应小于 25°。

从防暑和防寒方面考虑,我国大多数地区夏季不应有直射阳光进入舍内,冬季则希望能照射到猪床上。这些要求可以通过合理设计窗户上缘和屋檩的高度来实现。当窗户上缘外侧(或屋檩)与窗台内侧所引的直线同地面水平线之间的夹角小于当地夏至的太阳高度角时,就可防止夏季的直射阳光进入舍内;当猪床后缘与窗户上缘所引的直线同地面水平之间的夹角等于当地冬至的太阳高度角时,就可使太阳光在冬至前后直射在猪床上(图 8-6)。太阳高度角可用下式求得:

$$h=90^{\circ}-\varphi+\delta$$

式中,h 为太阳高度角;φ 为当地纬度;δ 为赤纬(夏至时为$23^{\circ}27'$,冬至时为 $23^{\circ}27'$,春分和秋分时为 0)。

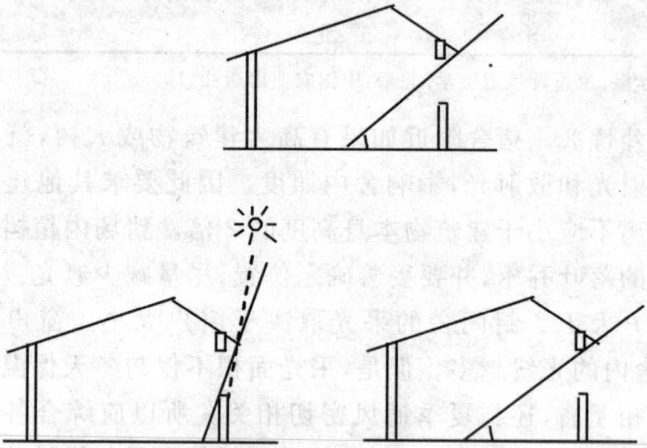

图 8-6 根据太阳高度角设计窗户上缘高度

5.透光角大小　透光角是猪舍地面中央一点向窗户上缘和下缘引出两条直线所形成的交角。透光角越大,越有利于光线进入。为了保证舍内的适宜光照强度,透光角一般不应小于 5°。因此,从采光效果看,立式窗户比水平式的好,但立式窗户不利于冬季保温,所以寒冷地区常在猪舍南墙上设立式窗,在北墙上设水平式窗。

6.玻璃清洁度　一般玻璃可以阻止大部分的紫外线,赃污的玻璃可以阻止15%～50%可见光，结冰的玻璃可以阻止80%可见光。

7.舍内墙面反光率　舍内物体的反光情况对进入舍内的光线也有很大的影响。反光率低时，光线大部分被吸收，舍内就比较暗；反射率高时，光线大部分被反射出来，舍内就比较明亮。据测定，白色喷浆墙面的反射率为85%，黄色为40%，灰色为35%，深色为20%，砖墙为40%。

(二)人工照明

人工照明仅应用于密闭式无窗猪舍，详细内容见光照部分。

第九章 猪的粪尿处理

养猪业正向专业化、规模化、集约化、工厂化方向发展，并大多建在城市郊区和近郊县，由于过于密集，粪尿水持续排泄量较大，已造成部分地区环境污染，所以应采取综合措施，妥善处理粪尿，减少对环境的污染，同时，粪尿对环境的污染又反过来会影响自身优质猪肉的生产(如饲料中的高铜、砷制剂等对猪场周围土壤、水源污染很厉害，随后通过饮水残留于猪肉中)。

第一节 猪的粪尿排泄量及其组成

一、猪的粪尿排泄量

猪的粪尿排泄量可根据下式估算：

粪产出量(t/a)＝个体日产粪量(kg)×饲养日数(d)×饲养头数×0.001

尿产出量(t/a)＝个体日产尿量(kg)×饲养日数(d)×饲养头数×0.001

注：t/a 即吨/年。

猪的粪尿排泄量受年龄、体重、生理阶段、饲粮组成环境温度等的影响。如年龄与体重越小，排泄量越小；泌乳母猪较怀孕母猪采食量大，排泄量也大；饲粮粗饲料含量较高时，猪的采食量大，消化率低，排泄量大；夏季环境温度高，猪只饮水量大，排尿量也多。猪粪尿的产生量与性质还与饲养管理工艺有关，干清粪工艺粪尿在猪舍内基本不混合，粪可单独清出猪舍，粪的含水量在80%左右，这种粪成为干粪；如果粪尿在猪舍内混合，粪含水量在90%左右，称为半流体粪；水泡粪或水冲粪含水量在90%以上，称为液粪。三种粪的产生量计算方法并不相同，干粪只计鲜粪量或鲜粪与垫料总量；半流体粪可按粪尿总量计；液粪则应包括粪、尿和生产用水量（表9-1至表9-4）。

表9-1　日本猪场猪的粪尿排泄量

猪别	每头日排泄量/kg		每头年排泄量/t	
	粪量	尿量	粪量	尿量
繁殖猪	33.5	3.2	1.28	1.17
育肥猪	3	3	1.1	1.1

兽医指南.郑州：河南科技出版社，1985.

表9-2　猪的粪尿排泄量

猪别	饲养日数	每头日排泄量/kg			每头年排泄量/t		
		粪量	尿量	合计	粪量	尿量	合计
种公猪	365	2.0～3.0	4.0～7.0	6.0～10.0	0.9	2.0	2.9
种母猪	365	2.5～4.2	4.0～7.0	6.9～11.2	1.2	2.0	2.9
后备母猪	180	2.1～2.8	3.0～6.0	5.1～8.8	0.4	0.8	1.2
育肥大猪	180	2.17	3.5	5.67	0.4	0.6	1.0
育肥中猪	90	1.3	2.0	3.3	0.12	0.18	0.30

家畜粪便学.上海：上海交通大学出版社，1997.

表9-3　前苏联猪场猪的粪尿排泄量

猪别	粪尿量/(kg/d)	含水量/%
种公猪	11.1	89.4
空怀母猪	8.8	90.8
妊娠母猪	10.0	91.0
泌乳母猪	13.3	93.1
30 kg以下猪	2.4	86.0

续表 9-3

猪别	粪尿量/(kg/d)	含水量/%
30～40 kg 猪	3.5	86.5
40～80 kg 猪	5.1	87.0
80 kg 以上育肥猪	6.6	87.5

家畜粪便学.上海:上海交通大学出版社,1997.

表 9-4　前苏联猪场粪便及污水产量

猪场规模/万头	存栏头数	产粪量/(m^3/a)	污水产量/(m^3/a)	
			自流清粪	水冲清粪
10.8	73 000	239 000	321 000	940 000
5.4	37 000	114 000	181 000	332 500
2.4	24 000	70 500	96 800	195 500
1.2	12 000	36 000	52 400	101 000

家畜粪便学.上海:上海交通大学出版社,1997.

二、猪的粪尿的化学组成

(一)猪粪便的化学组成

猪粪的化学组成包括水分、粗蛋白、粗脂肪、粗纤维、无氮浸出物和粗灰分(表 9-5 和表 9-6)。

表 9-5　猪粪便的肥分含量

成分	张景略.土壤肥料学.1990	家畜粪便学.1997
水分	81.5	72.2
有机质	15.0	—
全氮	0.6	1.05～2.96
全磷	—	0.4～0.49
全钾	—	0.39～2.08
磷酸	0.4	—
氧化钾	0.44	—

表 9-6　猪粪便的干物质组分　%

项目	粗蛋白	粗脂肪	粗纤维	粗灰分	无氮浸出物	资料来源
猪粪	11.3～31.4 (19)	1.8～9.4 (5)	6.7～22.9 (18)	9.7～28.1 (17)	—	《畜粪饲料的研究利用和展望》,1997
猪粪	18.9	6.6	20.0	18.1	38.0	
猪粪	23.5	8.02	14.78	15.32	38.28	姚瑞旦,1988
猪粪	20.0	3.79	20.99	18.71	36.51	崔保瑚,1983
仔猪粪	30.0	8.0	14.0	13.0	35.0	Henning A. 1982
幼猪粪	25.0	5.0	18.0	15.0	37.0	
中猪粪	20.0	4.0	22.0	16.0	38.0	
母猪粪	18.0	5.0	30.0	20.0	37.0	

(二)猪尿的化学组成

尿的化学成分主要来源于血液,少数物质由肾脏本身合成。一般情况下,猪尿中的水分占95%～97%,干物质占3%～5%(表9-7)。

表 9-7　猪尿中化学组成

成分	猪	仔猪
氮	0.39	—
磷	0.07	—
钾	0.38	0.2
钠	0.01	0.047
氯	0.23	0.145
钙	0.009	0.002

家畜粪便学.上海:上海交通大学出版社,1997.

第二节　猪粪尿对环境的污染及其评价指标

猪粪尿含有对人和动物生活环境造成危害的病原微生物和粪

便经过一定化学变化所产生的有害、有毒、恶臭物质，如果处理不当，将会污染环境，特别是随着我国规模化养猪的发展，粪尿对环境的污染与危害已成为不可忽视的生态和环境保护的重要问题。

一、猪粪尿对环境的污染

猪粪尿对环境的污染主要包括对水体、空气和土壤的污染。

(一)粪尿对水体的污染

粪尿对水体的污染包括病原微生物污染、粪便有机物腐败分解产物污染和富营养化作用。

1. *病原体污染*　粪便中含有大量的微生物，绝大部分是非致病性的，但也有从病猪体内排出的病原微生物或寄生虫及其虫卵，这些病原体进入水体后，有的可直接通过水进行扩散和传播，有的通过水生动植物进行扩散和传播。

2. *粪便有机物腐败分解产物污染*　粪尿中含有多种有机物质，经腐败分解将产生大量有害的分解产物，特别是在厌氧条件下，含氮含硫化合物往往不能彻底分解，易产生多种恶臭物质，如胺、吲哚、硫醇、硫化氢、氨等。其分解过程在粪尿进入水体后仍将继续进行。有些物质能溶解于水，使水有臭味，失去饮用价值。

3. *富营养化作用*　粪便及污水中含有大量碳水化合物和氮化物等腐败性有机物质，进入水体后经微生物分解产生含氮、磷等富营养成分，促使水中藻类等水生生物大量繁殖，从而大大增加水的生化需氧量，同时藻类浮在水面遮蔽阳光，阻碍水下植物的光合作用而使其死亡，水下鱼虾等动物也因缺乏氧气和水草等食物而不能生存，最终藻类也因缺乏氧气而死亡，水中生物的死亡和腐烂产生硫化氢，使水质发黑变臭，这一过程称水体的富营养化。研究证明，水中的氮、磷营养素含量增高是造成水体富营养化的主要根源，尤其是磷。一般总磷大于 20 mg/L、无机氮大于 300 mg/L 即可确定营养富集化了。

（二）粪尿对空气的污染

粪尿及其分解产物进入空气中，引起空气原有正常组成和性状发生改变，超过空气的自净能力，将对人和动物产生不良影响和危害。污染方式主要有有机物分解产生恶臭和有害气体以及微尘和病原体。据测定，一个年产10.8万头肥猪的猪场，每小时可向大气排放15亿个细菌、25.9 kg饲料粉尘，对大气的污染半径可达4.5～5.0 km。

（三）粪尿对土壤的污染

空气和水中的污染物，最后将经过自然界的物质循环进入土壤，所以土壤污染是大气和水体污染的必然结果。土壤污染又通过土壤-食物和土壤-水两个最根本的途径对人和动物产生危害。其污染的主要方式是粪尿有机物分解产物和粪尿中的病原微生体等的污染。

二、猪粪尿对环境污染的评价指标

猪粪尿对环境污染主要包括对水体、空气和土壤的污染，评价的指标主要有物理、生化和生物指标三个方面。其中评价水体污染的主要指标有生化需氧量（BOD）、化学需氧量（COD）、非过滤性残渣（悬浮物SS）、氨氮（NH_3-N）或凯氏氮（KN）、总磷（TP）、pH值等。

（一）生化需氧量（BOD）

水中有机物在微生物作用下，进行生物氧化分解所消耗的溶解氧量称为生化需氧量。水中有机物越多，生化需氧量就越大，并与温度有密切关系。在一定范围内，温度越高，生物氧化作用越强烈，完成全部过程的时间越短。在实际工作在中，常以20℃时，培养5 d后，1 L水中减少的溶解氧毫克数来表示，称为5日生化需氧量（BOD_5）。

(二)化学需氧量(COD)

它是指在一定条件下,用强氧化剂处理废水时所消耗强氧化剂的数量,以氧的 mg/L 表示。它是量度废水中还原性物质的重要指标。还原性物质主要包括有机物、亚硝酸盐、亚铁盐、硫化物等无机物。根据所用氧化剂的不同,化学需氧量的测定分为重铬酸钾法和高锰酸钾法,重铬酸钾法记以 COD_{cr},高锰酸钾法记为 COD_{Mn}。

(三)非过滤性残渣(悬浮物 SS)

它系指剩留在滤纸上的并于 103～105℃ 烘至恒定质量的固体。

(四)氨氮(NH_3-N)或凯氏氮(KN)

受猪粪便污染的水体含有丰富的含氮有机物,经微生物分解产生游离氨(NH_3)或铵盐(NH_4^+),即氨氮。

(五)总磷(TP)

受猪粪便污染的水体含有较多的磷,它是决定水中藻类能否大量繁殖的决定性因素,是水体富营养化作用的主要因素。

(六)pH 值

天然水 pH 值多为 7.2～8.6,水体被猪粪尿污染后,粪便等有机物被氧化分解而产生大量二氧化碳,可使水的 pH 值大大下降。

三、猪场污染物排放标准

为实现国家或地方环境目标,对污染源排放污染物进行控制所规定的允许排放水平,叫污染物排放标准。猪场污染物排放标准主要包括农田肥效负荷量的控制标准和畜牧场污水排放标准等。

农田肥效负荷量分为 3 类,高量为每亩施猪粪 3 t 以上,中量为 2～3 t,低量为 2 t 以下。

我国已颁布《污水综合排放标准(GB 8978—88)》,该标准适用于排放污水和废水的一切企事业单位,自1989年1月1日起实施。该标准将排放的污染物按其性质分为两类,第一类污染物是指能在动植物体内蓄积、对人体健康产生长远不良影响者。第二类污染物指长远影响小于第一类的污染物质,在排污单位排出口取样。

该标准第二类污染物共有20项,其中与畜牧场有密切关系的有6项(表9-8)。徐英明(1994)建议国家畜牧场污水排放标准COD_{cr}、BOD_5、SS、KN、TP上限值分别为200、80、150、20、2.0 mg/L,pH值为6.5～9.0。前苏联猪场污水和居民生活污水的污染物含量见表9-9。

表9-8　第二类污染物最高允许排放浓度(部分)　　mg/L

序号	项目	一级		二级		三级
		新扩改	现有	新扩改	现有	
1	pH	6～9	6～9	6～9	6～9	6～9
2	色度(稀释倍数)	50	80	80	100	—
3	悬浮物(SS)	70	100	200	250	400
4	生化需氧量(BOD_5)	30	60	60	80	300
5	化学需氧量(COD_{cr})	100	150	150	200	500
6	氨氮 NH_3-N	15	25	25	40	—

表9-9　前苏联猪场污水和居民生活污水的污染物含量

指标	猪场污水	生活污水
pH	7.5～8.1	8.1
悬浮物(SS)/(mg/L)	5 000～12 000	221.8
生化需氧量(BOD_5)/(mg/L)	2 000～6 000	66.7
化学需氧量(COD_{cr})/(mg/L)	5 000～10 000	320.1
氯化物/(mg/L)	100～150	56.0
氨氮 NH_3-N/(mg/L)	100～600	37.1

续表 9-9

指标	猪场污水	生活污水
亚硝酸氮/(mg/L)		—
硝酸氮/(mg/L)	1.0～2.0	—
细菌总数/(个/L)	10^5～10^7	1.6×10^6
大肠菌群值/mL	10^{-8}	—
肠球菌值/mL	—	10^{-5}
蛔虫卵/(个/L)	5～7	—

家畜粪便学.上海:上海交通大学出版社,1997.

第三节　猪粪尿的清理和处理

一、粪尿处理系统

目前我国集约化猪场一般是采用粪尿分离人工清粪、机械清粪和水冲清粪几种方式,其粪尿处理系统不尽相同,典型的粪尿处理系统有以下几种:

第一种处理系统适用于人工清粪或机械刮粪,粪尿可以分离,分别进行处理。第二、三、四种系统适用于水冲粪方式。第二种方式是猪粪尿直接进行发酵处理后排放或利用,或生产沼气利用。第三种方式是将猪粪尿通过自然沉淀而分离为浓稠物和稀液分别进行处理。第四种方式是通过固液分离机把粪尿分离为固形物和液状物,然后分别进行处理。

二、粪便清理

在规模化猪场中,粪便的清理是一项非常繁重的工作,在猪场中约占全部工作量的50%以上。清粪是利用一定工具和方法将

猪舍内的粪便清除至舍外，按照所用工具和方法的不同，可分为人工清粪、机械清粪和水冲清粪几种方式。

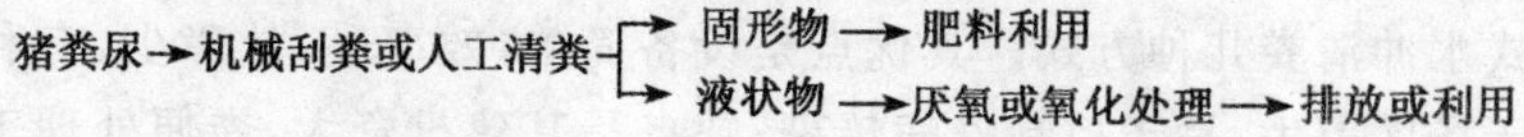

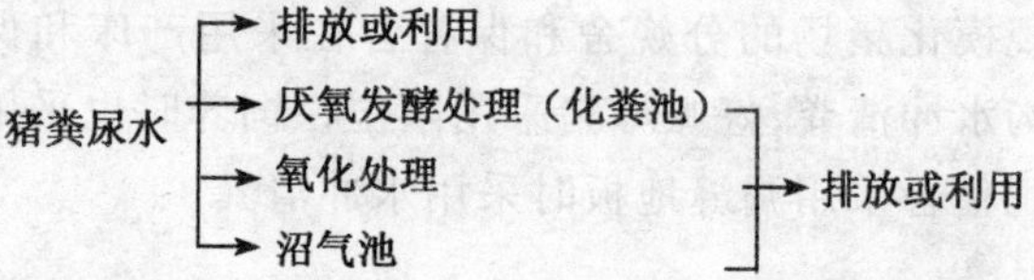

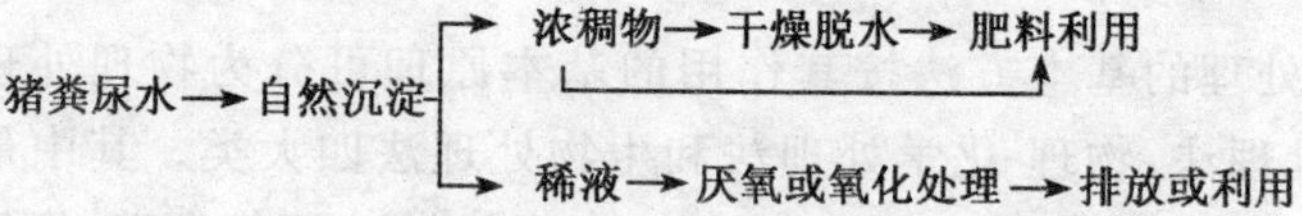

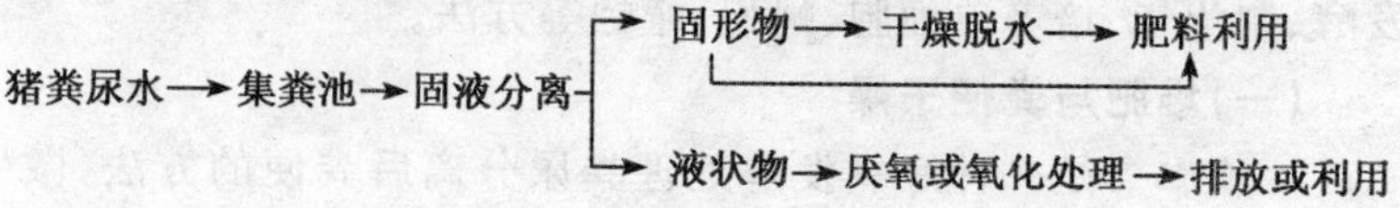

（一）人工清粪

人工清粪主要是靠人工清扫，手推车运至舍外。这种方法的优点是简便，不用机械设备，不用电，用水少，投资低；缺点是劳动量大，效率低。在小型规模化猪场和大部分规模化猪场的配种妊娠猪舍和育肥猪舍多采用该种方式。

（二）机械清粪

机械清粪是利用机械将粪便清至舍外，常采用的机械设备主要有铲式清粪机、刮板式清粪装置和输送带式清粪机等几种。其优点是可以代替人力，减轻劳动强度，提高劳动生产率；缺点是投资高，耗电量大，粪尿对金属腐蚀性大，装置耐用性差，平均使用寿命不超过2～3年。我国规模化猪场较少采用。

(三)水冲清粪

水冲清粪是利用水流将粪便冲到舍外,经排粪沟排至沉淀池或化粪池。常见的方式有喷头水冲清粪、闸门式水冲清粪和自流式水冲清粪几种方式。其优点是设备简单,效率高,故障少,有利于场区卫生,易于控制疫病传染;缺点是基建投资大,粪便处理工程大,耗水量高。规模化猪场的分娩舍和保育舍在采用产床和保育网时,多采用粪沟水冲清粪;妊娠母猪采用限位栏饲养时也采用粪沟水冲清粪;育肥猪舍采用漏缝地板时采用水冲清粪。

三、粪尿处理

粪尿处理的基本方法按其作用的基本原理可分为物理处理法、化学处理法、物理-化学处理法和生物处理法四大类。其中最常用的有堆肥、粪便干燥、粪便的沉淀与固液分离、厌氧发酵、好氧发酵、制沼气、培养单细胞、蝇蛆、蚯蚓等方法。

(一)堆肥与粪便干燥

1. *堆肥* 是一种好氧发酵处理粪尿分离后粪便的方法,微生物分解物料中的有机质并产生 50～70℃的高温,可杀死病原微生物、寄生虫及其虫卵等。腐熟后的物料无臭,复杂有机化合物被降解为易被植物吸收的简单化合物,形成高效有机肥料。方法有自然堆腐、大棚式堆肥发酵槽、堆肥发酵罐、充氧动态发酵机和卧式发酵滚筒等。自然堆腐是将粪便堆成长、宽、高分别为 10～15 m、2～4 m、0.5～2 m 的条垛,气温在 20℃时需腐熟 15～20 d,期间需翻垛 1～2 次,以供氧、散热和发酵均匀,此后静置堆放 2～3 个月即可完全腐熟,为加快发酵速度,可在垛内埋置秸秆或垛底铺设通风管。自然堆肥无需设备和耗能,但占地面积大、腐熟慢、效率低。现代堆肥法是根据自然堆腐的原理,利用发酵池和发酵罐等设备,并为微生物提供必要的条件,可提高效率 10 倍以上。堆肥要求物料含水率 60%～70%,碳氮比(25∶1)～(30∶1),堆肥过程中要求通风供氧，天冷适当供温，腐熟物料含水率在30%左右。

2. 粪便干燥　对新鲜粪便或经发酵处理、固液分离后的固形物进行干燥处理，以便于贮存和运输。干燥的方法有利用太阳直接晒干和机械快速干燥，机械快速干燥的设备主要有粪便快速烘干机、热喷粪便干燥机、微波干燥机等。

(二)粪便的沉淀与固液分离

主要用于水冲式清粪的猪场，目的是将粪尿水中的有机物、悬浮物及其他固体物质分离出来。

沉淀法需修建沉淀池，种类有平流式、竖流式和斜板式等。其中平流式沉淀池一般长30～50 m、宽5～10 m、深2.5～3 m，池底坡度1%～2%，较低一端设有污泥槽，污水在池内停留1～2 h，水流速度5～10 mm/s。污水从均匀分布在沉淀池整个宽度上的横向潜孔流入，距进水口0.5～1 m处设置进水挡板，挡板高出水面0.15～0.2 m，深入水下0.25 m，排泥管直径200 mm。

固液分离法是采用固液分离机，常用的有旋转筛压分离机和带压轮刷筛分离机，另外还有离心式和挤压式分离机等。固液分离法可使污水中化学耗氧量降低14%～16%。

(三)化粪池发酵

化粪池按照细菌分解类型的不同分为好氧化粪池、兼性化粪池和厌氧性化粪池3种，好氧化粪池由好氧细菌对粪便进行分解，兼性化粪池上部由好氧菌起作用，下部由厌氧菌起作用，厌氧性化粪池主要由厌氧菌起作用。

1. 好氧性和兼性化粪池　一般分为自然充气和机械充气化粪池。好氧性自然充气化粪池池深在1 m以内，兼性在1～1.5 m。它们都靠水面上藻类植物的光合作用提供氧气。藻类植物生长的温度范围是4～35℃，最佳温度是20～35℃，在最佳温度下，好氧性自然充气化粪池可在40 d内将BOD值减少93%～98%。自然充气池不需动力，但占地面积大，如增加沉淀池、串联化粪池或提前进行固液分离，则可减少化粪池的容积和面积。

气候温暖，粪液预先沉淀过情况下池深应为 1 m；未经处理时为 1～1.5 m；气候中等，粪液沉淀物较多时为 1.5～2 m；气候变化很大，粪液沉淀物较多时为 2.0～2.5 m。

机械充气式化粪池深度为 2～6 m，兼性型的深度较大，并可采用功率较小的曝气机，故机械充气式化粪池深通常采用兼性型。

2. 厌氧性化粪池　厌氧性化粪池的深度一般为 3～6 m，通过发酵可在水面形成浮渣层，使自然充气达到最小程度，所以主要由厌氧细菌进行粪便的分解，并进行沉淀分离。优点是省机械和劳力，且能适应较高固体含量的粪液，确定是处理时间长，要求池的容量大，对温度敏感，寒冷时分解作用差，有臭味。

采用该池时最好每天加入粪便一次，上部液体每年卸出 1～2 次，卸出量为池容量的 1/3 以上，并应保持 1/2 的容量，以保证细菌的正常活动。

（四）制沼气

利用猪粪进行厌氧发酵产生沼气是目前常用的一种粪便处理方法，农村多采用常规沼气发酵池（图 9-1）。

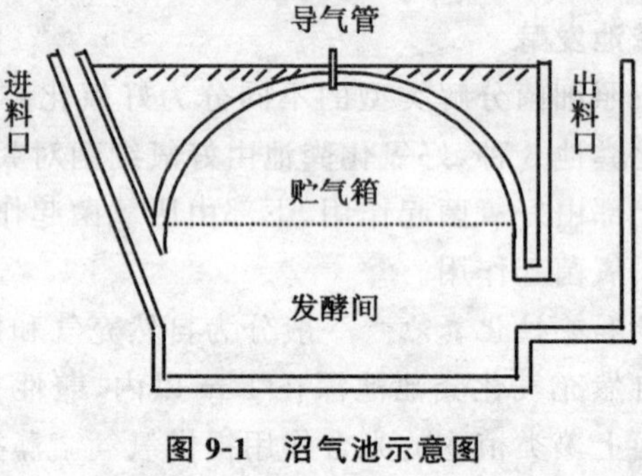

图 9-1　沼气池示意图

第十章 猪场的经营与管理

搞好猪场的经营管理，是办好猪场的一个重要环节。一个猪场能否实现养猪生产的高产、优质和高效，不仅取决于养猪科学技术的运用程度，而且也取决于猪场的经营管理水平。

经营与管理是两个不同的概念。经营是指在国家法律、条例所允许的范围内，面对市场的需要，根据企业内外部的环境和条件，合理确定企业的生产方向和经营总目标，合理组织企业的供、产、销活动，以求以最少的人、财、物消耗取得最大的利润。管理是根据企业经营的总目标，对企业生产总过程的经济活动进行计划、组织、指挥、调节、控制、监督和协调等工作。

经营和管理是统一体，统一在企业整个生产经营活动中，是相互联系、相互制约、相互依存的统一体的两个组成部分，但两者又有区别：经营的重点是经济效益，而管理的重点是讲求效率；经营主要解决企业的生产方向和企业目标等根本性问题，偏重于宏观决策，而管理是在经营目标已定的情况下，如何组织高效生产，偏重于微观调控。

猪场经营管理的内容，包括范围很广，本章就猪场的计划管理、猪群管理、劳动管理、财务管理以及日常管理工作中的规章制度等方面的某些主要问题加以阐述。

第一节 猪群管理

在规模化猪场里，猪群是最主要最基本的生产资料，又是劳动对象和劳动产品。猪群管理的好坏，直接关系到生产效益的高低，因此,猪群管理是猪场管理的重要环节之一。

一、猪群类别的划分

按照猪的性别年龄、用途、生理状态等将猪划分为各种类群,主要有哺乳仔猪、断乳仔猪、育成猪、后备公猪、后备母猪、鉴定公猪、鉴定母猪、成年公猪、成年母猪、生长育肥猪等。

1. 哺乳乳猪　初生到断乳(生后 0~28 日龄)的仔猪。

2. 断乳仔猪　仔猪断奶至 2 月龄的猪。

3. 育成猪　一般指 24 月龄的幼猪。

4. 后备猪　5 月龄至初配(8~9 月龄)前留作种用的公、母猪,公猪称为后备公猪,母猪称为后备母猪。

5. 鉴定公猪　从第一次配种至所配母猪产生的仔猪到断乳阶段的公猪,年龄一般在 1.0~1.5 岁。它们虽然已经参加配种,但需根据子代成绩的鉴定,才能决定是否留作种用。

6. 鉴定母猪　从初配妊娠开始到第一胎仔猪断奶的母猪(1.2~1.4 岁),根据其生产性能、外貌表现等鉴定其是否留种。鉴定合格的第一产母猪,第二产开始参加成年母猪群。

7. 成年公猪　又称为基础公猪,是指经生长发育、体质外形、配种成绩、后裔生产性能等鉴定合格的 1.5 岁以上的种用公猪。

8. 成年母猪　又称为基础母猪,是指经产仔鉴定合格留作种用的 1.5 岁以上的母猪。

从成年母猪群中选出一些优秀个体,其具有较高的生产性能和育种价值,组成核心母猪群,其后代以供选育和生产上更新种猪用。核心母猪群一般年龄在 2~5 岁为宜。

9. 生长育肥猪　专门用来生产猪肉的猪(2~6 月龄或出栏)。一般在 20~60 kg 称生长期,60 kg 至出栏称育肥期。

二、猪群的结构与周转

(一)猪群结构

各类猪在猪群中所占比例叫做猪群结构。猪场应按照生产要求科学地确定猪群结构,这是保证有计划地迅速增殖猪群、提高生产水平的重要措施。

在繁殖猪群中主要有后备猪、鉴定猪和成年猪,各群间应保持适当比例,同时还应注意繁殖猪群的年龄结构,种猪场的繁殖猪群应考虑遗传进展,一般趋于年轻化,繁殖猪场与商品猪场考虑发挥猪的繁殖潜力,一般趋于壮龄化。繁殖猪群的年龄结构见表10-1。

表 10-1 繁殖猪群中各年龄组应占的比例

类别	占基础母猪/%	基础母猪总头数								占基础公猪/%	基础公猪头数			
		10	20	30	40	50	80	100	200		5	10	15	20
鉴定猪	40	4	8	12	16	20	32	40	80	40	2	4	6	8
基础猪	100	—	—	—	—	—	—	—	—	100	—	—	—	—
其中														
1.5~2 岁	35	3	6	10	14	17	28	35	70	30	2	3	5	6
2~3 岁	30	3	6	9	12	15	24	30	60	20	1	2	3	4
3~4 岁	20	2	4	6	8	10	16	20	40	20	1	2	3	4
4~5 岁	10	1	2	3	4	5	8	10	20	20	1	2	3	4
>5 岁	5	1	2	2	2	3	4	5	10	10	1	1	2	
	25	3	5	7	10	13	20	25	50					

注:1.鉴定猪不包括在基础猪内,经鉴定合格者转入基础群。

2.鉴定猪生产性能不合格者转入肉猪群。

3.品质优良的青壮年公母猪(1.5~4 岁)在基础群中保持 80%~85%的比例。

4.核心群母猪包括在基础母猪内,提供种用后备猪。

5.公猪与基础母猪的比例,本交时一般为 1∶(20~30),人工授精时则公猪数量可酌情减少。

扩大再生产的规模、速度与繁殖猪群所占的比例的大小，决定着猪群的增长速度；因此，公猪、母猪、后备猪群在全部繁殖猪群中占的比例是以基础母猪群为转移的（表 10-2），而基础母猪群的大小，又与猪场的性质、规模以及年度内母猪分娩的次数和每次分娩的仔猪存活数有关。规模化养猪场的种猪群应处于经常变动状态中，不断用经过鉴定的优良青年母猪更新老年的、生产性能低下的母猪。种公猪群也是如此。

表 10-2 后备母猪和鉴定母猪选留比例

选留阶段	占基础母猪/%	基础母猪总头数							
		10	20	30	40	50	80	100	200
断奶时选留头数	60	6	12	18	24	30	48	60	120
配种时选留头数	50	5	10	15	20	25	40	50	100
鉴定母猪头数	40	4	8	12	16	20	32	40	80

（二）猪群周转

猪群的变动一般称之为猪群周转。猪群周转遵守如下原则：

第一，后备猪达到体成熟（8～10 月龄）以后，经配种妊娠转为鉴定猪群。鉴定母猪分娩产仔后，根据其生产性能（产仔数、初生重、泌乳力和仔猪育成率等情况），确定转入一般繁殖母猪群或基础母猪群，或作核心母猪，或淘汰作肉猪（一产母猪育肥）。鉴定公猪生产性能优良者转入基础公猪群，不合格者淘汰，去势育肥。

第二，一产母猪经鉴定符合基础母猪要求者，可转入基础母猪群，不符合要求者淘汰，作商品肥猪。

第三，基础母猪 4～5 岁以后，生产性能下降者淘汰育肥。种公猪在利用 3～4 年后作同样处理。

基础母猪群的组成与周转情况如图 10-1 所示。

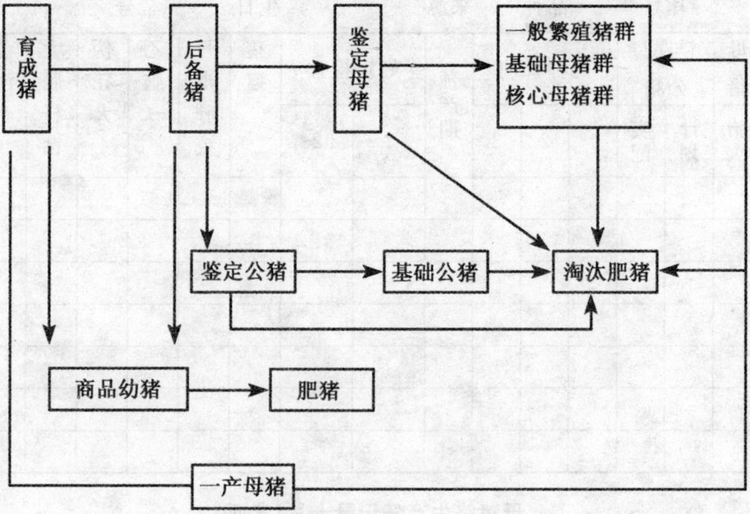

图 10-1　猪群组成与周转示意图

三、生产记录系统和统计报表

猪群的各种生产记录是规模化猪场生产不可缺少的工作内容。要搞好各类猪场，必须做好各项生产记录，并及时进行整理和分析，这有利于总结经验，评价每头猪的生产性能和每群猪的生产状况，不断提高生产水平和改进猪群的管理工作。重要的生产记录有配种记录、母猪产仔哺育记录、种猪生长发育记录等。

母猪终生配种记录卡片(正面)

耳号　　　品种　　来源　　　　　生日　　　舍号

母猪	与配公猪		配种日期			预产期	妊娠检查		猪瘟	丹毒肺疫	乙脑	伪狂犬	大肠杆菌	备注
胎次	计划	实配	1	2	3		1	2						

母猪终生产仔记录卡片(背面)

耳号　　　品种　　　来源　　生日　　　舍号　　　组别

胎次	与配公猪	产仔日期	产仔数	活仔数	木乃伊	弱仔数	初生重	断乳日期	断乳头数	断乳重	备注
合计											

公猪配种记录

日　期

日　期	六	日	一	二	三	四	五

配种员

配种记录日(周)报表

舍号　　组别　　日期

母猪		与配公猪		配种日期			复配日期	预产期	妊娠检查		死亡	流产	出售	备注
耳号	胎次	计划	实配	1	2	3			1	2				

配种员

配种妊娠车间日(周)报表

年　月　日

舍号	妊娠母猪			空怀母猪				后备母猪				种公猪			配种记录	
	转入	转出	死淘	存栏	转入	转出	死淘	存栏	转入	转出	死淘	存栏	转入	死淘	存栏	初配	复配

负责人

分娩车间日(周)报表

年　月　日

舍号	母猪			仔猪							
	转入数	转出数	存栏数	窝数	总仔数	活仔数	死胎数	中途死	断乳数	存栏数	转出数
1											
2											
3											
4											
5											
6											
合计											

负责人

保育车间日(周)报表

年　月　日

舍号	转入			转出			死淘			存栏	耗料	料肉比
	头数	总重	均重	头数	总重	均重	头数	总重	均重			
1												
2												
3												
4												
5												
6												
7												
8												
合计												

组长

生长车间日(周)报表

年　月　日

舍号	转入			转出			死淘			存栏	耗料	料肉比
	头数	总重	均重	头数	总重	均重	头数	总重	均重			
1												
2												
3												
4												
5												
6												
7												
8												
合计												

组长

育肥车间日(周)报表

年　　月　　日

舍号	转入			死淘			出栏			存栏	耗料	料肉比
	头数	总重	均重	头数	总重	均重	头数	总重	均重			
1												
2												
3												
4												
5												
6												
7												
8												
合计												

组长

猪场猪只存栏周统计报表

日期

猪别	转入	转出	销售	产窝	总产仔	产活仔	死胎	下床	死淘	实存	配种	耗料	料肉比	备注
种公猪														
空怀														
后备母														
怀孕														
泌乳母														
哺乳仔														
断乳仔														
生长猪														
育肥猪														
合计														

报告人

每周生产情况统计报表

第　　周　　　　　　　　　　　　　　　　日期

车间	项目		车间	项目		
配种妊娠车间	转入后备公/母	/	保育车间	转入仔猪(头)		
	转入断乳母猪			转出仔猪(头)		
	转出怀孕母猪			转出均重		
	配种/返情复配	/		耗料(kg)		
	母猪流产/阴道炎	/		料肉比		
	淘汰公/母猪	/		转出仔猪成活率		
	死亡公/母猪	/		死亡		
	周末存栏母猪空怀/配种	/		周末存栏		
	预产(窝)		生长猪车间	转入保育猪(头)		
分娩车间	实产(窝)			转出生长猪		
	产活仔总数			转出均重		
	产畸形/弱仔	/		耗料(kg)		
	死胎			料肉比		
	哺乳仔猪病死/机械死亡	/		转出猪成活率		
	断乳仔猪头/窝			死亡		
	断乳仔猪平均重			周末存栏		
	断乳仔猪成活率		育肥车间	转入生长猪(头)		
	母猪淘汰/死亡			出售育肥猪(头)		
	转出仔猪数			出售育肥猪(kg)		
	转出仔猪均重			耗料(kg)		
	转出成活率			料肉比		
	存栏哺乳仔猪			出售猪成活率		
	存栏断乳仔猪			死亡		
	存栏母猪分娩/待产			周末存栏		

填表人

防疫统计表

日期	防疫对象	头数	疫苗种类	给药途径	备注

防疫员

第二节 计划管理

猪场的计划管理,是通过编制计划和执行计划来实现的。根据计划管理的要求,猪场生产需要编制长期计划,年度计划和阶段作业计划。这三个计划的时间长短、内容和作用虽不同,但彼此联系,互相补充,形成一个完整的计划体系。

一、长期计划

长期计划又称远景规划,是三、五年或更长一些时间的长期计划,是猪场发展生产的纲要和安排年度计划的依据,显示了猪场美好的前景和轮廓。长期计划涉及的时间较长,一般只规定一个大体的发展方向和总的奋斗目标,其主要内容大致包括:经营方针和任务;所采用的体制;生产建设的发展规模、速度及相互间的比例;自然资源的综合利用;提高产品数量、质量的措施;生产过程中现代化的步骤;职工人数指标及长期建设;改善职工生活福利等规划。

二、年度计划

年度计划主要是确定全年产品的生产任务以及完成这些任务的组织措施和技术措施,并规定物质消耗和资金使用限额,以便合理安排全年生产活动,是计划管理的中心环节,也是长期计划的具体化,年度计划应该在前一个生产年度末,在总结上年生产经验、编制财务决算、修订各种定额的基础上来制定的。然后按可能达到的指标逐月、逐周落实计划。

现代养猪生产已高度集约化和工厂化,为了充分利用猪舍和各种设备,以降低生产成本,并能适应现代化企业大规模生产的要求,各生产环节均采用均衡生产方式,如母猪配种、分娩和其他作业均应采用均衡的并以周为单位的操作计划。其内容有配种分娩计划、猪群周转计划、饲料需供计划、物质供应计划、劳动工资计划、产品销售计划、基建设备维修和更新计划、财务收支计划等。

(一)周配种分娩计划

一个年产万头肉猪的养猪企业，一般有种母猪 600 头左右，母猪配种受胎率要求在 90%以上。全年配种 1 200 胎次，平均每周配种 23 头，全年分娩 1 080 胎，平均每周分娩 21 胎，每胎产仔 10 头，全年产仔猪 10 800 头。为了保证计划的完成，大多数企业在此基础上适当增加，大体上每周配种 28 头，保证有 21～24 头母猪受胎分娩，仔猪 4～5 周断奶，断乳仔猪在分娩栏留存 1 周。

(二)周猪群周转计划

由于规模化猪场的猪群周转按小群(或按单元)连续进行，所以对整个猪群来说，每周都有部分小群发生转移。在均衡生产的情况下，从理论上说各周猪群的转移基本上是一致的，因此，在连续流水式作业的情况下，需制定出在每周的不同时间的转群计划。

星期一：妊娠猪舍产前 1 周的临产母猪调到分娩舍。分娩舍于前 2 d 做好准备工作。

星期二：配种舍将通过鉴定的妊娠母猪调到妊娠猪舍，妊娠猪舍于前 1 d 做好准备工作。

星期三：分娩舍将断奶母猪调到配种舍，配种舍于前 1 d 做好准备工作。

星期四：将上一周断奶留栏饲养 1 周的断乳仔猪调到仔培舍，仔培舍于前 2 d 做好准备工作。

星期五：将在仔培舍饲养 5 周的仔猪调到生长肥育舍，生长育肥舍于前 1 d 做好准备工作。

星期六：生长育肥舍肉猪出栏。

应该注意，在转移每一群猪时，都应该随带本身的原始档案资料。为及时掌握猪群每周的周转存栏动态情况，可采用与之相适应的生猪每周调动存栏表。本表的特点是按猪的生产流程将猪群分为配种舍、妊娠舍、分娩舍、仔培舍、生长育肥舍，每种猪舍有一分表，按各舍实际需要设计具体项目。将各分表联系起来，便成为企业猪群每周的周转存栏动态总表（表 10-3）。这一总表既能反映出各类猪的周内变动情况，也便于与周作业计划对比。

表 10-3　猪场每周猪群周转表

舍别	存栏猪群情况	周	周	周	周
配种舍	周始存栏数(公/母)				
	断奶母猪转入				
	空怀/流产转入				
	非断奶母猪转入				
	后备母猪转入				
	第一次配种/复配				
	死亡(公/母)				
	淘汰(公/母)				
	周末存栏数(公/母)				
	转入妊娠舍				
妊娠舍	周始存栏母猪数				
	从配种舍转入				
	转入分娩舍				
	空怀/流产				
	死亡/淘汰				
	周末存栏母猪数				
分娩舍	周始存栏母猪数				
	从妊娠舍转入				
	空怀/未断奶母猪				
	母猪死亡/淘汰				
	分娩母猪数				
	出生活存栏数/死胎				
	断奶母猪/断乳仔猪				
	转入仔培舍				

续表 10-3

舍别	存栏猪群情况	周	周	周	周
	周始哺乳仔猪/哺乳死亡				
	周末存栏母猪/仔猪				
仔培舍	周始存栏数				
	从分娩舍转入				
	转入生长育肥舍				
	死亡/淘汰				
	周末存栏数				
生长育肥舍	周始存栏数				
	从仔培舍转入				
	出售肉猪/中猪				
	死亡/淘汰				
	周末存栏数				

(三)饲料需供计划

饲料需供计划的编制大致分如下步骤。

1. 饲料消耗指标　按猪不同的生产阶段，根据要求定出不同的饲料消耗指标。

乳猪：每头 3 kg/35 d(哺乳期平均增重 6 kg，料重比 0.5：1)；

仔猪：每头供料 25.5 kg(料重比为 2：1，饲养期增重 12.75 kg)；

肉猪：2.5 kg/d；

成年种公猪：3 kg/d；

待配及查情母猪：2 kg/d；

妊娠前期母猪：2 kg/d；

妊娠后期母猪：2.5 kg/d；

哺乳母猪：4.5 kg/d。

2. 饲料供应量　根据饲料消耗指标和各类猪的饲养量(即猪群结构)，计算饲料供应量。在不同规模的猪场各类猪群的平均存栏量一般如表 10-4 所示。

表 10-4 不同规模猪场猪群结构(参考)

猪群类别	存栏母猪/头					
	100	200	300	400	500	600
空怀配种母猪	25	50	75	100	125	150
妊娠母猪	51	102	156	204	252	312
分娩母猪	24	48	72	96	126	144
后备母猪	10	20	26	39	46	52
公猪(包括后备)	5	10	15	20	25	30
哺乳仔猪	200	400	600	800	1 000	1 200
幼猪	216	438	654	876	1 092	1 308
育肥猪	495	990	1 500	2 010	2 505	3 015
合计存栏	1 026	2 058	3 098	4 145	5 354	6 211
全年上市商品猪	1 612	3 432	5 148	6 916	8 632	10 348

陈清明.现代养猪生产.北京:中国农业大学出版社,1997.

如600头基础母猪的猪场,存栏哺乳母猪144头,哺乳母猪料的每天供应量为 $144 \times 4.5 = 648$(kg),每周供应量为 $648 \times 7 = 4\ 536$(kg)。

饲料供应计划应增加一定的库存饲料量,一般要有7~10 d饲料消耗量作库存饲料量。

应该指出,上述饲料消耗量均指配合饲料,而且未包括饲料添加剂。如果采购饲料原料自制配合饲料,饲料原料的供应计划则应按饲料配方中各原料所占比例,并按不同原料在加工过程中的消耗,折算成各饲料原料数量。

三、阶段作业计划

阶段作业计划是年度生产任务在各个不同时期的具体安排,可按照季度或月份等期限来编制。其主要作用是根据年度计划的要求，结合本阶段的具体情况，提出本阶段的具体任务，合理组织劳动、组织物质供应，使全部作业在规定的时间内，按质按量地进行，以保证年度计划的实现。由于规模猪场各生产环节均采用均衡生产方式，生产节律常以周为单位，以周为单位的生产计划和操作融入年度计划，但阶段作业计划（按季或月）仍有它的作用。

第三节 劳动管理

劳动管理实质是对人的管理。它是指企业对劳动力资源，包括管理人员、技术人员、职工所进行的指挥、调度、安排和调节等方面的一系列组织和管理工作。其目的是调动职工积极性，充分发挥职工主动性，提高劳动利用率和劳动生产率，以获得最佳的经济效益。其手段主要是劳动定额和采用生产责任制。

一、衡量劳动管理水平的主要指标

衡量劳动管理水平的主要指标主要是劳动利用率和劳动生产率，最终反映为经济效益。

（一）劳动利用率

劳动利用率即劳动力利用率，是指实际参加劳动的人数与可以参加劳动的人数的比率；或在一定时间内，平均每个劳动力实际参加劳动的工作日和应参加劳动的工作日的比率；或在一定时间内，平均每个劳动力实际参加劳动的时间和应参加劳动的时间的比率。在劳动生产率不变的情况下，提高劳动利用率，能够完成更多的工作量和产品量。提高劳动利用率可从三个方面考虑，一是提高参加生产的劳动力数；二是提高劳动者实际参加生产劳动的日数；三是提高劳动者在班工作日中的纯工作时间。提高劳动利用率的根本措施是实行完善的生产责任制，充分调动劳动者的劳动积极性，发挥其主动性，同时要合理分配和使用劳动力，使每个职工能担负起他最感兴趣、最适合他能力的工作。

(二)劳动生产率

劳动生产率是指劳动者在单位时间内所生产的畜产品的数量,或生产单位畜产品所消耗的劳动时间。提高劳动生产率就意味者劳动者在单位劳动时间内生产的畜产品数量增多,或单位畜产品中所消耗的劳动时间减少。提高劳动生产率的主要途径是:采用和推广先进的畜牧科学技术;提高物质技术装备水平;深化改革,不断完善生产责任制;重视智力开发,提高劳动者的素质(择优录用,岗前培训,在职或脱产培训等)。

二、劳动定额

(一)概念

劳动定额是指在一定的物质生产技术条件下,按一定的质量要求,完成一定的工作量(或产品量)所消耗的活劳动数量标准。按生产方式和劳动范围分为集体定额和个人劳动定额;按工作内容分为综合定额和单项定额;按时间分为常规定额和临时定额。其内容包括:工作名称、劳动条件、质量标准和数量要求。

劳动定额是编制计划、计算劳动报酬和贯彻按劳分配原则的重要依据,也是贯彻生产责任制的先决条件,因此,劳动定额是计划管理和劳动管理的一项基础工作。

(二)制定劳动定额应考虑的因素

制定劳动定额指标时,要考虑生产人员的工作种类,猪场的集约化程度、专业化程度、机械化程度、技术条件、管理水平等因素。猪的品种不同,年龄、性别、生理阶段不同,就有不同的劳动定额,集约化程度较高的规模化猪场,一般专业化程度较高,各年龄、性别、生理阶段的猪分别饲养在不同的车间和单元,工作单纯,便于管理,定额较高。相反,小规模猪场定额应稍低。

由于各个猪场生产条件和具体情况不同,劳动定额很难作统一规定。总的原则是:制定劳动定额时,必须从实际出发,既要调动劳动人员的积极性,又要照顾他们的休息,以便提高劳动生产率。

定额过高或过低都会影响积极性,定额指标应当是一个中等劳动力使用一定的生产资料,在一定的技术水平和组织管理水平条件下,以通常的劳动强度积极工作一天(以 8 h 为准),所完成的一定质量标准的工作数量。

制定劳动定额还应注意不同工作内容间的定额水平要保持平衡的原则,并力求简单明确,易于理解和贯彻执行。

(三)制定劳动定额的方法

制定劳动定额的方法有经验统计法、试工法、技术测定法等。

三、生产责任制

(一)概念

责任制是养猪企业或养猪经营者为了调动职工的积极性、增强工作责任心、提高猪场的生产水平和经济效益,根据猪场各生产阶段的不同特点制定的、生产成绩与个人利益挂钩的管理方法或生产管理制度。它是以制度的形式明确规定企业内部各单位或职工个人的工作职责范围或工作任务,完成该任务过程中应享受的权利,对完成任务的结果应承担的责任,取得成绩和失误应给予的奖罚。

责任制的基本内容主要包括责、权、利三方面。在这三者中,责任是核心,权力是保障,利益是动力。三者必须统一,才能最大限度地调动各方面的积极性,最大限度地挖掘生产潜力。具体地讲,生产责任制的内容为:第一,根据企业生产条件和猪群类别,规定生产任务和承包费用指标,承包者对此承担责任;第二,企业作为发包者应提供生产资料、资金、技术或其他服务;第三,企业应给予承包人有自行安排生产、使用生产资料和内部调动职工的权力;

第四，根据责任制形式，企业应对承包者确定劳动报酬和奖惩办法。

(二)责任制的形式

生产责任制的形式有多种，现仅简要介绍以下几种。

1. 联产计酬(联产计酬目标责任制)联产计酬责任制是联系产量计算报酬的一种责任制形式。双方预先签订责任书或合同，在规定时间内完成产量或目标拿工资，超产按规定给予奖金，完不成者按规定给予惩罚。有的将其归并为“八定”。即定岗、定编、定任务、定指标，定饲料、定药费，定报酬、定奖罚。

(1)定岗定编　根据本场养猪生产过程的阶段划分的实际情况，定出所设的岗位，并根据工作量大小定出所需的人数。

(2)定任务、定指标　对每个岗位定出全年或阶段生产任务及各项生产指标。任务和指标要明确，可操作性要强。对暂时没有条件操作的指标可待条件具备时再制定。

(3)定饲料、定药费　根据不同猪群情况定额给饲料，种猪可按饲养天数、肉猪可按增重数供给饲料。要建立领料制度，专人发放，过称登记，定期盘底。药费可限额供应，如B场规定如下：产房乳猪35 d断奶，原圈饲养一周转仔培舍。在产房内每头小猪供料2.5 kg，药费2元。仔培舍饲养42 d，供乳猪料5 kg，仔猪料32 kg，药费每头0.7元。生长育肥猪每天供料2 kg，药费每月0.5元。每头种猪年均供料1 t，药费12元(包括产后泌乳期)。

(4)定报酬、定奖罚　任务完成、达到指标，可拿到基本工资，若超额完成可领取奖金，完不成者则要按规定罚款。

2. 联产承包　包括企业承包或企业内部承包。

(1)企业承包　按承包对象划分，主要有集体承包、合伙承包和个人承包。按分配关系划分，主要有利润分成、利润包干(全奖全罚)、费用包干、联利计酬等。

(2)企业内部承包　按承包对象划分，主要有集体承包、班组承包和个人承包。按分配关系划分，主要有定包奖、收入比例分成、包干上交、专业承包和联产计酬。按经济指标划分，主要有产量包干、劳动定额包干、包生产成本、包产品质量等。

（三）计酬方式

计酬方式主要有计件工资、计时工资、计时结构工资（包括基本工资、工龄工资、职务或技术工资、浮动工资等）、浮动工资（包括全浮动、半浮动和联利制）、混合制（包括分段制、比照制）等。

（四）奖励与津贴

奖励和津贴是劳动报酬以外的辅助形式，这是对劳动者超过平均水平的劳动所支付的报酬。

1. 单项奖　对完成和超额完成某项指标的奖励，如质量奖、革新奖、安全奖、节约奖、合理化建议奖等。

2. 综合奖　多采用多种指标的百分制评奖法和年终奖励制。

3. 津贴　包括加班津贴、夜班津贴、特殊劳动津贴、技术津贴等。

（五）联产计酬生产责任制举例

实行联产计酬生产责任制以 A 猪场为例，该场有 220 头基础母猪，年出栏肉猪 3 500 多头，仔猪网上饲养，产房有鼓热风设备。妊娠母猪和肉猪地面饲养。

1. 全场岗位设置　场长 1 人，技术员 1 人（兼），统计保管员 1 人，门卫 1 人，杂务 2 人，育肥车间 3 人，种猪车间 2 人，产房及仔培车间 3 人，饲料加工 1 人。全场共计 14 人。

2. 种猪车间　负责种公猪的饲养管理和配种、空怀母猪和后备猪的饲养管理和配种、妊娠母猪的饲养管理。每月配种数不低于 43 头，转入产房母猪不少于 37 头。每头母猪产活仔猪不少于 9 头。如达到要求数量，每月每人奖励 30 元，达不到者罚款每月每人 30 元。

3. 产房及仔培舍　负责母猪、仔猪的日常饲养管理。要求 70 日龄猪群体重平均达到 20 kg。产房成活率不低于 90%，超 1 头奖励10元，少1头罚10元。仔培成活率不低于95%，多1头奖5元，少1头罚5元。

4. 育肥车间　负责育肥猪的饲养管理，饲养量1 000头，成活率不低于98%，出栏肉猪超出1头奖30元，少1头罚30元。

生产实践证明，实行任务到车间，责任到人，定额核算，合理计酬，奖罚分明的目标责任制是一个行之有效的好办法，但各猪场情况不同，不可能千篇一律。一切指标和定额都应经调查研究制定出来才能切实可行，并且在执行过程中随着生产技术的提高及设备的改进还应不断调整和完善；但承包办法必须按期兑现，由于生产成绩突出而获得高额奖励必须如数付给，如因指标确定不当也应兑现。承包指标不应经常修订，应在年初修订。场方与饲养人员签订合同，合同期至少一年或一个生产周期。

表10-5和表10-6是规模化猪场生产参数和等级管理标准，可供制定目标责任制时参考。

表10-5　100头母猪规模养猪生产参数

项目	一般水平	较高水平	项目	一般水平	较高水平
情期受胎率/%	80	85	不同龄猪的增重/g		
分娩率/%	85	95	0～35日龄/g	155	165
窝产仔总数/头	11	11.5	35～70日龄/g	400	450
窝产活仔数/头	10	10.5	70～180日龄/g	645	750
猪只死亡率/%	15	10	两胎间隔时间/d	176	146
0～35日龄/%	10	6	断奶-配种/d	20	15
35～70日龄/%	3	2	母猪年产窝数	2.0	2.2
71～180日龄/%	2	2	一头母猪年产肉猪数/头	17	20.86
各年龄猪活重/kg			一头母猪年产肉猪重/kg	1 271	1 877
初生/kg	1.25	1.25	屠宰率/%	71	73
35日龄/kg	6.7	7.00	每头胴体重/%	63.9	76.65
70日龄/kg	19.25	22.5	一头母猪年产胴体重/kg	1 086	1 599
180日龄/kg	90	105	胴体瘦肉率/%	56	58

表 10-6　规模化猪场等级管理标准参考表

项目	级别			注释
	一级	二级	三级	
成年母猪产窝数	＞2.0	＞1.8	＞1.6	
产活仔数/头	＞20	＞18	＞16	
断奶育成率/%	93	90	87	应以 35 d 计算
断奶后成活率/%	98	95	90	应以 70 d 计算
0～90 kg 天数	＜170	＜180	＜185	初生到 90 kg 体重
母猪年提供肉猪/头	＞18	＞16	＞13	也可以出栏数计
肥育期料重比	3.5	3.7	4.0	育肥期计
料重比(带全群)	3.8	4.0	4.3	或用带全群指标
直接人员人均养猪数/头	＞500	＞460	＞400	直接参加生产人员
在编人员提供肉猪数/头	＞350	＞300	＞250	在编人员
饲养人员人均产值/万元	＞20	＞18	＞16	以现行收猪标准计
在编人员平均产值/万元				按现价计
1 m^2 产肉猪/头	＞1.4	＞1.2	＞1.0	各类猪舍面积计
1 m^2 建筑面积产肉猪/头	＞1.0	＞0.9	＞0.8	全场面积
考核办法	记录完善;按记录总结;领导部门颁发登记证			

第四节　财务管理与经济核算

一、基本概念

(一)资产

资产指养猪企业所拥有或控制的、能以货币计量的、为企业提供经济效益的一切经济资源,包括现金、库存材料、猪群、存款等流动资产与固定资产、无形资产、长期投资等。以货币表现的资产的价值即为资金。

1. 固定资产　指使用期限超过一年,单位价值在规定标准以上，并且在使用过程中保持原有物质形态的资产，包括房屋及建筑物、机器设备、运输工具、器具等。由于它随时间的推移而逐步老化、损坏，因此其价值每年应部分转移到产品中去，直至报废，再更新才完成一次周转。所以固定资产每年要提留折旧，列入当年的生产成本，均摊到商品猪上。提高固定资产的利用率也就降低了成本。以货币表现的固定资产价值即为固定资金。

2. 流动资产　指在一年内或一个营业周期内可以变现或耗用的资产，如银行存款、现金、短期投资、应收及预付账款、存货等。存货是指企业在生产经营过程中为销售或者耗用而储备的物资，包括材料、燃料、饲料、兽药、低值易耗品、半成品、成品等，如仔猪、生长育肥猪、公母猪（有的把种公母猪归为固定资产）等。流动资产在生产、流通过程中不断改变原来的物质形态，一般只参加一个生产过程就被消耗掉了，其价值也一次全部转移到新产品中去了。流动资产是保证生产经营持续进行的必要条件。以货币表现的流动资产价值即为流动资金。

（二）成本

成本即费用，指养猪生产中发生的支出部分，包括生产性支出费用（直接费用或直接成本）与期间费用（间接费用或间接成本）。

1. 直接费用（成本）　直接费用指生产过程中的直接消耗费用，包括劳动消耗和物质消耗。

(1)劳动消耗　包括交付给饲养人员、配种、防疫、饲料生产、加工人员的工资、奖金、福利费等支出。

(2)物质消耗　包括消耗的饲料、医药、用具、水电、燃料、低值易耗品、公母猪饲养成本及折旧、固定资产折旧、大修等费用。

2. 间接费用（成本）　间接费用指为组织和管理生产经营活动而发生的各种费用，包括管理费用、销售费用和财务费用。

(1)管理费用　包括由企业统一负担的公司经费，工会经费，董事会会费，行政闲杂人员工资、福利、办公费等，技术转让费，技术研发费，咨询费，职工教育经费，劳动保险费，待业保险费，税金，土地使用费，无形资产摊销，业务招待费以及其他管理费。

(2)销售费用　包括销售产品或提供劳务过程中发生的应当由企业负担的运输费、装卸费、包装费、保险费以及专设销售机构的人员工资和其他经费等。

(3)财务费用　包括企业经营期间发生的利息支出、汇兑净损失、银行手续费等。长期负债的应计利息支出；筹建期间的，计入开办费；生产经营期间的，计入财务费用；清算期间的，计入清算损益；与购建固定资产或者无形资产有关的，在资产尚未交付使用或虽已交付使用但尚未办理竣工决算以前，计入购建资产的价值；流动负债的应计利息支出，计入财务费用。

二、财务管理

财务管理的任务是按照国家的有关政策正确处理本场同各方面的财务关系，合理组织资金，保证生产需要，并力求减少非生产性支出，降低生产成本，提高经济效益。

(一)编制财务计划

财务计划是在生产计划的基础上制定的，它从财务方面保证生产计划的实施。猪场的财务计划，应具体规定一年中的产品种类、数量、质量，各种产品的产值和总产值，生产成本，利润劳动生产率等各项指标。围绕这些指标，还要具体规定销售收入，提出折旧基金、零星固定资产购置费等。

(二)严格财务制度

为了加强财务管理，必须制定和严格执行各种财务制度。

1. 会计人员岗位责任制　要求会计人员：第一，应做好记账、算账、报账等业务工作，保证当日清，不错不漏；第二，按月、季、年结出账目，编制会计报表，以便分析研究；第三，编制财务报表，定时报送领导；第四，配合技术人员做好各种核算。出纳人员也应有明确的职责。

2. 仓库保管制度 猪场应当有饲料、物资的保管领用制度。饲料、物质进场入库,应核实、质检、登记;物品应按品种、规格等分类存放,并有明确标识;发放饲料或物品应保质保量,手续齐全;存放的物品应防潮、防霉、防蛀、防鼠、防盗;经常与采购或相关人员联系,防止物资积压或供应空缺,保证均衡稳定供应。

三、经济核算

提高经济效益是一切企业的核心问题,而经济核算是达到提高经济效益目的的重要手段。

(一)概念

经济核算是在国家统一计划指导下,对企业在生产过程中的资金占用、劳动消耗(一切活劳动和物化劳动消耗)和一切经营成果进行记载、计算、考察和对比分析的一种经济管理方法。通过对比分析,促使企业更好地利用人力(活劳动)、物力(物化劳动)、财力(人力和物力的价值形式(活劳动)),做到以较少的劳动消耗,取得较多的生产经营成果。

实行经济核算可推动人们自觉认识和利用资金、效率、成本、效益等经济办法管理经济,可使劳动者从切身的物质利益上关心改善经营管理,从而有利于养猪企业提高管理水平;经济核算要求企业必须按照经济核算的原则进行计划管理,把计划管理建立在经济核算的基础上,而且对每一个计划项目都要进行经济核算,从而有利于加强计划管理;通过经济核算,可使企业不断发现生产中的薄弱环节,分析效率低、消耗高、产出低、效益差的关键问题,有利于企业学习和运用先进的科学技术;实行经济核算,有利于杜绝生产中的浪费和经济领域中的贪污盗窃等不法行为。

(二)方法

为了正确、及时、全面地反映和考核经济核算各项指标的完成情况和经营管理计划的执行情况，企业常采用3种统计方法综合进行核算，即会计核算、统计核算和业务核算。三种方法密切配合，相辅相成，互相补充，形成完整的核算体系，其中业务核算是最基础的核算。

1. 会计核算　它是以货币为统一度量，综合、连续、系统、全面地记录、计算、考核生产过程中的经济活动，提供适应管理过程需要的事前、事中、事后的数据和资料。如资金的取得和周转、物资的消耗与回收、费用与成本、收入与盈亏等方面的指标。具体做法是采用货币计价、会计凭证、复氏记账、账户体系、成本计算、资金平衡和会计报表等一整套方法，对企业的生产经营活动进行连续、系统的核算。

通过会计核算，可以掌握各项财产和资金的实有数，可以比较系统地记录和反映企业资金的运动和再生产过程，可以为编制计划和检查分析计划的执行情况提供必要的资料，特别是能够提供一些综合反映企业经营状况的价值指标，如资金占用的多少、产品成本的高低、利润的大小等。

2. 统计核算　是以实物量、劳动量、价值量（货币的量）为计量单位，反映企业和企业内部各核算单位总体的或个别的经营活动状况的方法。用何计量单位，重要取决于核算对象。统计核算主要侧重于从数量方面对企业的经营活动进行大量的调查研究和统计、整理、分析，从中揭示企业的经济活动和生产发展变化的规律性。

通过统计核算，可以获得从不同方面反映企业生产经营活动情况的许多重要的数量和质量的指标。如产品的数量、质量、商品率、劳动生产率、出勤率、各项消耗定额、原材料利用率、设备利用率等资料，还可以得到如平均工资、设备的平均生产能力、种猪的平均生产力等重要的平均指标。利用统计核算，不仅能计算当前的实际水平和比例关系，还可以计算变动的速度，预测发展的趋势，为分析问题、制定计划提供依据。

统计核算有自己独特的方法，如分组法、平衡法、动态法、指数法、抽样法及典型调查、全面调查、重点调查、抽样调查等。

3. 业务核算　是对个别的经济业务或某类经济业务所进行的核算。它是反映和监督具体经济业务和生产技术的一种方法。它的核算范围不固定，方法也很灵活。

业务核算的重要作用在于及时反映某项技术业务的进行情况，以便有关人员可以迅速掌握动态，便于有效地采取对策。如生产部门对主要原材料或饲料、水电、动力消耗情况的核算。许多技术经济指标是靠业务核算提供的，如饲料消耗指标、受胎率指标、成活率指标等。

(三)内容

养猪企业经济核算的内容包括两个方面，一是基本建设中的经济核算，即对每一个建设项目、建设方案的投资效果进行核算。二是生产活动中的核算，主要有资金核算、生产成果核算、劳动工资核算、产品成本核算、利润核算。这五个方面之间密切联系，互相补充，构成一个完整的核算体系，其中以成本核算为中心。在此仅介绍成本核算。

猪场生产成本核算有分群核算和混群(全群)核算。分群成本计算是按猪的年龄、生理阶段和饲养工艺划分为若干群，分群归集生产费用，分群计算产品成本。混群核算是以整个猪群作为成本计算对象来归集生产费用，也是各分群成本之和。在实际工作中，为了便于及时发现猪场各阶段的薄弱环节或关键问题，加强对猪场各阶段饲养成本控制和管理，在此仅介绍分群成本核算。

猪场一般将猪群划分为：后备猪群(包括育成猪、后备猪、鉴定猪)、种猪群(包括成年公母猪、哺乳仔猪)、仔猪群(指断乳仔猪(保育猪))、肥猪群(指育肥猪)。

生产中一般要计算猪群的增重成本、活重成本和饲养日成本。

1. 增重成本 增重成本是反映猪场经济效益的一个非常重要的经济指标。

(1)哺乳仔猪增重成本计算公式

$$哺乳仔猪单位成本=\frac{种猪群饲养费用合计-副产品价值}{哺乳仔猪总增重}$$

仔猪总增重量=期末活重+本期离群活重+本期死亡重量-本期初生重量

(2)断乳仔猪、生长猪、育肥猪增重成本计算公式

$$某猪群增重单位成本=\frac{该猪群饲养费用合计-副产品价值}{该猪群总增重}$$

该猪群重量=期末活重+本期离群活重+本期死亡重量-期初活重-本期转入重量

2. 活重成本

(1)哺乳仔猪活重成本计算公式

$$哺乳仔猪活重单位成本=\frac{种猪群饲养费用合计-副产品价值}{哺乳仔猪断乳总活重}$$

哺乳仔猪断乳总活重=期末活重+本期离群活重+本期死亡重量

(2)断乳仔猪、生长猪、育肥猪活重成本计算公式

$$某猪群活重单位成本=\frac{该猪群活重总成本}{该猪群总活重}$$

该猪群活重总成本=该猪群饲养费用合计+期初活重总成本+转入总成本-副产品价值

该猪群总活重=该猪群期末存栏活重+本期离群活重(不包括本期死猪重量)

3. 饲养日成本 饲养日成本是指某猪群平均每头猪 1 d 所花费的费用,是考核猪场饲养费用水平的一个重要指标。

$$某猪群饲养日成本=\frac{该猪群饲养日费用合计}{该猪群日饲养头数}$$

第十一章　猪的标准化屠宰与加工技术

第一节　屠宰加工

一、宰前选择、收购前检疫与运输

(一)宰前选择

为了保证肉制品的质量，畜禽在屠宰前必须进行严格的选择，对于屠宰加工企业来讲，猪的选购及其检验措施是非常重要的。为提高肉及肉制品的质量和营养价值，对准备屠宰的畜禽还必须符合下列要求：

1. 健康状况　待宰畜禽必须具有良好的健康状况。屠宰有病的畜禽，不仅违背卫生防疫制度，同时无论在鲜肉或加工产品方面都影响保存性，容易引起腐败。因此，凡是待宰的畜禽，都不得有病或外伤，更不允许有传染性疾病。

2. 肥度　加工肉制品的原料肉，以肥度适中、屠宰率高为原则。选择肥猪时，以去势猪为佳。未经去势的猪，具有特殊的性气味，且肉质粗硬，不适于用作加工原料。

3. 年龄　一般而论，幼畜的肉质柔软，水分含量高，脂肪少，缺乏风味，老畜的肉风味较浓，但结缔组织多，肉质坚硬，故也不适于用作加工原料。

4. 饲料与肌肉中脂肪的关系　饲料能直接左右肌肉中脂肪的质量，凡饲料中含软质油脂多时，则畜禽肉中的脂肪也较软。如肉质中的脂肪太软时，不仅在加工上会产生种种缺点，同时产品质量也较差。例如,当生产火腿、香肠及咸肉时如猪肉中含有较多的软质脂肪,则在烤制、熏烟、煮沸等热处理程中,不仅脂肪熔化而损失,同时成品的外观及组织状况都不好。此外,结着力也很差。因此,凡是用作加工的原料猪,必须了解饲料情况,以免造成加工上的损失。

(二)收购前检疫

兽医检疫人员应了解产区各种牲畜定期检疫、预防接种、饲养管理以及有无疫病等情况,确认为非疫区时,方可设站收购。收购站应具备能及时安置牲畜的圈舍及隔离病畜的设施,并有一定的饲养条件。对收购来的牲畜要及时安置,对病畜要进行隔离。牲畜收购工作应有明确分工,检疫、饲养保管及押运等有专人负责,兽医检疫人员应对收购全过程进行技术指导。

对购入的家畜应进行测温,观察健康状况。如体温高于正常水平,休息 2 h 后复测,体温仍然高于常温者不能收购。在安置与转运过程中,要经常观察畜群,及时发现和隔离病畜,将污染的圈舍和场地一面彻底消毒,一面确认病情,然后采取相应的防治措施。

(三)运输

各地收购站购入的原料猪,必须尽快地送往肉类联合加工厂或屠宰场进行加工。无论采用何种途径运输,都必须防止散失,避免途中病、亡,防止疫病散播。用车、船运输屠畜是较安全、快速的运输方法。为了保证运输顺利,须做好如下几项工作。

1.运输前的准备 起运前须向押运人员明确规定车、船上的饲养管理制度和兽医卫生要求,合理分工,备齐途中所需要的各种用具、饲料和饮水。装运屠畜的车厢、船舱要根据当时气候、畜的种类、数量、路途远近选定。基本原则是要有完善的通风、防雨设备,车、船底部须平坦、严密不漏水。装载大牲畜时,应设格木或横杠,保证安全,防止外伤。装载过腐蚀性药物、化学药品、农药、杀虫剂等货物的车、船，未经清扫、刷洗、消毒，不得装运。

2. 装载方法　装载前，车、船要进行清扫和消毒，由兽医人员和押运员检查合格后方可装载。每车厢、船仓装载的头数，应根据车、船载重量、畜体大小、气候冷暖、里程长短等情况适当掌握。装卸时，可利用活动跳板、驱赶上车或用饲料引诱等，禁止用棒打、脚踢、硬拉等粗暴方法，以免使屠体发生应激或外伤，造成肉品质量及皮张的损失。

3. 途中的饮喂与管理　运输途中，对屠畜的细心管理、按时饮喂是保证完成运输任务的重要环节。押运员应时刻注意观察猪的食欲和体征，防止聚堆挤压。天气炎热时车、船内应保持通风，设法降低温度；天气寒冷时则采取防寒保暖措施。

途中必须做好车、船内清洁卫生工作。病畜禽应隔离车、船一角，就近车站、码头卸下进行处理。

运输途中要适时安排饮喂时间，每日不得少于两次，夏季天热时要增加饮水一次。饮水不足，不仅招致屠畜体重减轻，而且生理活动常因缺水而紊乱，发生疾病，甚至死亡。卸车、船后，车厢、船舱应严格清洗，并作必要的消毒。

二、猪的宰前管理

(一)宰前管理的目的和意义

屠畜的宰前检验与管理是保证肉品卫生质量的重要环节之一。它在贯彻执行病、健隔离，病、健分宰，防止肉品污染，提高肉品卫生质量，保障人民身体健康方面，起着重要的作用。屠畜通过宰前临床检查，可以确定其健康状况，尤其是能够发现许多在宰后难以发现的传染病、胃肠炎、口蹄疫以及某些中毒性疾病。因宰后一般无特殊病理变化或因解剖部位的关系，在宰后检验时常有忽略和漏检的可能。从而做到及早发现，及早处理，减少损失，还可以防止牲畜疫病的传播。此外，合理的宰前管理，不仅能保障畜体健康，降低病死率，而且也是获得优质肉品的重要措施。

(二)宰前检验的步骤和程序

当屠畜由产地运到屠宰加工企业以后，在未卸下车、船前，兽医人员应查验检疫证明书、牲畜的种类和头数，了解产地有无疫情和途中病死情况。如发现产地有严重疫病流行或途中病死的头数很多时，即将该批牲畜转入隔离圈，并作详细的临床检查和实验室诊断，待确诊后根据疾病的性质，采取适当措施(急宰或治疗)。经过初步视检和调查了解，认为基本合格的畜群允许卸下，赶入预检圈休息。逐步观察其外貌、精神状况等。若发现有异常，立即剔出隔离，待验收后再进行详细检查和处理。赶入预检圈的牲畜，必须按产地、批次分圈饲养，不可混杂。对进入预检圈的牲畜，给予充分的饮水，待休息一段时间后，再进行较详细的临床检查。经检查，凡属健康的牲畜，可允许进入饲养场(圈)饲养；病畜禽或疑似病畜赶入隔离圈，按《肉品卫生检验试行规程》中有关规定处理。

(三)宰前检验后的处理

经过检验后，根据不同情况，有以下几种处理：

1. 准宰　凡是健康合格、符合卫生质量和商品规格的畜禽，都准予屠宰。

2. 禁宰　经检查确诊为炭疽、猪瘟等恶性传染病的病畜，采用不放血扑杀，肉尸不得食用，只能作为工业用或销毁。同群畜必须严格控制，严格处理。

3. 急宰　确认为无碍肉食卫生的一般病畜及一般传染病而有死亡危险时，应立即屠宰。

4. 缓宰　经检查确认为一般性传染病和其他疾病，且有治愈希望者，或患有疑似传染病而未经确诊的牲畜应予缓宰。

宰前检查结束后，兽医人员将宰前检验的结果及处理情况详细记录，以备统计查考。

(四)待宰畜禽的饲养

畜禽运到屠宰场经兽医检验后,按产地、批次及强弱等情况进行分圈分群饲养。对肥度良好的畜禽所喂饲量,以能恢复由于途中蒙受的损失为原则。对瘦弱畜禽的应当采取肥育饲养的方法进行饲养,以在短期内达到迅速增重、长膘、改善肉质的目的。

(五)宰前休息

畜禽长时间的运输使家畜处于应激状态,导致体重减轻和抵抗力下降。由于环境的改变和受到惊恐等外界因素的刺激,易使畜禽过度紧张而引起疲劳,破坏或抑制了正常的生理机能,致使血液循环加速,体温上升,肌肉组织内的毛细血管充满血液。这样不仅在屠宰时造成放血不完全,而且由于肌肉的运动,使肌肉内乳酸量增加,屠宰后能加速肉的腐败过程。因此,畜禽运到屠宰场后,必须使其休息一天以上,以恢复因运输造成的疲劳和紧张,提高产品的质量。

另据前苏联肉品工业研究所的材料指出,5 昼夜运输的牲畜运输到厂后,经不同时间屠宰其侵入肌肉及肝脏中的细菌数量有显著区别。到厂后立即屠宰检查 73%肝脏、30%肌肉中有细菌;休息 24 h 后检查 50%肝脏、10%肌肉中有细菌;休息 48 h 后检查 44%肝脏、9%肌肉中有细菌。

以上数据证明宰前使牲畜充分休息在经济上和卫生上是必要的。

此外,在休息期间要保持安静,不过度拥挤,在驱赶时禁止鞭棍抽打、惊恐及冷热刺激。现在应用一种电动驱赶棒来赶猪,为一长形棍筒内装 4 节一号电池,输出交流电,产生脉冲刺激局部,电流很小,只有 0.1 A,对猪无强烈刺激,只起驱赶作用。

气温的影响也要考虑,特别外界温度超出适中区时(60 kg 重为 13～24℃)都要减重,如英国农业与食品理事会肉类研究所,P. D. Warris(1983)指出:冬季运输肯定会减重,而夏季较高温度下运输减损更大，运输 1 d 导致胴体减重 2.4 kg，运输 6 h 减重 1 kg，肝脏减重 0.04 kg。

（六）宰前断食

猪在屠宰前断食一般为 24 h，家禽为 18～24 h，断食的目的为：

1. 在临宰前给予充足的饲料，则消化和代谢机能旺盛，肌肉组织的毛细血管中充满血液，屠宰时易造成放血不完全，使肉容易腐败。

2. 屠宰前不进行断食，消化器官内充满食物，容易污染肉质。

3. 可以节省饲料，降低成本，减少劳力消耗。

4. 保证畜禽的安静，便于放血。

但断食会造成体重减损，猪（体重 82 kg）禁食 24 h 体重减损 3.8%，胴体重减损 2.1%，禁食 48 h 活重减 7.2%，屠体减 4.4%，禁食 24 h 的猪肝脏减重 1.6%。屠体重量的减损开始于停饲后 9～18 h。

在断食时应供给足量的饮水，任其取饮，以保证屠畜的正常生理机能，调节体温，促进粪便排出，并使屠宰时放血完全，以获得高品质产品。当畜禽消化不良时，可在水中添加适量的轻泻剂，以助排泄。

（七）屠畜的清洗

屠畜在临宰前进行淋浴或水浴 2～3 min，以保证肉的清洁，避免污染，并改善工人操作卫生条件。淋浴时水注不应太急，如毛毛细雨，使猪有凉爽的感觉，促使外围毛细血管收缩，便于放血充分。

三、屠宰加工工艺

在肉类工业生产中，有各种形式的加工，如屠宰加工；肉制品加工；油脂加工；血液、骨等副产品加工及各种脏器加工等。屠宰加工是各类加工的基础。肉类工业原料或称肉用畜禽，经过刺杀放血、解体等一系列处理过程，最后加工成胴体（即肉尸，商品学称作白条肉）叫做屠宰加工，它是进一步深加工的前处理，因而也叫初步加工。

（一）基本术语

屠体：指肉畜经屠宰、放血后的躯体。

胴体：指肉畜经屠宰后除去皮（毛）、内脏、头、尾及四肢下部（腕关节以下）后的躯体部分。

二分胴体：指在屠宰加工后的胴体，沿脊椎中线纵向锯（劈）成的两个部分。

热剔骨：指未经冷却的胴体进行去骨操作的过程。

冷剔骨：指胴体经冷却后，胴体中心肉温达到 7℃以下时，再进行去骨操作的过程。

分割肉：指胴体去骨后，按各种规格要求，将肉分割成不同部位、不同形式或不同档次的肉。

清洁区：指在屠宰加工生产中，肉畜的胴体加工、分割、冷却、冻结、贮藏等环节所组成的生产区域。

非清洁区：指在屠宰加工前活畜饲养、待宰部分，屠宰加工中活畜致昏、放血、屠体去皮（毛）、去角及肠胃副产品加工部分，活畜的急宰、化制部分及能对环境产生污染的生产设施（如锅炉房、污水处理站、废弃物堆放场所等）所在的各个部分组成的生产区域。

对照检验：指同一肉畜的胴体、内脏及头等部位在加工过程中编有相同的号码，兽医检验时，能找到同一畜体的各个部分，便于相互对照，作出综合判断的一种检验方法。

同步检验：指同一肉畜的胴体、内脏及头等部位悬挂或放置在同步运行的器皿中，便于兽医在检验时，能相互对照，进行综合判断的一种检验方法。

化制：指将不符合卫生要求、不可食用的屠体或胴体及其病变组织、器官、内脏等，经过干法或湿法处理，达到对人、畜无害的处理过程。

(二)屠宰及初步加工

猪的屠宰加工工艺流程包括致昏、刺杀放血、退毛或剥皮、开膛解体、屠体整修、检验盖章等主要工序。

1. 致昏　应用物理的(如机械的，电击的，枪击的)或化学的(吸入 CO_2)方法，使家畜在宰杀前短时间内处于昏迷状态，谓之致昏，也叫击晕。主要方法有电击法、棒击法及 CO_2 麻醉法。

(1)电击晕　生产上称作"麻电"，为各国普遍应用，我国大中型肉联厂及冷冻厂均进行电击晕。麻电所采用的电压一般为低压电，其具体电压和麻电时间，因畜禽种类、品种、产地、季节及个体大小不同而异。对猪麻电所采用的电压为 75～80 V，麻电时间为 5～10 s，会造成猪暂时失去知觉 3～5 min，在此时间内应立即刺杀放血。

我国采用的猪麻电器，有手握式和自动触电式两种。

手握式麻电器为电话筒形，以木料或塑料制成，中间安装电线，连接两端的电极板，电极板再附以海绵，使用时，工人穿胶靴戴胶手套，手持麻电器，两端浸蘸 5%的食盐水(增加导电性)，前端按在猪的太阳穴部，后端按在肩颈部，接触 3～5 s 即可。

自动麻电器为猪自动触电而晕倒的一套装置，麻电时，将猪赶至狭窄通道，打开门一头一头按次序由上滑下，头部触及自动开闭的夹形麻电器上，时间约 2 s，晕倒后滑落在运输带上。

(2)二氧化碳麻醉　这是丹麦、前苏联、美国，加拿大等国试验应用的猪的化学致昏法，将猪赶入麻醉室，室内气体组成：CO_2 65%～75%，空气 25%～35%，猪吸入 15 s 后，意识即完全消失，然后通过传送带吊起刺杀放血。麻醉使猪在安静状态下，不知不觉地进入昏迷，因此肌糖原消耗少，最终 pH 值低，肌肉处于弛缓状态，避免了内出血。实验证明，吸入的 CO_2 对血液、肉质及其他脏器均无不良影响，但造价高。

(3)致昏方式对肉质的影响　近十几年来，许多研究者指出，几乎所有击晕法都将产生应激反应，美国肉类加工业使用几种不同击晕法进行试验。

当猪被击晕时，正常的新陈代谢发生重大变化，各种击晕方法(包括捆绑棒击、枪击、电击和 CO_2 致昏)都将导致肾上腺皮质突然释放儿茶酚胺进入血液而发生肌肉收缩，伴随临死前的挣扎使磷酸肌酸、糖原和三磷酸腺苷的水平降低，从而加速尸僵的发生及pH 值下降，最终形成 PSE 肉。但因击晕方法不同其应激程度也不同。Orer Street(1975)用捆绑棒击、CO_2 致昏、90 V 电击和290 V 电击对肌肉糖酵解的影响，进行了详细的研究，发现电击法和 CO_2 法之间没有显著性差异，棒击法产生的应激最大，其次是 CO_2 法、电击法应激程度中等，不捆绑不击晕应激最小，主要表现糖酵解速率增加，使血液 pH 值大为降低。

麻电对放血及肉品质有一定影响，国内有人对猪进行试验证明，电压大放血量少，肌肉颜色发暗，气味不良。麻电对猪放血及肉品质的影响见表 11-1。

表 11-1　麻电对猪放血及肉品质的影响

电压/V	放血量(占总血量的比率)	脂肪	肌肉	肋间血管断面	血腥味
70	72～84	白或微红	明亮	空虚	淡
220	61～71	深红	灰暗	充盈	浓

由于击晕会影响肉尸产生血液浸润(血斑)，特别是在腿部和腰部肌肉发生较多，是因血液中儿茶酚胺的积累，促进血压增高和纤维蛋白分解活性增强，伴随肌肉强烈收缩，使毛细血管破裂，而引起肌肉散布着许多淤血区。1981 年美国堪萨斯州和伊利诺斯州 51 个肉类加工厂调查表明 93%的猪肉有毛细血管破裂现象。

以捆绑击晕产生淤斑最为多见。电击晕可引起小血管损伤和血压明显升高也产生淤斑。另有的试验认为应用高电压(300 V)极短时间击晕产生电休克,并快速放血,发生的淤斑比应用低电压少,电压在 80～125 V 或 240 V 击晕时,猪肺脏发生严重出血占 20.6%(Cooper,1980)。

应用肌肉神经阻断剂胆胺,可减少血斑发生,高电压高频率比低电压低频率的交流电击晕可减少 80%,缩短从击晕到放血的时间(不超过 60 s),也有降低血斑的效果,这是因为减少儿茶酚胺对血压及纤维蛋白分解的作用时间所致。

2. 刺杀放血　致昏后的猪应尽快放血,以免引起肌肉出血。放血充分与否可影响肉品质量和贮藏性,放血完全的肉尸在大血管内不存有血液,内脏和肌肉中含血量小,肉色较淡,放血不完全则相反。家畜全身的血量不可能 100%地放尽,只能放出总血量的 50%～60%,还有 40%左右的血液仍残留在组织中,其中以内脏器官残留较多,肌肉残留较少,每 1 kg 残留 2～9 mL。在放血良好的情况下,猪的放血量应为胴体重的 3.5%,牛为 5%,羊为 3.2%左右。

放血方法有刺颈法和刺心放血法等,牛、羊常采用切颈放血法。

(1)刺颈放血法　普遍应用于猪的屠宰,工业生产为吊起垂直放血,农村个体屠宰多为卧式水平放血。前者沥血充分,后者较差。刺杀放血时,用一短把长刃的尖刀(刃长 20～25 cm,宽 3.5 cm),沿颈中部咽喉处刺入,在胸腔出口处第一对肋骨附近,切断颈动脉和颈静脉,刺入深度为 15 cm 左右,依猪体的大小、肥瘦而定。注意不要刺破心脏,以免放血不良。刺杀刀口不宜太大,以免烫毛时污染肉体,刺杀后 3～5 min,即可进入下一道工序。

(2)心脏放血法　为了获得优质的血液(食用或药用),利用一种特制的中空刀刺入心脏直接放血。放血时先将经过消毒的盛血容器、中空刀等准备好，切开颈中部皮肤，将中空刀从第一对肋骨中间，沿气管右侧刺入右心房，使全身的回流血沿胶管流入容器内。我国农村个体屠宰猪时，多进行刺杀心脏放血促其死亡快，以免挣扎，但放血不完全会造成胸腔积血。

3. *浸烫、褪毛或剥皮* 屠宰家畜在放血后解体前，猪要进行烫毛退毛，牛、羊要进行剥皮。近年来，随着猪皮制革的发展，猪也进行剥皮。

(1)浸烫 放血充分后的猪体经沥血后，由悬空轨道上卸入烫毛池内进行浸烫，使毛孔扩张便于褪毛。猪体在烫毛池内借助于推挡机前后翻动和向前运送，从入池到出池正好完成烫毛的时间，大约 5 min。池内水温保持在 60～63℃，浸烫 5～8 min，即可捞出刮毛。浸烫时注意掌握水温和时间，防止"烫生"和"烫老"，烫生即温度低，时间短，毛孔未舒张，毛不易刮掉；烫老，则表面蛋白凝固，毛孔闭塞也不易刮毛，另外，进入刮毛机内(滚筒式)易将皮肤打烂。如果水温过高可引起皮肤充血。有材料报道，水温超过 63℃，烫 8 min，会引起猪的高温强直，肉质降低。如果为了获得猪鬃，可在烫毛前将鬃拔掉，生拔的鬃弹性强，质量好。

(2)退毛 退毛分机械刮毛和手工退毛。

大中型肉联厂普遍应用机械刮毛，多为滚筒式刮毛机，刮毛机与烫毛池相连，猪浸烫完毕即由捞耙或传送带自动送进刮毛机，每台机器每次放入 3～4 头，每小时可刮 200 头左右，刮下的毛及皮屑通过孔道运出车间。刮完的猪体自动放入清水池内清洗，同时由人工将未刮净的部位如耳根、大腿内侧及其他未刮掉的毛刮去，然后将后肢跟腱部位用刀穿口(6～8 cm 宽)钩上挂钩，通过滑轮吊上悬空轨道。

小型肉联厂和屠宰场无刮毛机设备，可进行人工退毛，先刮去耳、尾毛，再刮头、四肢毛，然后刮背部和腹部的毛。各地刮法不尽一致，以方便、不空刮、刮净为宜。

(3)剥皮　近年来发展猪皮制革，猪也进行剥皮。方法分手工剥皮和机械剥皮。

猪的皮下脂肪层厚，剥皮较为困难，通常由熟练工人进行手工剥皮，剥皮顺序是由头、四肢、腹、背依次进行。剥头皮时，用刀先将唇皮剥开，再挑至胸口处，逐步剥离眼角耳根，将头皮剥成平面后，在枕寰关节处将头割去。剥四肢时，先在蹄壳上端内侧横切，再从肘部和膝部中间竖切，用刀将皮挑至脚趾处并在腕关节和跗关节处割去前后脚。然后在两前肢和两后肢切开剥离。剥腹部皮时，从腹部中白线将皮切开，再将左右两侧腹部皮剥离。剥背皮时，先将尾根皮剥开，割去尾根，然后从肛门至腰椎方向将背皮剥离。

4. 开膛解体　经过退毛或剥皮后冲洗干净的胴体，最迟不超过 30 min，在倒悬下进行开膛。否则对脏器和肌肉均有不良影响。

(1)开膛　沿腹部正中白线切开皮肤，接着用特制的滑刀划开腹膜，使肠胃等自动滑出体外，便于检验。然后沿肛门周围用刀将直肠与肛门连接部剥离开(俗称刁圈子)，再将直肠掏出打结或用橡皮箍套住直肠头，以免流出粪便污染肉体。用刀将肠系膜处割断，随之取出胃肠脾。然后用刀划破横隔膜，并事先沿肋软骨与胸骨连结处切开胸腔并剥离气管、食道，再将心、肝、肺取出。取出的内脏分别挂在排钩上或传送盘上以备检验。

(2)劈半　开膛取出内脏后，要将胴体劈成两半，劈半前，先将背脂肪皮肤用刀从上到下割开，称为描脊或划背。然后用电锯或砍刀沿脊柱正中将胴体劈为两半。如为桥式劈半机劈半时则先将头去掉。用手持式电锯劈半时可将头连半肉尸上，以便检查咬肌。劈半时注意不要劈偏。

5. 肉体修整　修整前先从枕寰关节处将头割掉，前肢从腕关节，后肢从跗关节处将蹄割去，然后再割去生殖器、腺体，扒去体脂肪(板油)及肾脏,最后修刮残毛、血污、淤斑及伤痕等,以保持肉尸整洁卫生,符合商品要求。

6.检验、盖印、称重、出厂　在整个屠宰加工过程中,要进行宰后兽医检验,分设头部、内脏、旋毛虫肉尸初检及复验等不同检验点,经检验合格确认健康者,盖以“兽医验讫”的合格印章,然后经过自动吊秤称重入库冷藏或出厂。

四、内脏及头、爪、尾的整理

(一)直肠分离和冲洗、修整

直肠一般供作出口原料,除不许带有充血斑点等病灶外,并规定出厂时的长度分 1.15～1.5 m 及 0.6 m 两种规格,扁径 50 mm,不得有破伤。因此,操作必须仔细,防止造成次品。

分离直肠的操作,俗称“拔直肠”或“拔圈子”。操作时,先将胃肠系统在操作台面上摊开,大肠的一面朝上,这时,直肠有 50 cm 左右伸在外面。

操作时,将露出外面的直肠剥去脂肪,然后将开始进入大肠圈处的系膜扯离直肠管,使直肠松动,再越过其上的大肠圈,左手拉住穿越肠圈后的直肠,右手用撕扯和捋开系膜的方法将该部分直肠‘拔’离第二及第三节大肠圈的系膜,直至估计拔开的直肠全长已达 1.2～1.5 m 时为止,将肠摘断,捋去两个断口的粪汁,并在大肠的断口一端打一节(防止粪汁流出,污染油头)。随手拎住直肠原来伸出在外的部分,将直肠从大肠圈中拉出,转入直肠冲洗工序。

直肠冲洗,俗称“套直肠”或“套圈子”。操作时,如直肠上附有膀胱,即先割去膀胱和尿管,将直肠的肛门一端套在自来水龙头上,拧开水阀,将水灌进肠内,一面用手轻轻捏肠管及轻轻抖动,逐步将粪从另一断口冲出。粪多或较稠的,可灌洗二、三次。操作时,水的冲力和手的握力不宜过大,防止损伤直肠。

在灌直肠工序中除将粪汁冲净外，并要将直肠按照出口规格要求进行初步检验，剔除长度不足、刀伤、漏气、脱节及严重病理次品，供市场销售。

(二)胃和脾脏的分离以及胃的翻洗

猪胃呈元宝形，前端通食道（剖腹时已将食道割离），后端通十二指肠。全部被一层网状系膜（俗称“网油”）所包没，这层系膜由一圈狭长的脂肪与胃的底端密结。脾脏连接在胃的、大弯头处的网膜上。

胃的分离 俗称“剥肚”，即将胃与上述网状系膜及小肠分离，并附带将脾脏从网膜上割下（有的单位把这一工作另外安排一个“剪夹肝”工序）。一般均系手工操作，有的厂也用剥肚机操作。

手工操作 先将胃上的网状系膜剥开，在胃与十二指肠相连处（俗称肚尖）留肠 2 cm 下刀割断，并将胃底端的脂肪层割离。脾脏连在网膜上，可将之齐根割离网膜。脾脏上尽量少带系膜脂肪。

剥肚机操作 剥肚机主要结构为一电动旋转的圆刀片，安装在台面间，一半露出台面，上置一铁皮罩，罩靠近操作者一面有开口，露出圆刀片口。操作时，将上述需要剥开的部位凑在剥肚机的刀口上，将之剥开。另用“剪夹肝机”将脾脏处的网油剪离。

翻洗胃 俗称“翻肚”。先用左手握住十二指肠断口处（俗称肚尖），在水管下冲洗粪污（胃内容物），再用刀或剪刀尖在胃的里弯道断口（俗称“肚梗”）处戳破 10～12 cm，随即两手握住胃的两端，两手拇指插入刀孔，将胃翻转，抖出胃内容物，移近水管冲洗，同时翻露肚头并洗净。有条件的地方可用洗肚机进行翻洗。翻胃时，首先应注意勿使胃的外层黏膜上沾染粪汁，特别是戳刀后的裂口外沿，一旦沾染，很难洗净。为了防止沾污，每翻一只胃都应冲洗双手。

(三)大肠的分离与翻洗

此处叙述的大肠的分离和翻洗不包括直肠和随直肠扯去的一

小部分结肠的分离和翻洗内容。

大肠的分离工作（俗称扯大肠或扯油头）就是把粘结大肠的系膜（油头）扯开，使原来盘结成一团的大肠分离成条形，便于翻洗，有时并使一部分系膜（油头）分离出来，得到充分的利用。以往有两种操作方法，一种是将粘连在大肠上的系膜基本扯净，俗称"剥皮肠"或扯光肠，其技术要求较高，劳动效率较低。另一种是仅将连结肠管的系膜扯开，系膜仍附在肠管，俗称扯毛肠或带皮肠。

大肠的肠管很嫩，比较肥壮猪的肠更加薄嫩，往往手指一触即破。与此相反，连接在肠管上的肠系膜却很结实。因此，初学扯大肠者往往在扯肠系膜时反将肠管扯破或扯断，粪汁流出，沾污系膜。关键之处在于两手手指指尖的着力点必须都放在肠系膜上，不可着力在肠管上。

扯盲肠时，先将肠摆正，使大肠肠管正面（系膜较厚的一面）裸露在面层，并使作为肠的外圈起点的盲肠部分在右方，肠外圈末尾"U"字形弯头在左方。这时大肠与直肠分离的断口肠梢，隐藏在盲肠与盲肠左侧肠管之间的系膜内，可将这一部分的系膜连根捏紧扯开（切勿捏在肠管上），扯到第三个弯头时，这段肠梢的一侧即与系膜分离。当另一侧系膜扯开时，要顺手捏去断口部分的粪便，再两手顺着螺旋形的肠管方向继续轻扯过去，直至距离盲肠与小肠连接处 17～20 cm 处为止，再用刀先左右后中间下刀，使盲肠与系膜及小肠分离，做到盲肠不破，少带油。

将大肠扯毕后，扯下的系膜组织（油头）连同其中的小肠转入扯小肠工序，大肠转入翻肠池内，盲肠头搭在池沿上。在扯肠时，陆续扯离台面的肠管应使之落入台旁水桶内（断口挂在桶外），不要落在地上。

扯光肠（剥皮肠）时，基本方法同上，但在剥扯肠管上的系膜组织时，必须左手拇指扣在肠管上，食指和中指弯曲在肠管下面（反面），随着右手剥扯系膜的进度，食、中两指交叉向前扣住肠管反面的系膜层(俗称肠皮),便于右手将之不断撕裂分离前进。这种操作技术性较强,稍一不慎,极易将肠管扯破。

在操作中如不慎将肠扯破或扯断,必须立即采取补救措施,防止粪汁流出,扩大污染。如在开始扯开大肠外圈相互之间的系膜时,不慎将肠扯破,或还未开始操作时,就发现肠已被前面工序弄破,可用普通票夹将破口夹住,不使粪汁流出,并再继续操作。

如在扯肠管系膜脂肪时,不慎将肠扯破,应立即捏紧破口,将肠扯断,并使两个破口朝下,捋去破口粪汁,用水洗净破口。同时,将断下的肠管挂在翻肠缸沿上,断口挂出缸外,交翻肠工翻洗,然后继续操作。

如在操作中粪汁已经流在台面上,应立即将台面粪汁冲洗干净,防止污染面扩大。

小水桶的水应经常调换,以保持清洗。在调换时,如水面已浮有很多碎脂肪,应将水倒在预先准备好的小竹箩里,使脂肪滤出、积累利用。

地面的粪污也应经常冲洗,保持洁净。

大肠的翻洗,俗称"翻大肠",其目的是将大肠的内容物清除干净。操作中要求始终保持大肠系膜和脂肪的洁净,不使沾污粪污杂质。

翻肠工作系在水池(或缸)旁进行,为了在操作中经常保持水的清洁,同时防止冬天脂肪冻结,造成翻洗困难,一般在水池的夹层中通入自来水管及蒸汽加热管,使水经常从上沿漫入,从底部流出,循环地流通更换,并保持水温在 30℃左右。其中蒸汽管不可直接通入水中,因蒸汽有冲击力,如直接放入水中,会引起水在池中上下翻滚,致使翻洗过程中沉入池底的污物纷纷上浮,沾污肠管。

翻肠时,应在肠管最粗的盲肠顶端用手指戳破一洞,再将洞口的肠管翻转,使全部肠管经此翻转处陆续翻出粪污。操作时,先将盲肠四周及附近的脂肪尽量剥下,并将肠身整理平直,不使绞转。然后,将盲肠一端拎出池沿外边,盲肠的顶端朝下,双手托住,并以双手的拇指将之戳破一洞，放出一部分粪汁后，随即将洞口翻转，将肠上带脂肪的一面朝下朝里，左手拇指和食指撑住肠管翻口，右手将肠滑入翻口，一面放自来水入翻口，肠即逐渐通翻口，翻出粪污，落入池外地上。全部肠管翻转后，随手从池内掏出清水泼洗肠管内壁，边泼水边捋洗，洗净后放入专用容器。

有些肠由于内容物过硬和充塞过多，翻肠时往往发生阻塞，可将肠管轻轻抖动，轻轻捏挤，或将肠管在水池的外壁轻轻撞击，使粪松动，便于排出。有些大肠由于扯肠时操作不慎，中段已有破口，应在破口处将肠摘断，再将后面的大肠从破口处翻出。

翻好后的大肠，最好放在水槽中，用流动水冲洗检查一遍，发现翻洗未净或肠系膜粪杂未剥净的应返工整理干净再行出厂。

(四)小肠的分离和内容物的清除

小肠分离俗称“扯小肠”，其内容物的清除工作俗称“抹粪”。

操作时，左手将割离胃部的断口(俗称“大头”)拉出，并将断口部分挂出台沿，使粪污流在地上。右手捏住系膜膜衣，左手将小肠逐步扯离，膜衣较坚韧或皱在一起，不易扯开时，应双手将膜衣摘离，边将小肠轻轻拉扯。不可使劲硬扯，否则会造成断肠次品。至接近扯完时，应将小肠末梢挂出台沿，防止粪污流在台上。

此外，操作时还应根据猪的不同品种，不同对待。一般脂肪较多的猪，系膜较嫩，小肠韧性较大，不易扯断；反之，脂肪较少的猪，肠系膜较坚，小肠较脆，容易扯断，操作时应特别小心。遇到“虫肠”(即有寄生虫的肠)，肠管更脆、更嫩，扯时易断，更应小心。

为了便于下一道“抹粪”工序的操作，每扯完 5 根小肠，即合并一起，抹清肠梢处的粪，将之打结成把，转入抹粪工序。

抹粪工在操作时，左手握住打结处，边冲水，边用右手拇指把肠管钳持在手掌内，由打结处向小肠的另一端捋去，抹清猪粪。抹好后，将肠放入竹箩，打结部分挂在箩外，便于点数。

如用扯小肠机和小肠抹粪机，操作时，先将小肠大头套在扯小肠机转盘上，用手把住肠管和系膜，开动机器，随着转盘的迅速转动，逐步扯开小肠。遇到系膜比较坚韧的部位或肠衣皱在一起，不易扯开时，应立即停机，用手将膜衣摘开，再继续开机扯去。扯完后，由抹粪工将肠梢放入"抹粪机"的两个滚筒之内，边挤边用温水冲洗，将粪汁挤出。

(五)头、爪、尾的处理

肉尸加工分带皮肉及剥皮肉两种。其中带皮肉加工时割下的头、爪、尾已与肉尸一并通过热烫脱(刮)毛处理，所以可直接进入头、爪、尾的松香拔毛工序，以除去残毛。而剥皮肉加工中的头、爪、尾均系带毛割下的，所以必须先经过热烫脱(刮)毛处理，方可进行松香拔毛。

1. 手工脱(刮)毛　剥皮肉加工割下猪头的热烫脱毛目前大部分厂仍采取手工操作，其方法是，用铁钩钩住气管，使猪头皮面全部浸入用蒸汽加热的热水池，而颈肉断口恰好露出水面。这样，既可达猪头烫毛的目的，又可防止颈肉断口被汤水污染及烫熟。水温可掌握在 65℃左右，浸烫时间视猪的产区、品种、季节而定，一般可在 2～3 min 后撮取耳毛，如一撮即落，即可将猪头从钩上取下脱毛。

2. 机器刮毛　操作时，将烫好的猪头从喉部处插入钢针，进机后猪头作圆周运动，通过软刮片的不断作用和水的冲淋，将毛刮掉，脱毛率可达 85%～90%，然后再用松香拔毛处理。

爪、尾刮毛　加工剥皮肉时割下的爪、尾除毛，一般使用单滚筒打爪、尾机。其操作方法是先将猪爪或尾成批装入铁丝笼内，浸入热水池内。水温掌握在 65℃左右，边烫边将笼抖动，使爪或尾均匀受热。烫好后将笼取出，倒入脱壳脱毛机内，进行脱壳脱毛，同时不断加入约 40℃的热水，爪、尾即在铁棍迅速拨动、热水冲洗及相互摩擦下，逐渐将毛、壳打除干净。打好后，即打开桶门(如发现毛、壳未打脱净，可关门继续脱壳脱毛)，使爪、尾落入容器。

头、爪、尾的松香拔毛 头、爪、尾均带有一部分残毛，尚须通过松香拔毛，将残毛除净，方可出厂。操作时勿使松香从鼻孔、喉管等处浸入肉内。

头、爪、尾的修割整理 通过松香拔毛后的脚爪最好再次送入脱壳脱毛机进行一次淋水打毛，以除去残留的散毛及松香碎粒等。

经过上述处理后的头、爪、尾，均应由专人逐只用刀修净伤斑、烂肉、脓包、残毛等。

整理后的猪头，有时为了供应市场及加工成拆骨猪头肉，可将舌头、喉管割下，另行处理。

五、宰后卫生检验及肉品处理

(一)胴体与受检器官的编号

胴体和离体的头及内脏必须编上统一的号码，以使检验人员发现病变时，及时查找该病畜的胴体和脏器。常用的编号方法有：贴纸号、挂牌和变色铅笔书写等。

无传送装置的肉联厂和屠宰场，应将头、肉尸和所有脏器放在一起待检，以便使检验人员对各部的现有变化加以对照，对屠畜的健康状况或病理过程获得总的概念。为了节省时间和方便起见，头和心、肝、肺应吊挂起来检验，胃肠则置于检验台上。有传送装置的肉联厂和屠宰场，肉尸和内脏分别安置在传送带和传送台或检验台上。

(二)宰后检验的方法

宰后检验包括胴体检验和内脏检验。以感官检查和剖检为主，必要时辅以细菌学、病理学、血清学和理化学等实验室检验。其主要方法有以下两种。

1. 感官检验

(1)视检 通过观察胴体的皮肤、肌肉、胸腹膜、脂肪、骨骼、关节、天然孔和内脏器官的色泽、形状、组织性状等有无异常，从而作出判断或为进一步剖检提供方向的检验方法。

(2)触检 利用手触摸受检组织和器官,感觉其弹性、硬度以及深部有无隐蔽性或潜在性的变化,从而作出判断的检验方法。触检可减少剖检的盲目性,提高剖检的效率。

(3)剖检 借助刀具等将屠体剖开,观察胴体和内脏器官的深层组织的变化,从而作出判断的检验方法。剖检对于淋巴结、肌肉、脂肪和内脏器官的检验非常重要。

(4)嗅检 通过嗅闻胴体和组织器官有无特殊气味,从而判断肉品品质和食用价值的检验方法。

2. 实验室检验 当感官检验不能立即对疾病作出判断时,必须进行实验室检验。常用的方法有细菌学、血清学、理化学、组织病理学和寄生虫学检验等。

兽医卫生检验人员在实施检验时应注意以下几点:

(1)为了迅速准确地做好高速运转的屠宰加工流水线上的检验工作,必须遵守一定的程序和方法,并养成良好的习惯。

(2)卫检人员应配备两套检验器械(包括检验刀、检验钩和磨刀棒),以便替换;检验器械被病变组织污染后,应立即消毒。

(3)为了保证肉品的卫生质量和商品外观,剖检只能在一定的部位切开,且切口大小深浅适度,切忌乱划和拉锯式切割,以免破坏肉品的整洁性。

(4)肌肉的切开应顺肌纤维方向进行,一般不得横断,以免形成大的裂口而导致细菌感染和蚊蝇滋生。

(5)剖检胴体的淋巴结时,应尽可能从切割面切开,以保持胴体表面的完整性,带皮胴体尤应注意;淋巴结应沿长轴切开,当病变不明显时,可沿长轴切成薄片仔细观察。

(6)切开病变组织和内脏器官时,要防止病变材料污染肉品、地面、设备、器具和检验人员的手。

(7)检验人员应做好个人防护工作,进行检验时必须穿戴洁白的工作服、工作帽、围裙、胶靴和乳胶手套。

(三)宰后检验的程序

为了不影响屠宰加工的流水线作业,屠畜的宰后检验过程被安排为若干个环节穿插在屠宰加工过程中。一般分为头部检验、内脏检验、胴体检验、皮肤检验和旋毛虫检验。

1. 头部检验　简称为头检,分两步进行。第一步在放血之后、烫毛之前进行,通过放血孔顺切口切开下颌区的皮肤和肌肉,剖检两侧颌下淋巴结,检查有无局限性咽炭疽;第二步与胴体检验一并进行,先观察鼻盘、唇和齿龈的状况,检查有无口蹄疫和水疱病,再剖检两侧外咬肌,检查有无囊尾蚴,然后检查咽喉黏膜、会厌软骨和扁桃体。

2. 皮肤检验　常于屠体解体之前进行,对带皮猪胴体应进行详细的皮肤检验。当发现有传染病可疑时,应立即打上记号,不得解体,由叉道转至病猪检验点作进一步检查。

3. 内脏检验　内脏检验的方式和程序,因开膛后脏器离体与否而不同。非离体检查,主要用于猪,按照内脏器官在畜体内的自然位置,由后向前,分步进行;离体检查,可根据内脏器官摘出的顺序,一般由肠胃开始,依次检查脾、肺、肾、乳房、子宫或睾丸。

(1)胃、肠、脾的检查　首先检查胃肠浆膜及肠系膜,并剖检肠系膜淋巴结,检查有无肠炭疽,必要时将胃肠移至指定地点剖检,注意其黏膜的色泽是否正常,有无充血、出血、水肿、胶样浸润、痈肿、糜烂、溃疡和坏死等病变。

(2)心、肝、肺的检查　首先进行肺的检查:先看外表,观察其形状大小、色泽和表面情况,接着触摸两侧肺叶,发现硬结应剖,必要时剖检肺内支气管。注意有无结核、肉变、寄生虫、肿瘤及各种炎症变化。接着进行心脏的检查:检查心包的外表,观察心包腔有无积液、粘连、化脓等;剖开心包,观察心脏外形、心包腔及心外膜的状态;然后在左心室壁上作一纵斜切口,暴露两侧的心室和心房,观察心肌、心内膜、心瓣膜及血液凝固状态,检查心肌内有无囊尾蚴寄生。注意心瓣膜上有无菜花样增生物,以发现慢性猪丹毒。然后进行肝脏的检查:先观察外表,注意其大小、色泽、表面状态及胆管状态,接着触检其弹性和硬度,发现硬结应剖检;然后剖检肝门淋巴结,并以刀横断胆管,挤压胆管内容物,检查有无肝片形吸虫。必要时剖检肝实质和胆囊,检查肝实质内有无变性、坏死、脓肿和肿瘤及胆汁和胆囊黏膜的状态。

(3)肾脏的检查　肾脏的检验常与胴体检验一起进行:首先剥离肾包囊,注意是否发生粘连,观察肾的外表,注意其大小、形状和表面情况,触检其弹性和硬度,当发现有可疑病理变化或其他内脏器官有病变时,可进行剖检。以发现有无结核、仔猪副伤寒、猪肺疫、猪丹毒和猪瘟等传染病,并注意有无囊肿、肿瘤、结石等。

(4)子宫、睾丸和乳房的检查　在公畜和母畜应分别检查睾丸和子宫,以检查有无布氏杆菌病和鼻疽。乳房检验常与胴体检验一起进行,也可单独进行,以检查有无结核、放线菌病和化脓性乳房炎。

4. 胴体检验

(1)放血程度的检查　主要通过观察胴体的色泽、小静脉的充盈状态、肌肉切面的状态来作出判断。放血不良的胴体,胴体颜色发暗,皮下静脉充盈,疏松结缔组织内静脉明显,肌肉切面能见到暗红色区域,挤压时有少量残血流出。放血不良可怀疑为重病、宰前过劳或衰弱,应进一步作细菌学检查。

放血不良分为病理性放血不良和技术性放血不良两种。应注意区别:技术性放血不良在悬吊时残血会自动流出,至次日即自动流尽,肉色变得鲜艳;而病理性放血不良的胴体,血液一般不会自行流出,至次日会因血红素的浸润扩散而使红色更明显。因此,在可疑的情况下,放血程度的判断最好延至宰后的第二天。

(2)病变检查　主要对皮肤、皮下组织、肌肉、脂肪、胸腹膜、骨骼、关节及腱鞘等组织，观察有无出血、水肿、脓肿、肿瘤等病变。

(3)剖检　依次剖检具有代表性的淋巴结，如发现可疑病变，须增检其他相关淋巴结；接着剖检两侧腰肌，检查有无囊尾蚴，在囊虫病高发地区还应进一步剖检肩胛部和股部的肌肉，以查明虫体的分布和感染程度。

5. 旋毛虫检验　屠体开膛取出内脏后，取两侧膈肌脚的肌肉各15 g，编上与胴体相同的号码，送旋毛虫检查室进行检验。检验时，先撕去肌膜作肉眼检查，然后在样品上剪取24个肉粒，压片后分别进行镜检，如发现有旋毛虫，应根据号码查对相应的胴体、头部和内脏。

在上述各检验程序中，如出现单凭感官检验不能确诊的情形，须进一步作细菌学和组织病理学检验。这对恶性传染病的确诊是必不可少的。凡确定进行细菌学和组织病理学检验的头、内脏和胴体，都应打上预定的记号，以便化验室人员采样。

(四)检验后肉品处理

肉尸和脏器经兽医检验后，常有以下几种不同的处理情况。

1. 正常肉品的处理　经检验确认采自健康猪群，品质良好，内脏正常的，可不受限制直接食用。

2. 异常肉品的处理

(1)患有一般传染病、轻症寄生虫病和病理损伤的肉尸和脏器，根据病损性质和程度经过各种无害处理后，使传染性、毒性消失或使寄生虫全部死亡者，可以有条件地食用。

(2)患严重传染病、寄生虫病、中毒和严重病理损伤的肉尸和脏器，不能在无害化处理后食用者，应炼制工业油或骨肉粉。

(3)患有炭疽病、鼻疽、猪瘟等《肉品卫生检验规程》所列的烈性传染病的肉尸和内脏，必须用焚烧、深埋、湿化(通过湿化机)等方法予以销毁，绝不能用土灶炼制代替湿化处理。

(4)气味异常肉

①性臭　未阉割的公畜肉，常带性臭，公猪肉和公羊肉尤为强烈。性臭强烈的胴体不适于人食用。经感官鉴定认为胴体性臭不很显著者，可加工制成食用时不需加热的细碎肉制品（如红肠）。

②尿臭　宰前因膀胱破裂或患尿毒症，或由局部污染而引起，致全身肌肉带有尿味。处理：如局部污染，割除污染部分，其他部分不受限制出厂。尿臭严重的肉品作工业用。

③酸臭　由于新鲜胴体的冷凉条件不好，内部热量不易散发，引起自体溶解，发生肉的酸臭性发酵。处理：酸臭程度较轻的肉，可切成小块，置冷凉通风处，气味消失后可以食用；或用流动冷水冲洗干净，即行烧煮加工。酸臭发酵强烈的肉不应食用。

④氨臭　因宰后胴体或剔骨肉，未经充分冷凉即堆叠，致自体溶解，蛋白质分解产生氨且肉色变黑者，应立即摊开冷凉，吹冷风，使氨散发尽，仍可食用；由腐败菌致氨臭者，不可供食用。

⑤微生物引起的异样气味　在腐败性细菌所引起的牛创伤性心包炎的晚期，心包内积存大量黑色、污浊发臭的液体，可被机体吸收，使肉带有腐臭气味。屠畜生前患大面积的脓肿、坏死及溃疡者，亦可引起附近的肌肉沾染腐臭气。腐臭的肉一般应作工业用。

⑥药物臭　屠畜生前服用过有强烈气味的药物，胴体或肉块污染或吸收了化学药品的臭气。对此类肉进行煮沸试验，如气味强烈者，则不能供食用；如气味虽不强烈，但经烹饪而仍不能除去者，也不能供食用。

⑦饲料气味。牲畜长期饲喂腐烂块根（萝卜、甜菜）、油渣饼、鱼粉、蚕蛹等，其肉可带各种异常气味。

（5）色泽异常肉

①白肌病肉　白肌病即营养性肌萎缩，常见于猪、羔羊和牛。在心肌与骨胳肌上有分散的淡红色到白色的条纹或斑块。处理：病变轻微者可食用，因失重大，不宜腌制。

②肉色变绿　局部严重者切除作工业用，轻者加热处理后

出售。

③肉色变黑　因腐败变黑的肉常有毒性，不可食用。

第二节　肉品质量

一、胴体品质及其评定

1. 胴体重与屠宰率

宰前活重　屠宰前断食但给水 24 h 的体重。

空体重　宰前体重减去胃肠道及膀胱内容物的重量。

胴体重　肥育出栏猪，经放血、褪毛、去内脏、去头、蹄、尾，保留板油及肾脏的左右两半片胴体重量之和。

屠宰率　屠宰率(％)＝胴体重/宰前活重×100％（生产用）

屠宰率(％)＝胴体重/空体重×100％（研究用）

2. 瘦肉率和脂肪率　去板油和肾脏的左半片新鲜胴体进行皮、肉、脂、骨分离，然后分别称重计算瘦肉率、脂肪率。

瘦肉率(％)＝瘦肉重/(肉＋脂＋皮＋骨)×100％

脂肪率(％)＝皮下脂肪重/(肉＋脂＋皮＋骨)×100％

商品瘦肉率(％)＝一、二、三、四号瘦肉总重量/胴体重量×100％

3. 胴体长　胴体长的测量方法有三种：

(1)由第一颈椎底部前缘至耻骨联合前缘中心点(胴体直长)。

(2)由第一肋骨中部至耻骨联合前缘中心点。

(3)由第十肋骨与胸骨结合处中心至耻骨联合前缘中心点(又称胴体斜长)。

4. 皮厚　在第六、七胸椎接合处上方，垂直背线的断面所测的皮肤厚度。

5. 膘厚　在第六、七胸椎接合处上方，测定垂直于背部的皮下脂肪层厚度(不包括皮肤)。

平均膘厚 指肩部最厚处、胸腰结合处和腰荐接合处所测膘厚的平均值。

6. 眼肌面积 倒数第一、第二胸椎间背最长肌的横断面积,用硫酸纸描出轮廓图再用求积仪测算,或用宽×高×0.7估算。

7. 后腿比例 沿倒数第一和第二腰椎间垂直切下的后腿重量,占整个胴体重的比例即后腿比例,用百分数表示。

二、猪肉品质及其评定

衡量猪肉品质的指标主要有颜色、气味、嫩度、持水性、酸度等。这些性状的变化,在一定程度上决定了肉质的优劣,对制品的质量影响很大。现分述如下。

(一)颜色

一般肉颜色依肌肉和脂肪组织的颜色来决定。猪的肌肉颜色呈红色,脂肪颜色有白色或略有微黄色。颜色的产生是因为肉中含有色素物质。脂肪呈黄色是因为脂肪中有胡萝卜素等色素物质。肌肉中也含有多种色素物质,包括肌红蛋白、血红蛋白、过氧化物酶、细胞色素、黄素等。其中,肌红蛋白和血红蛋白含量最高,对肌肉颜色影响也最大。动物宰后残留血液中的血红蛋白对肉的颜色有直接影响。但是,肌肉的固有颜色是肌浆中肌红蛋白的红色所决定的。一般来说,肉的颜色越深,肌红蛋白含量也越多。

肌红蛋白的分子结构包括蛋白质、非蛋白质部分。蛋白质部分为珠蛋白,非蛋白质部分为血红素。血红素由两部分组成,即铁原子和一个被称为卟啉的平面环。卟啉是由4个杂环吡咯靠亚甲桥连接而成。珠蛋白和血红素借侧链和处于核心的铁络合在一起,形成肌红蛋白。

肌红蛋白和血红蛋白在结构上的根本差别就在于肌红蛋白每一分子仅有一个血红素基团,而血红蛋白每一分子就有4个血红素基团。血红素的铁能以二价铁(Fe^{2+})或三价铁(Fe^{3+})状态,即以共价键或离子键的形式存在。含有共价键的色素呈现鲜红色,所以鲜肉的氧合肌红蛋白(MbO_2)、腌肉中的 NO-肌红蛋白等都是红色的色素。如果没有能够构成共价键的强力电子对的物质存在时,那么在溶液中肌红蛋白将和水构成离子键,故呈紫红色,氧化状态的色素即高铁肌红蛋白(MMb)会呈现不同的褐色。

新鲜的肉在空气中经过一段时间后会发生由红色—鲜红色—红褐色的变化,冷却或冻结并经长期贮藏的肉也会见到有颜色变化。这就是由于肌红蛋白与氧结合生成了鲜红色的氧合肌红蛋白,但长期与氧接触,色素蛋白被强烈氧化,形成褐色的氧化型肌红蛋白。实验证明,氧化型肌红蛋白数量超过 50%时肉就变成了褐色。

肉的颜色变化中,褐变是经常发生的。此外在个别情况下有变绿、变黄、发荧光等变化,这是由于细菌、霉菌的生长繁殖造成的。

(二)肉的风味

肉的风味包括滋味和气味两个方面,是肉质量优劣的条件之一,也是消费者十分重视的。肉的呈味物质是肉中有机化食物发生化学变化后产生的,种类很多,但数量极少,造成研究上的困难。风味的产生包括多种成分互作的结果,因此准确确定风味物质的呈味作用是不容易的。尽管近代用气相色谱分析,可以精确地测出食品的挥发性物质,但常常结论也不一致,被分离出的化合物与主观反映的气味也不一样。

一般认为气味的反映是肉中挥发性物质进入鼻腔刺激嗅觉细胞,再通过嗅觉神经传到大脑而引起的。据现有研究结果,肉中香气成分有 300 多种,主要有醇、醛、酸、酯、醚、呋喃、吡咯、内酯、糖类及含氮物等。滋味的产生是肉中的呈味物质刺激口腔味蕾细胞引起的,其前体物质主要有核苷酸、氨基酸、酰胺、肽、有机酸、糖类、脂肪等。

影响肉的味质的因素很多，如大量饲喂含有二硫化物的鱼粉、豆饼、蚕蛹等饲料的家畜，肉中会产生特有的异味，晚去势或未去势的公畜有特殊的腥臭，长期低温贮藏的制品会使风味减弱，一定剂量的 γ 射线照射，会使肉产生辐射味(焦腥味)，不良环境中贮藏肉会吸收异味(如消毒药水味、鱼腥味等)。此外，到达成熟年龄的肉香气增加，与幼畜肉之间产生香气差。

动物种类之间引起味质差异还与遗传有关。但需指出，由家畜种类引起的香气差别，不是从水提取物中产生，而是来自脂肪部分。有人进行了实验，反复脱脂的猪肉、牛肉烹调后进行风味鉴定，发现无味质区别。羊肉膻味与带支链化合物以及不饱和 $C_{8\sim10}$ 脂肪酸有密切关系。研究证明，羊肉膻味主要与 C_{10} 脂肪酸含量多少有关，如果 C_{10} 脂肪酸含量下降到原羊肉中的 35%～40%，感官上即感觉不到有明显膻味的存在。

烹调能显著地促进其滋味和气味成分的增强，但受烹调方法、温度、时间、压力等因素的影响，各种成分的相互作用比较复杂。

(三)肉的持水力和结着性

肉的持水力也叫保水性或系水力，是指肉在贮藏和加工过程中保持自身水分及外加水分的能力。持水力的高低直接关系到肉及其制品的质量，一般来说肉保持水分越多，质量就越好。结着性是指肉能连接其他物质而形成具有弹力制品的能力，可通过一些物理手段反映其强弱，表现在抗拉伸、抗破裂的能力大小。结着性的优劣常常与持水力相平行地表现出来。

持水力的测定有多种方法，最简单的是加压法，肉样放置在吸水性较好的滤纸上，35 kg 重物加压 5 min，称其失水量，然后根据食品分析常规测定肉样含水量的百分率，就可计算出持水力。

在肌肉中形成肉的持水力和结着性的主体物质是蛋白质。有人根据肌肉蛋白质的不同溶解性，分别提取后再制作灌肠，发现即使除去水溶性蛋白和肌动蛋白、原肌动蛋白等蛋白质，其灌肠的结着性仍然很好地维持。但除去肌球蛋白，则持水性和结着性便不复存在。这就说明，在肌肉中起持水性、结着性作用的关键物质是结构蛋白质中的肌球蛋白。

肉的持水力受动物的品种、年龄、部位、宰前状态、宰后变化、添加剂的使用等因素的影响。兔肉的持水力最好，犊牛肉、鸡肉、猪肉、马肉依次减低。瘦肉中脂肪含量较高，保水性也就好，可能是由于肌肉间脂肪多，肌肉组织的微细结构松散从而持水力提高的结果。在制作肉糜时加入适量的脂肪，可使纯瘦肉肉糜的持水力得以改善，但过多的脂肪尤其是牛脂肪的加入，却不利于保水性能的提高。

(四)肉的韧度和嫩度

韧度是指肉在咀嚼或切割时有高度持续性的抵抗力，肉质强韧，不易咀嚼。嫩度是指肉在咀嚼时对碎裂抵抗力的大小，表明肉质柔软、多汁、易于嚼烂，是肉品质良好的主要指标。肉的韧度和嫩度与肉的加工和利用有密切关系。

肉嫩度的评价可以用多种物理和化学检测方法进行，一般多用剪切力测定仪测定肉样的剪切力值，剪切力值越大说明肌肉嫩度越差(韧度高)。

影响肉的嫩度和韧度的因素很多，不仅和宰前因素(如遗传、生理、饲养、管理、肌肉的解剖学分布、肉中不溶性肌原纤维蛋白和总蛋白质的比例)有关，而且也受宰后因素(如肉的成熟、冷却方法、pH、烧煮方法以及嫩化剂的应用)的影响。如猪肉嫩度优于水牛肉，乳牛肉嫩度优于黄牛肉和水牛肉，阉畜由于性征不发达其肉质较嫩，幼畜由于肌纤维纤细含水分多，结缔组织少，其肉质嫩度明显地优于成年和老龄家畜。同一胴体上不同部位的肌肉嫩度也不一致，大腰肌较嫩，股二头肌、股四头肌嫩度就差一些。

热加工对肉嫩度具有一定影响，因加工条件不同有时可以提高肉的嫩度，有时可以降低肉的嫩度。若使肉中的结缔组织胶原蛋白受热而水解成明胶，可以使肉变得柔嫩；若使肌原纤维蛋白受热产生收缩凝聚，会使肉变硬。一般来说，大部分肉类，特别是胶原纤维含量高的肌肉，经长时间加热，对提高嫩度是有利的。而牛肉加热时多数情况是增加硬度，这是因为肌纤维蛋白热凝固收缩强烈，使单位面积上肌纤维数量增多。有人实验，加热至61℃时1 mm^2 上有317条肌纤维，达到80℃时则增至410条。

肉品加工业为满足消费者的需要，在改善肉的嫩度以提高肉质方面做了大量的工作，常用的嫩化方法有如下几种：

1.酶嫩化法 某些植物蛋白酶加入肉中使肌肉蛋白质分解，可达到嫩化肌肉的目的。这些酶类有番木瓜蛋白酶、菠萝蛋白酶、无花果蛋白酶等。使用方法有颈静脉注射、肌肉注射或溶液浸渍等。在家庭烹饪中，可加适量蛋白酶于酱油中，与肉片或肉丝拌和，再放片刻，即可烹调食用。

2.机械嫩化法 应用机械处理来改变肉的组织结构，以增进其嫩度。如切碎、滚揉按摩等均有助于肌纤维的断裂。也有人用金属细钉做成洗衣刷处理肉块，可达到嫩化目的。

3.电刺激 对刚宰后肉尸进行低电压刺激，使肌肉猛烈收缩，可加速糖酵解，乳酸积聚增加，pH下降较快，加速了尸僵的形成。此时由于胴体温度较高，pH值降低，使溶酶体酶释出，裂解肌细胞的组合蛋白和一些结缔组织，这样使肉嫩度增加。另一方面，电刺激的收缩作用，使肌原纤维起物理性分裂，也有效地改善了肌肉的嫩度。

4.成熟作用 宰后的肉放置一定条件下经过成熟作用，可改善肌肉嫩度。有人研究指出，成熟作用只能减低肌原纤维强度，却不能有效地改善结缔组织的结构。

三、肉的成熟与腐败

(一)肉的成熟

尸僵持续一定时间后,即开始缓解,肉的硬度降低,保水性有所恢复,使肉变得柔嫩多汁,具有良好的风味,最适于加工食用,这个变化过程即为肉的成熟。肉的成熟期包括尸僵的解除及在组织蛋白酶作用下进一步成熟的过程。肉的成熟使肉质变嫩的同时,持水性和肉的风味等都发生了变化,这些变化提高了肉的可食性和加工价值。成熟肉煮熟以后柔软多汁,有特殊的美味和香气,肉汤透明,并具有特有滋味。而未成熟肉煮熟以后发硬,显得干燥,缺少美味和香气,肉汤浑浊,缺乏特有滋味。

1. 死后僵直的解除　尸僵时肉的僵硬是肌纤维收缩的结果,可以认为成熟时又恢复伸长而变为柔软。死后僵直的解除从组织上研究得知,肌纤维在僵直前有些横纹伸张,此为僵直发生的原因。但在僵直解除时,则横纹消失,纤维伸张,接着在2～10 d成熟,肌纤维徐徐分解。肌纤维的崩解是因蛋白质酶的作用及伸张后纤维发生的物理压迫等原因所致。

2. 自溶　解僵后的肌肉,将其保持在无菌状态下,使蛋白质分解,经长时间后生成肽及氨基酸等。动物因本身的分解酶(组织蛋白酶)作用而分解的过程,称为自溶。肉在自溶过程中,虽有种种变化,但主要是蛋白质的分解,除产生多种氨基酸外,并放出硫化氢与硫醇等有不良气味的挥发性物质,但一般没有氨或含量极微。当放出硫化氢与血红蛋白结合,形成含硫血红蛋白(H_2S-Hb)时,能使肌肉和肥膘出现不同程度的暗绿色斑,故肉的自溶又称为变褐或褐变。自溶不同于腐败,自溶过程只分解蛋白质至氨基酸为止,即分解达到平衡就不再分解了。

(二)肉的腐败

肉的腐败是成熟过程的继续,是指肉在组织酶和微生物作用下发生质的变化,最终失去食用价值。肉的腐败实际上包括蛋白质的腐败、脂肪的酸败和糖的发酵几种作用。

肌肉中蛋白质在组织酶的作用下,分解生成水溶性蛋白肽及氨基酸完成了肉的成熟,其分解产物为腐败微生物的生长、繁殖提供了良好的营养物质,若成熟继续进行,进一步分解生成胺、氨、硫化氢、吲哚、酚等物质,则发生蛋白质的腐败。

许多微生物均优先利用糖类作为其生长的能源。好气性微生物在肉表面的生长,通常把糖完全氧化成二氧化碳和水。如果氧的供应受阻或因其他原因氧化不完全时,则有一定程度的有机酸积聚,肉的酸味即由此而来。

微生物对脂肪可进行两类酶促反应:一种是由其所分泌的脂肪酶分解脂肪,产生游离的脂肪酸和甘油。霉菌以及细菌中的假单胞菌属、五色菌属、沙门氏菌属等都是能产生脂肪分解酶的微生物。另一种是由氧化酶通过氧化作用氧化脂肪酸。这些反应的某些产物常被认为是酸败气味和滋味的来源。

但是,肉和肉制品中严重的酸败问题不是由微生物所引起的,而是因空气中的氧,在光线、温度以及金属离子作用下进行氧化的结果。由于脂肪水解生成的游离脂肪酸对多种微生物具有抑制作用,腐臭的肉和肉制品其微生物总数可能由于酸败的加剧而减少。不饱和脂肪酸氧化时所产生的过氧化物,对微生物均有毒害,也起类似作用。

微生物对蛋白质的腐败作用是各种食品变质中最复杂的一种,这与天然蛋白质的结构非常复杂以及腐败微生物的多样性密切相关。有些微生物如梭状芽孢菌属、变形杆菌属和假单胞菌属的某些种类,以及其他种类,可分泌蛋白质水解酶,迅速把蛋白质水解成可溶性的多肽和氨基酸。

有许多微生物不能作用于蛋白质,但能对游离氨基酸及低肽起作用,将氨基酸氧化脱氨生成氨和相应的酮酸。另一种途径则是使氨基酸脱去羧基，生成相应的氨。此外，有些微生物尚可使某些氨基酸分解，产生吲哚、甲基吲哚、甲胺和硫化氢等。

四、异常肉

猪应激综合征是在现代生产条件下，各国致力于改良猪种，寻找高能饲料，发展集约化饲养方式，提高经济效益，促进养猪业发展，多产肉产好肉的同时带来的一个问题，即猪的生物学特性受到了破坏。

“应激”学说是加拿大教授 Hans Selye 于 1935 首先提出的。所谓应激是指机体受到体内外非特异性的有害因子(应激源)的刺激所表现的机能障碍和防卫反应(应激反应)。机体在生理状态范围内能够适应的正常应激叫自然应激。适当的自然应激可以使机体逐步适应环境，提高生产性能。如果缺乏正常的应激即应激不足时，也会给动物带来不利影响。如果应激过度即机体受到长时间高强度的应激时，就会产生严重的不利影响，如生产性能下降、发病，甚至死亡，即所谓应激综合征。

由于应激的种类繁多，而机体作出的反应是共同的，故又称泛适应综合征。

动物受到应激刺激后，许多脏器在形态和机能方面都会发生异常，血液、尿液、酶、电解质、代谢产物、激素等也都发生变化。因此，可以用临床生化分析、病理组织学检查等方法测知动物的应激状况。人们根据试验把应激刺激反应强烈的猪叫应激敏感猪，反之称为应激抵抗猪。

应激刺激十分强烈时，可以促使潜在的疾病发生从而成为重要的诱因，同时应激本身也可以造成严重疾患，甚至死亡。

商品猪屠宰后，常发现有的猪肉呈异常状态，常见有 PSE 肉和 DFD 肉。PSE 肉的基本特征为肉色苍白，质地松软和切面有水分渗出。DFD 肉色暗、质地坚硬和表面干燥。这均是不良的猪肉,在国外发生率很高,造成经济损失很大。我国某些地区随着瘦肉猪生产中的引种杂交,发生率逐步增高,据调查,从10%到30%不等,主要是PSE肉。

(一)PSE肉的发生机制

关于PSE和DFD肉发生的原因现在还不完全清楚,但已知一些内外因素都可促进发生。内部因素主要是品种个体的差异,现代培育品种增重快,肌红蛋白含量低,有氧代谢降低,同时肉中糖原酵解酶增多,宰后pH迅速下降。外界因素包括各种物理的、机械的刺激,如高温、运载、运动、咬斗、惊吓、抓捕、电麻等。

目前对发生机制仍有争议,但多数研究者认为,具有一定遗传素质的猪,宰前受到高强度的刺激,通过神经传导,使促进代谢的激素分泌增加,引起肌体应激反应,交感神经兴奋,肾上腺素大量分泌,导致机体代谢增强,体温升高,耗氧量提高。耗氧量的提高使机体相对缺氧,从而加速糖原酵解,产生大量乳酸,使肌肉pH值下降。这一过程在宰后一段时间内继续进行。pH值下降到5.5左右时,达到了肌动蛋白和肌球蛋白的等电点,蛋白质呈现电中性,对水的吸附作用降到最低,并凝结收缩呈颗粒状,游离水增多,肌肉系水力下降,同时高温使肌肉膜变性、崩裂,水更易渗出。所以高温和pH值下降使肌肉具有渗水性。pH值降低使蛋白质变性,高温使肌外膜的胶原纤维膨胀裂解,组织变得脆弱,致密性下降,即造成PSE肉的松软易碎。pH值下降使肌肉具有低色度,肌肉蛋白变性,水分渗出造成肌红蛋白流失,从而使PSE肉呈现粉红色以至苍白色。

由于PSE猪肉色淡或呈白色,持水力不良,风味不佳,降低了猪肉的商品价值和利用价值。轻度的PSE肉可作鲜肉利用,但加工制品品质较差;中度者加工制品不坚实,色泽和香味均差,产品品质低劣;重度PSE肉,无论作鲜肉用或加工用均不适当,没有利用价值。

(二)PSE 肉的防制措施

通过氟烷测验,血型和血清酶测定等手段,淘汰应激敏感猪。

尽量避免宰前各种应激刺激。禁止高温下长途运输,防止过于拥挤,送至屠宰场不应立即宰杀,让猪充分休息。宰前禁止追赶、鞭打,宰时最好采用 150～180 V 电压电麻后再放血,不要直接捕捉。防止宰后肉温上升,提倡剥皮法,不用烫毛法,屠宰过程要迅速,应在 30～45 min 完成,然后迅速在 15℃下预冷,再在 5℃下冷却,宰后 10 h,臀中心肉温度应降至 10℃,并逐渐冷却至 5℃以下,而后速冻冷藏。应避免骤然降温,如宰后迅速降温(不经预冷)至 0℃以下,由于肉的冷收缩,使肉质粗硬,降低肉的风味和适口性。

(三)DFD 肉

应激敏感猪在持续的低强度应激因子作用下,宰前肌糖原基本上作为能源消耗殆尽,宰后胴体内并未形成大量乳酸,致使肌肉 pH 值高达 6.5 以上,形成暗红色(Dark)、质地坚硬(Firm)、表面干燥(Dry)的干硬肉,简称 DFD 肉。

第三节　猪肉的初加工

一、猪肉的分级与胴体分割利用

屠宰加工后的肉尸体,经过冷却或冷冻后进行市销或作肉制品加工时,需要将整个肉尸按照其解剖学部位及食用价值、加工用途,进行分级和分割。

(一)猪肉的分级

猪肉的分级形式有胴体分级和部位分割分级,其对优质猪肉的生产有着十分重要的作用,然而由于猪的品种、产地等不同,分级方法和标准也不尽相同。我国猪肉半胴体分级,过去按皮下脂肪厚度划分的标准,目前已不适用。对肉质优劣的评定一般依据肌肉发育程度、皮下脂肪状况、胴体重量及其他肉质情况来决定。外观及肉质判定的方法如下。

1. 匀称性　胴体外观判定时,使半胴体悬挂,看其胴体整体立着位的位置,首先看匀称性,即整体形和各部是否匀称。胴体的长、宽、厚度及大腿、背脊、腹胁部和肩部的充实情况为判定的重点,观察胴体的内外两面、背侧和腹侧的状态。

2. 肌肉附着状况的判定　在胴体评价上最重视各部分肉的厚度是否十分充实。肉厚而有光泽,附着状况好,肌肉发达对称不偏颇者最为理想。

3. 脂肪附着的判定　由于测定背部脂肪厚度,因而观察背脂附着状态(肩、背、腰的平均值),被覆脂肪状态和腹部脂肪状态。皮下脂肪的附着状态一般是肩部的厚度为背部厚度的 1.8～2 倍,腰部的厚度为背部的 1.4～1.5 倍。肩、背、腰三部位平均脂肪厚度在 2.2 cm 左右,可以看作是标准的脂肪附着状态。肩部脂肪厚者是局部性的。对整个胴体脂肪量影响不大,腰部特别是臀中肌前后脂肪异常厚者到胴体侧面脂肪附着厚,多为等级判定的决定点。

4. 处理情况　放血状态除急宰外,一般无问题,残血量多,影响贮藏性,有损于商品价值而注意其判定。卫检时由于骨折、化脓等割除部位多,臀腿、脊背部分割除,也会影响商品价值。其次还应判定里脊(腰大肌)是否缺损,外脊(背最长肌)在锯半时是否损伤。

5. 肉质及坚实性　肉质指初始肌束的粗细,粗者肉质粗糙,细者肉质细密;肌束间结合的强弱,粗者结合弱,细者结合致密,去势猪的初始肌束比母猪有稍粗的倾向,如断面致密平滑,指按时呈漏斗状。正常肉有一定坚实感,脂肪硬而肌肉紧缩有些硬,这样肉称为坚实。脂肪沉着少者,脂肪软者,肌纤维已膨润者,为肉坚实性劣化的通例，PSE肉最为典型，多见于背最长肌。

6.肉的色泽　猪肉呈淡灰红色，比羊肉稍淡，比犊牛肉色浓。依部位、年龄不同而有差异，一般月龄大，肉质硬者肉色浓。5～6月龄屠宰多半肉色淡，色浓者评价要高。鲜明的光泽表明表层肌肉色泽有透明感，无光泽则失去保水性，呈混浊感。

7.脂肪色泽及质地　猪脂本来是无色透明的，因冷却固化而呈白色，高级饱和脂肪酸越多色愈白，有纸一样的白色和光泽，判定部位为大腿外侧的皮下脂肪和臀中肌下部无血液污染的脂肪。褪毛胴体则判定肾周脂肪，在大腿内侧附近的肾周脂肪最早变硬。脂肪质地，温屠体和冷屠体有很大不同，在肉质评价上很重视，必须认真检查判定。质地好的脂肪，饱和脂肪酸多，质劣者，不饱和脂肪酸多。

8.脂肪沉着　指肌肉内或肌间存在的脂肪，特别是外脊的脂肪存在状态与脂肪附着有关，胸腔脂肪沉着，背最长肌脂肪多呈螺旋状存在。肉附着状况不好，脂肪沉着过多附着较厚。肋间肌等全部看不到存在脂肪，皮下脂肪薄的胴体，多半脂肪沉着过少。

（二）猪肉的胴体分割

我国各地区都有各自习惯的切割方法和标准，名称也不统一。参考国内外情况，应按解剖学部位进行胴体的分割。

1.市场销售、零售带皮鲜猪肉　分切六大部位四个等级。

一等肉　臀腿部、背腰部。

二等肉　肩颈部。

三等肉　肋腹部，前、后肘子。

等外肉　前颈部及修整下来的腹肋部。

2.内外销分割部位肉　规格如下：

一号肉　颈背肌肉，取自猪的颈背部位。残留脂肪不超过2%。每块肌肉净重应在0.8 kg以上。

二号肉　前腿肌肉，取自猪的前肩及前腿部位。残留脂肪不超过 1%，允许存在腱膜，使整块腿肉不散碎为好，每块肌肉的净重应在 1.35 kg 以上。

三号肉　脊背大排，取自猪脊部位。残留脂肪不超过 0.5%，允许腱膜存在，每块肉净重不少于 0.55 kg。

四号肉　臀腿肌肉，取自后腿部位。表面残留脂肪不超过 1%，允许保留腱膜，使整块肌肉不散碎，每块肌肉不少于2.20 kg。

(三)猪肉的分割利用

胴体各部组织含量差异很大，肉质与成分也有不同。据此将胴体分割若干部分以便加工利用(图 11-1)。

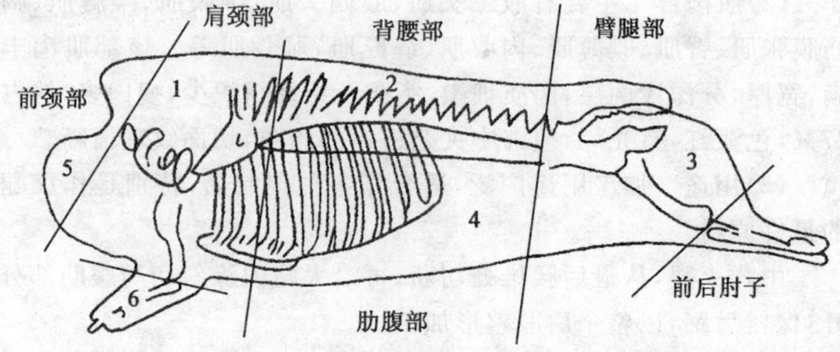

图 11-1　胴体分割部位

1. 肩颈肉　俗称胛心、前槽、前臀肩。

(1)分割方式　前端从胴体第 1、2 颈椎切去颈项脖肉，后端从第 4、5 胸椎或第 5、6 肋骨中间与背线成直角切断，下端如作西式火腿，则从腕关节截断，如作其他制品则从肘关节截断并剔出椎骨、肩胛骨、臂骨、胸骨和肋骨。

(2)肌肉群　该部位肌肉主要有斜方肌、臂二头肌、臂三头肌、菱形肌、冈上肌、冈下肌、夹肌、头长肌、颈长肌、颈下胸头肌、前臂筋膜张肌、背阔肌的前部等，该部位瘦肉多，约占 28%，肉层厚，肉质好，特别是肩胛骨附着的冈上肌、冈下肌，结缔组织少，肉质细嫩，其他部位肉块间蓄有脂肪，并有较多的筋膜。

(3)用途　适于制肩培根，熟制火腿，从腕关节截断整形。前火腿，以肩胛骨为中心左右划半圆形，修整成琵琶状。此外还作为罐头，优质灌肠的原料。烹调时适于烧、煮、熘、炒。

2.臀腿部　俗称后腿、后丘、后臀肩。

(1)分割部位　从最后腰椎与荐椎结合部和背线成直角垂直切断，下端则根据不同用途进行分割，如作分割肉，鲜肉出售，从膝关节切断，剔出腰椎、荐椎、髋骨、股骨、去尾，如作火腿则保留小腿、后蹄。

(2)肌肉群　主要有股二头肌、股四头肌、半膜肌、半腱肌、阔筋膜张肌、臀肌、股薄肌、内收肌、缝匠肌、耻骨肌等。该部肌肉丰满，宽厚，分深浅两层，肉质细嫩，脂肪及结缔组织少，瘦肉多，约占27%，色淡红，有光泽，瘦肉中夹杂适量的脂肪，切面纹理清晰。

(3)用途　加工用途广泛，适合作各种肉制品，特别是作火腿的最好原料。

中式火腿，从最后腰椎处切断，再沿大腿内缘斜切与腹肋部分开，保留后蹄，以整个后肢整形加工。

西式火腿分剔骨和带骨火腿。剔骨火腿又称熟火腿、卷火腿，腌制水浸后加工整形，按顺序先剔出椎骨、髂、坐骨，再剔胫腓骨(小腿骨)，最后剔出股骨(大腿骨)，将大腿两端的肌肉分离取出大腿骨后，使呈圆筒形的隧道状。剔骨完了，将后腿周围脂肪组织整形，厚度保持在5～10 cm，两边对卷呈圆筒状，用棉布或线绳结扎，在小腿跟腱处打结。带骨火腿，选择纵横匀称，肉厚适度，肉质细嫩，瘦肉充实，重8～10 kg，髂骨翼至坐骨结节的长度，股骨长度及倾斜度良好，瘦肉中脂肪纹适度者为佳。

臀腿部位肉除作火腿外，也是制作肉松、肉脯、罐头、腊肠及烹调用的良好原料。

3.背腰部　俗称通脊、大排、横排。

(1)切割方式 前去肩颈部,后去臀腿部,取胴体中段下端从脊椎骨下方 4～6 cm 处平行切断,上部为背腰部。

(2)肌肉群 主要是附在脊椎上的长圆柱形的背最长肌(外脊),另有背棘肌、背阔肌、大皮肌、胸锯肌等。背最长肌为全身最好的肌肉,其断面和脂肪交杂程度为肉质判定的重要指标。

(3)用途 适于作烧排,烤肉片,叉烧,肉脯。是作腰培根及中段培根的良好原料。

4.肋腹部 俗称软肋、五花、腰排。

(1)切割方式 与背腰部分离的下部即是,切去奶脯。

(2)肌肉群 主要有胸锯肌、肋间肌、大皮肌、背阔肌、背锯肌、腹锯肌、胸深肌、腹直肌、腹外斜肌等。该部肌肉脂肪多,瘦肉少,瘦肉只占 13%,但脂肪与肌肉交互间隔,俗称五花三层肉。

(3)用途 该部位肉肥瘦相间,加热后不易变形,适于作培根、腊肉、咸肉。烹调时宜于烧、煮、氽、煸等。

5.前臂和小腿部 前、后肘子,蹄膀。

(1)切割方式 前臂,上端从肘关节,下端从腕关节切断;小腿,上端从膝关节,下端从跗关节切断。

(2)肌肉群 有腓肠肌、小腿肌、屈肌及肌腱等。

(3)用途 该部脂肪极少,腱及瘦肉丰富,适于做酱肉、红焖及做罐头。

6.前颈部 俗称脖头、血脖。

(1)切割方式 从寰椎前或第 1、2 颈椎处切断。

(2)肌肉群 有头前斜肌、头后斜肌、小直肌等。

(3)用途 该部肌肉少,结缔组织及脂肪多,一般利用制馅及灌肠充添料。

二、肉的冷藏加工

肉品保藏的方法很多,有生物保藏法、化学保藏法和物理保藏法。在物理保藏法中又有光照辐射保藏法和低温保藏法之分，低温保藏法被应用得最广泛。采用适当的低温对肉和肉制品进行冷加工，不仅能抑制或减缓微生物和酶的活动，使肉品不腐败变质，而且还有成本低、保藏质量好等特点。它与其他保藏方法相比，更能保持肉品鲜度、营养价值和原有风味，不会引起组织结构的根本变化。低温冷藏加工越来越受到人们的重视，已为全世界广泛使用。

（一）冷藏的基本原理

肉制品或其他食品的腐败，主要是由于微生物的生命活动和食品中的酶所进行的生物化学反应所造成的。微生物要繁殖、酶要发生作用，都需要有适当的温度和水分等条件，环境不适宜，微生物就会停止繁殖，甚至死亡，酶也会丧失催化能力，甚至被破坏。另外，氧化等反应的速度，也与温度有关，温度降低，化学反应显著减慢，如果将其置于低温（－18℃以下）条件下，则微生物和酶对肉品的作用就变得很微小了，当其在冻结时，生成的冰结晶使微生物细胞受到破坏，使微生物丧失活力而不能繁殖，酶的反应受到严重抑制，化学变化就会变慢，因此它就可以作较长时间的贮藏而不会腐败变质。

1. *低温可以抑制微生物的生长繁殖*　低温可以降低或停止肉及肉制品中微生物的繁殖速度。任何微生物都有一定的正常生长和繁殖的温度范围，绝大部分致病菌和腐败菌的最适生长温度为20～40℃，温度越低，它们的活动能力就愈弱，温度降低到最低生长点时，它们就停止生长并出现死亡。许多嗜冷菌和嗜温菌的最低生长温度低于0℃，有时可达－8℃，温度愈接近最低生长温度，微生物生长延缓的程度就愈明显。

长期处于低温中的微生物能产生新的适应性，这是长期低温培育中自然选育后形成了能适应低温的菌种所得的结果。降到最低生长温度后，再进一步降温时，就会导致微生物死亡，不过在低温下，它们的死亡速度比高温下缓慢得多。

低温对微生物抑制的程度或致死量首先与温度的高低有关。在其冰点以上时，微生物仍具有一定的繁殖能力，导致最后变质，所以高温冷藏时不易久藏。稍低于冻结温度时，对微生物的威胁性最大。但当冷却到－25～－20℃时，微生物细胞内所有酶的反应实际上几乎全部停止，所有的生化变化和胶质体变性几乎完全处于停顿状态，以致细胞仍能在较长时间内保持其生命力。

此外，抑制的程度或致死量还与降温速度有关。在冻结前，降温愈快，致死量就愈高，这是因为微生物细胞内来不及对其各种生化反应重新调整。相反，冻结时，缓冻将导致大量微生物死亡，这是因为形成较大的冰晶体对细胞产生较大的机械破坏，还促进蛋白质变性。

2.低温对酶活性的影响　酶是有机生命机体组织内的一种特殊蛋白质，负有生物催化剂的使命，它能促使化学变化的发生而不消耗自身。生物体内各种生化反应均需在酶的参与下进行。

牲畜经屠宰后，停止对肌肉细胞的氧气供应，破坏了其正常的生理活功，体内氧化酶的活动减弱，自行分解的酶活动加强，在这种酶的活动下，肉本身完成了从僵直到成熟的过程。虽然肉的成熟能改善肉本身的风味，但也为肉的腐败创造了条件。蛋白质在蛋白酶的作用下分解产生氨，使肉呈碱性反应，为腐败菌创造了有利环境，引起肉的腐败变质。

酶的活性与温度有密切的关系，在一定温度范围内（0～40℃），酶的活性随温度的升高而增大。即在低温时，酶的活性很小，温度升高，酶所催化的化学反应速度也随之加快。一般温度每下降 10℃，其活性要下降 1/3～1/2。降低温度反应速度明显下降，故低温可以防止由酶的作用而引起的变质。对肉及肉制品而言，需在－30～－25℃的低温中贮藏，以达到有效抑制酶的作用，防止氧化。

低温对酶并不起完全的抑制作用，酶仍能保持部分活性，因而催化作用实际上并未停止，只是进行得非常缓慢而已。例如胰蛋白酶在－30℃下仍然有微弱的反应，脂肪分解酶在－20℃下仍能引起脂肪分解。

一般来说，如将温度维持在－18℃以下，酶的活性才会受到很大程度的抑制，从而减弱肉及肉制品中的一切化学反应，延缓其腐败和变质。

(二)冷却肉的加工

刚屠宰的畜禽，其肉温接近于活体体温。肉的冷却就是在一定时间内随着温度的降低，将胴体的热排除，使胴体最厚部位的深层温度降低到1～4℃，因此，经过一定时间的冷却（或冷加工），使肉处于低温而不冻结的状态，这种状态的肉称之为冷却肉。

冷却肉冷藏的目的，一方面可以完成肉的成熟过程，另一方面达到短期保藏的目的。短期加工处理的肉类，不应冻结冷藏。因为冻结后再解冻的肉类，即使条件非常好，其干耗、解冻后肉汁流失等都较冷却肉大。

在此温度下，酶的分解作用、微生物的繁殖、干燥、氧化作用等均未被充分抑制，因此，冷却肉只能作2周左右的短期贮藏。如果想作比较长期的贮藏，必须把肉类冻结起来，一般为－18℃，才能有效地抑制酶和微生物的活动，达到长期贮藏的目的。

1. *冷却方法*　在每次进肉前，使冷却间温度预先降到－3～－2℃，进肉后经14～24 h的冷却，待肉的温度达到0℃左右时，使冷却间温度保持在0～1℃。

2. *冷却肉的贮藏及贮藏期的变化*　冷却肉的贮藏系指经过冷却后的肉在0～1℃的条件下进行的贮藏。

(1)冷藏条件　肉在冷却状态下冷藏的时间取决于冷藏环境的温度和湿度。肉在冷藏期间的温度和湿度应当保持均恒，空气流速以0.1～0.2 m/s为宜。

(2)冷藏过程中肉的变化　低温冷藏的肉类、禽等，由于微生物的作用，使肉品的表面发黏、发霉、变软，并有颜色的变化和产生不良的气味。

发黏和发霉　是肉在冷藏过程中最常见的现象。温度在0℃时，当最初肉表面污染的细菌数100个/cm^2时，16 d达到发黏；当最初污染细菌达到10^5个/cm^2时，只有7 d就达到发黏；而当温度上升时，发黏的时间明显缩短；空气的湿度对发黏亦有很大影响，从相对湿度100%降至80%，而温度保持在4℃时形成发黏的时间延长了1.5倍。

肉色的变化　在较低温度条件下，能很好地保持肌肉的鲜红色，且持续时间也较长。当湿度为100%时，16℃条件下肌肉变为褐色的时间不到2 d；在0℃时可延长10 d以上；如温度相同，都在4℃条件下，湿度为100%时，鲜红色可保持5 d以上，若湿度70%时，缩短到3 d。除此之外，还有少数会变成绿色、黄色、青色等，这都是由于细菌、霉菌的繁殖，使蛋白质分解所产生的特殊现象。

干耗　肉在冷藏过程中初期干耗量较大。随着时间延长，单位时间内的干耗量减少。冷藏期超过72 h，每天的重量损失约为0.02%。冷藏期的干耗与空气湿度有关，湿度增大，干耗量减少。

(三)冻结肉的加工

温度在冰点以上，对酶和微生物的活动及肉类的各种变化，只能在一定程度上有抑制作用，不能终止其活动。所以肉经冷却后只能作短期贮藏。如要长期贮藏，需要进行冻结，即将肉的温度降低到－18℃以下，肉中的绝大部分水分(80%以上)形成冰结晶，该过程称其为肉的冻结。

1.肉冻结前处理　冻结前的加工大致可分为3种方式：①胴体劈半后直接包装、冻结；②将胴体分割、去骨、包装，装箱后冻结；③胴体分割、去骨然后装入冷冻盘冻结。

2.冻结过程　一般肉类冰点为－2.2～－1.7℃。达到该温度时肉中的水即开始结冰。在冻结过程中，首先是完成过冷状态。肉的温度下降到冻点以下也不结冰的现象称作过冷状态。在过冷状态，只是形成近似结晶而未结晶的凝聚体。这种状态很不稳定，一旦破坏(温度降低到开始出现冰核或振动的促进)，立即放出潜热向冰晶体转化，温度会升到冻结点并析出冰结晶。降温过程中形成稳定性晶核的温度，或开始回升的最低温度称作临界温度或过冷温度。畜、禽肉的过冷温度为－5～－4℃。肉处在过冷温度时水分析出形成稳定的凝聚体，随之上升到冻结点而开始结冰。

冻结时肉汁形成的结晶，主要是由肉汁中纯水部分所组成的。其中可溶性物质则集中到剩余的液相中。随着水分冻结，冰点下降，温度降至－10～－5℃时，组织中的水分有80%～90%已冻结成冰。通常将这以前的温度称作冰结晶的最大生成区。温度继续降低，冰点也继续下降，当达到肉汁的冰晶点，则全部水分冻结成冰。

3.肉类冻结工艺　肉类冻结工艺通常分两阶段冻结工艺(亦称二次冻结)和直接冻结工艺(亦称一次冻结)。

(1)两阶段冻结工艺　即将经加工整理后的肉胴体先送入冷却间进行冷却，待肉体温度冷却至0～4℃时再送入冻结间进行冻结。经过冷却的肉在室温－23℃，空气流速在24 h内为0.5～2.0 m/s(包括进出货时间)，肌肉深度温度降到－15℃。目前，美国、英国、德国、日本等国对肉类的冻结大都采用两阶段冻结工艺方法。

(2)直接冻结工艺　在牲畜屠宰加工整理后，经凉肉间滴干体表水后，直接送入冻结间冻结。在肉类加工中，直接冻结是一项较新的工艺。该项工艺最早由前苏联提出，我国自20世纪70年代以来设计建造的冷库较广泛地采用了这一工艺。

直接冻结工艺对猪胴体的要求是：经屠宰加工整理后的猪胴体必须先放入凉肉间进行分级暂存，待累积到相当于一间冻结间容量时，迅速推进冻结间。凉肉间的容量至少应有两间冻结间的容量。凉肉间内应装有排风装置，对地处气温较高的南方地区的凉肉间应装设冷风机，以便滴干肉体表面水分，同时可适当降低肉体温度。

冻结间进货前应对冷风机进行冲霜并降温，待库温降至－15℃以下时才开始进货。在高温季节里，且进货时间又要超过半小时的，应采取边进货边降温的方法，以避免库内墙面滴水产生冻融循环而损坏冷库。

4. 冻结速度　肉的冻结速度一般按单位时间内肉体冻结的厚度(cm/h)来表示，通常分为3种：①冻结速度为0.1～1 cm/h的，称为缓慢冻结；②冻结速度为1～5 cm/h的，称为中速冻结；③冻结速度为5～20 cm/h的，称为快速冻结。

5. 冻结方法　肉类的冻结方法可分为以下几种。

(1)空气冻结法　指以空气作为与氨蒸发管之间的热传导介质。此方法在肉类加工工业中应用最普遍。其优点是经济、方便，缺点则是由于空气是热的不良导体，因而冻结速度较慢，约比盐水慢10倍。

空气冻结的条件　根据肉类在冻结过程中的变化规律，知道冻结速度愈快愈好，特别应尽快通过最大冰结晶生成带。因此，冻结室空气温度不得高于－15℃，一般以－25～－23℃为宜，国外多采用－40～－30℃。冻肉的最终温度以－18℃为适宜，因为在此温度下，蛋白质变性程度小。进料后的温度不宜高于－15℃，以免影响冻结速度。空气相对湿度以90%左右为宜。

(2)液体冻结法　以液体(一般为氯化钠和氯化钙)作为肉体与氨蒸发管之间的热传导介质，故又称为盐水冻结法。此方法除鱼类以外，在肉类工业中目前应用极少。

(3)用盐、冰混合物及固态二氧化碳冻结法　在冻肉临时保藏和冻肉运输等方面有时采用此方法。

(4)液氮冻结法　利用液氮在常压下沸点为－195.8℃，肉类制品在通过雾状的液氮中冻结。

6.冻结过程中肉的变化

(1)冰结晶的成长　刚刚冻结的肉类冰结晶大小不是全部均匀一致的。在冻藏的过程中，微细的冰结晶会逐渐减少、消失，而大的冰结晶逐渐成长，变得更大。这对肉类的品质有很大的影响，随着冰结晶的不断增大，细胞受到机械损伤，蛋白质变性，解冻后液汁流失增加，风味和营养价值都发生下降。为防止冻藏过程中冰结晶成长带来的不良影响，常采用深温快速的冻结方式，即让90%的水分在冻结过程中来不及移动，就在原位置变成极微细的冰晶，大小及分布比较均匀。此外，在日常管理中，冻藏温度要尽量低，少变动，特别要避免－18℃以上温度的变动。

(2)干耗　冻结肉类在冻藏中的干耗与冷却肉贮藏中的干耗所不同的是没有内层水分向表层移动的现象，仅现于冻结肉的表层水分蒸发，而且这种蒸发是极细小的冰结晶体的升华。因此经较长期贮藏的冻肉，在向脱水现象转变时，表面会形成一层脱水的海绵状层，并随着贮藏时间的延长，海绵体逐渐加厚，使冻肉丧失原有的味道和营养。另一方面随着细小冰结晶的升华，空气随即充满这些冰晶体所留下的空间，使其形成一层具有高度活性的表层，在该表层中将发生强烈的氧化作用。这不仅引起肉的严重干耗损失，而且会引起其他方面的变化，如表层色泽、营养成分、消化率、商品外观等变化。

(3)肉色的变化　脂肪在冻藏过程中会发生黄褐变，这主要是由于脂肪中不饱和脂肪酸在空气中氧的作用下生成氢过氧化物和新的游离基。由于游离基反应，油脂就自动氧化，加快了氧化酸败的速度。肌肉在冻藏过程中也会发生褐变，这是由于含二价铁离子的还原型肌红蛋白和氧合肌红蛋白，在空气中氧的作用下，氧化生成了三价铁离子的氧化肌红蛋白(高铁肌红蛋白)，呈褐色。

7.肉的解冻　各类冻肉在加工之前一定要进行解冻，解冻就是使其融解恢复到冻前的新鲜状态。质量好的冻结肉，如何使其在解冻时质量不会下降，以保证得到肉制品高质量的原料肉，有必要重视解冻方法及了解解冻对肉制品质量的影响。

解冻过程实质上是冻结肉中形成的冰结晶还原融解成水的过程，所以可视为冻结的逆过程。由于在冻结、冷藏期间发生了自溶、氧化等一系列变化，要完全恢复其原来新鲜状态的性质已不可能。因此，解冻就是要使不可逆变化达到最低限度，以保证最大程度地恢复原来性质。冻结速度越快，温度越低，冷藏持续时间越短，则复原的程度就越大。

减少肉汁损失和保证肉的质量是解冻的质量指标。一般动物肉中所含的水分，即使非结合状态的自由水，也非纯水，系低浓度的水溶液。因此，一般在－5～0℃才形成冰结晶。在这个温度区间，因为蛋白质易发生蛋白质变性，停留时间长使食品变色产生异味、臭味。所以解冻亦希望能快速通过此温度带。

(1)空气解冻　又称自然解冻，是一种既经济又方便的方法。常温空气中解冻，因气温是夏天高冬天低，故解冻时间夏天短冬天长，通常是用在相对湿度较低和恒定条件下，缓慢提高温度的办法进行。另外还可以采用送风式的解冻装置和加压空气解冻装置，前者可以避免温湿度不均的缺点，后者通过加压使冰点降低，使其容易融化，解冻时间缩短，解冻质量亦好。总之，空气解冻的特点是时间长，占地多，失重大。

(2)水解冻　把冻肉浸在水中解冻，由于水比空气传热性能好，解冻时间可缩短。此法比较适合带皮的肉，否则因与水直接接触，营养成分流失多，裸露部分又易受水污染。水解冻的方式又分两种：第一种是流水解冻或淋浴解冻，此法能通过流水或喷水，供给热源，不断带走冷气，解冻时间可根据水温和肉的大小来定；第二种是静水解冻，这种方法比前者时间长些，营养成分损失少些。解冻后的肉，因表面湿润需放在1℃下晾干。如果是包装密封好的肉，在水中解冻可保全肉的质量。

(3)水蒸气解冻　亦称真空解冻。在真空状态下，水在低温时就沸腾，沸腾时形成的水蒸气到更低的冻品时就在其表面凝结成水珠，水蒸气凝结成水珠时放出凝结热，这部分热量被冻品吸收使其温度升高而解冻。此法最大特点是不会产生过热，解冻时间短，因水蒸气冷凝重量会增加，故干耗少，流失也少。

(4)超高频解冻　此法解冻可以使肉块解冻过程缩短到4～5 min，同时能够减少肉汁损失，改善卫生条件，提高产品质量。此法适于半胴体或1/4胴体的解冻，具有等边几何形状的肉块利用这种方法效果更好。在超高频电磁场中，在理论上，整个肉块都会受热升温。

超高频解冻肉制品可以带包装进行，但是包装材料应符合相应的电容性和对高温作用有足够的稳定性，不能用金属薄板，最好用聚乙烯或多聚苯乙烯做成。

冻结肉的导电性会随着冰晶的融化而迅速改变，这也是实现这一方法的困难所在。此外，还存在加热不平衡的问题，外层过热，里面还停留在冻结状态，这些都有待于进一步解决。

(5)冻结方法对肉解冻的影响

在干燥空气中缓慢解冻，重量损失大，肉表面色暗，并形成硬的薄膜。

在湿度大的空气中解冻，肉表面有空气的冷凝水，易遭细菌污染，表面发黏、变色，有时有轻度腐败气味，但表面因吸水膨胀，会增加重量1.5%～3%。

在15～20℃空气中迅速解冻，湿度保持在露点的极限上，干缩量低，并能保持表面干燥，解冻时有流失现象。

在水中解冻，肉色变淡，重量增加2%～3%，表面微生物及脏物被洗掉。

参考文献

[1] 陈清明,等.现代养猪生产.北京:中国农业大学出版社,1999.

[2] 杨公社.猪生产学.北京:中国农业出版社,2002.

[3] 李德发,等.饲料工业手册.北京:中国农业大学出版社,2002.

[4] 李同洲.饲料手册.北京:中国农业大学出版社,2001.

[5] 王新谋,等.家畜粪便学.上海:上海交通大学出版社,1997.

[6] 李德发,等.北京:中国农业大学出版社,2002.

[7] 路兴中,等.现代猪肉生产.北京:中国农业科技出版社,1994.

[8] 朱尚雄,等.中国工厂化养猪.北京:科学出版社,1990.

[8] 赵芳根.瘦肉型猪饲养新技术.上海:上海科学普及出版社,1998.

[9] 贾有茂.动物检疫与管理.北京:中国农业科技出版社,1998.

[10]匡存林,等.兽医消毒技术.北京:中国农业出版社,1996.

[11]李佑民,等.猪病防治手册.北京:金盾出版社,1993.

[12]陈伯祥.肉与肉制品工艺学.南京:江苏科学技术出版社,1993.

[13]孔保华,等.肉制品工艺学.哈尔滨:黑龙江科学技术出版社,1996.

[14]岑宁,等.猪产品加工新技术.北京:中国农业出版社,2002.

[15]王雪敏.动物性食品卫生检验.北京:中国农业出版社,2002.

[16]张富新,等.畜产品加工技术.北京:中国轻工业出版社,2000.